JN220895

C#プログラミングの冒険

[実践編]

ただ書けるだけじゃ物足りない!!

入門を終えても、まだまだ覚えるべきことがある……
目指せ、C#プログラマーの星!

川俣　晶【著】

技術評論社

本書の内容は2015年2月現在の情報をもとにしております。
環境には変化が生じる可能性もあることを、あらかじめご承知置きください。

本書に掲載されたプログラムの使用によって生じたいかなる損害についても、技術評論社および著者は一切の責任を負いませんので、あらかじめご了承ください。

The Adventures of GOODMAN + BADMAN
with Dobin + Glamour in Zero-Sum City

It's SHOWtime!

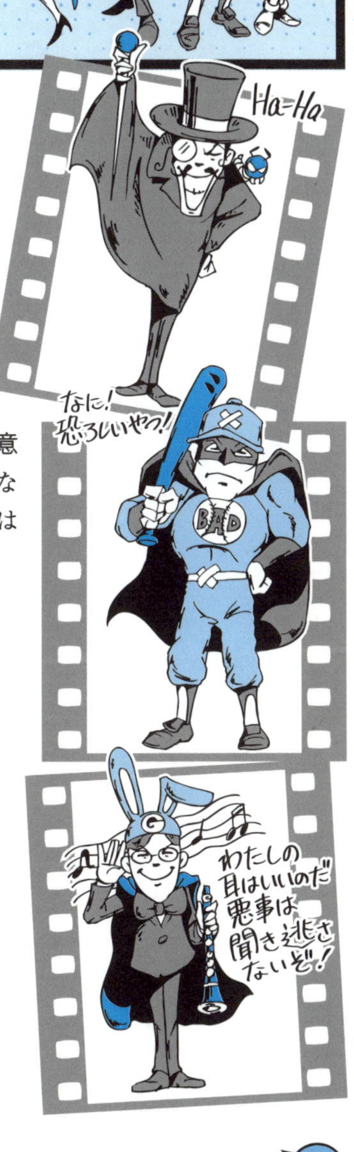

バッドマン　追い詰めたぞ、怪人バグール！

バグール　ふふふ。わたしを甘く見るなよ。濁点付きバット男（バッドマン）。わたしこそプログラマーが気を抜いた隙にバグを差し込んでゼロサムシティを破滅させる男、バグール様だ。

バッドマン　なに、おまえはそんな恐ろしいことまで考えていたのか!?

バグール　そうさ。プログラマーが寝不足で意識を失っているほんの数秒の間に余計な文字を１つ挿入してやる。これで世界は大混乱さ。

♪♪♪～whistle～　鳴り響くクラリネットの音。

バグール　誰だ！

グッドマン　わたしこそ、正義の守り神、バニー・グッドマン。

バグール　ウサギ男じゃねえか？

グッドマン　わたしのウサギの耳はどんな悪事も聞き逃さないのだ。

グラマーちゃん　誰でもいいからバグールを退治してよ。わたしのプログラムが台無しなのよ。

グッドマン　これはこれはグラマーな美女プログラマー。して、こいつはどんな悪事を？

グラマーちゃん　このソースコードを見て。

```
public class A
{
    private int a;
}
```


グッドマン これがどうしたのだね？
グラマーちゃん バグールが突然メンバー a にクラス外からアクセスする必要性を追加したのよ。ねえ、どうすればいいの？
バッドマン バッドノウハウだが、private を public に書き換えよう。同じモジュール内なら internal でもいいぞ。

```
public class A
{
    public int a;
}
```

グッドマン ダメだ。裸のメンバーを公開するのは自滅への第一歩だ。ここは公開専用のプロパティを追加するんだ。

```
public class A
{
    private int a;
    public int PropA
    {
        get { return a; }
        set { a = value; }
    }
}
```

バッドマン こんな長い書き換えを許容できるか！
グッドマン おまえのずさんな書き換えこそ許容できん！
バッドマン オレが正しい！
グッドマン いいやわたしだ！
グラマーちゃん どっちが正しいの！ 誰か教えて！

バグール ヒーローが対立している間に逃げよう。すたこらさっさ。

グッドマンとバッドマンが口論している間にバグールは逃げたぞ。グラマーちゃんははたしてプログラムを完成させて納品できるのか？
はたしてグッドマンとバッドマンはどちらが正しいのか？
手に汗握るC# プログラミングの冒険の始まりだ！

ドビン 僕の名はドビン。バッドマンの助手だ。みんなに代わってインタビューするよ。ねえねえグッドマンさん。
グッドマン なんだ坊主。
ドビン なぜクラリネットを吹きながら出てきたんですか？
グッドマン 得意分野は"ネット"だから！
ドビン ネットプログラミングということですね。ありがとうございます。
バッドマン ドビン、自分にもインタビューしろ。
ドビン はいはい。なぜバッドマンはバッドモービルでいつも出動しているのですか？
バッドマン 決まっている。得意分野は"モバイル"だからさ。
ドビン モービルもモバイルも、つづりはmobileで一緒ということですね。ありがとうございました。
グラマーちゃん この本ではネット、クラウドなどの話題も重点的に取り上げるからよろしくね！ でも中心にあるのはあくまでC#よ！
ドビン あ、僕がいおうとしたことをいわれちゃった。

The Adventures of GOODMAN + BADMAN with Dobin + Glamour in Zero-Sum City

Contents

Part 2 基本機能編 —— 73

Part 3 LINQ編 —— 167

●本書中のコード中の記号について

コード中で「➡」で示した箇所は、本来は 1 行で示すべきところを、紙幅の都合で 2 行に分けた（本来は 1 行で続いている）ことを示しています。

Part 1

基本に潜む罠編

〜運動会のプログラムで理解しよう〜

The Adventures of GOODMAN + BADMAN with Dobin + Glamour in Zero-Sum City

Episode 1 選手宣誓は必ず最初に──宣言処理

宣言とは何だろう？

グラマーちゃん C# だと、変数を使うためにはあらかじめ宣言しておく必要があるわよね？

ドビン そうだよ。

グラマーちゃん なんでプログラムに宣言が必要なのかしら？　できればわたしにもわかるように運動会の“プログラム”を例にして説明してよ。

ドビン うーん、そうだな。運動会のプログラムでいうと、選手宣誓に当たるのかな。

グラマーちゃん そうね……。でも、選手宣誓なんて形だけで、宣誓してもしなくてもやることは同じでしょ？

ドビン とりあえず､運動会に出ているグッドマンとバッドマンを見てみよう。

グッドマン こら。マラソンで近道を使うなんて卑怯だぞ。

バッドマン ルールブックに近道不許可とは書いてないものね。

グッドマン しかし、スポーツマンシップに反するぞ。

バッドマン オレは宣誓してないからズルはし放題だもんね。

グッドマン じゃあ、わたしも近道を……。

バッドマン ダメダメ。グッドマンは選手宣誓してスポーツマンシップに則（のっと）って正々堂々と戦うことを誓っただろう？　おまえは近道を使えないぜ。それはスポーツマンシップに反するかなら。

グッドマン ぐぬぬぬ。卑怯な。

C# では型や型のメンバー、ローカル変数などは**宣言を必要とする**。

型のメンバーは、宣言せずに利用する方法もあるが、使用される頻度は少ない。

なぜだろうか？

運動会にたとえるなら、選手宣誓など行わず、1つでも多くの競技を行うべきではないのだろうか？

ソースコードでいえば、次のプログラムの int a; は無駄な1行ではないのだろうか？ そんな行は取り除いてすぐさま計算処理を記述するほうがよいのではないか？

```
using System;

class Program
{
    static void Main(string[] args)
    {
        int a;
        a = 1 + 2;
        Console.WriteLine(a);
    }
}
```

技術的に見て、int a; は除去可能だ。

なぜなら、ソースコード上にaという変数名が出現する以上、変数aを使っていることは明らかだからだ。明らかである以上、システムが勝手に確保することができる。型はどうだろうか？ 実はint型の1と2という値を加算しているので、変数aはint型だろう……という推測が可能なのだ。つまり、**変数aを整数型として宣言する**という意図を記述するint a; という行は除去できるのだ。

事実、変数の宣言を強要しないプログラミング言語は存在する。

単に、C# は違う道を選んだ、ということでしかない。

しかし、問題はここからだ。

なぜC# は除去可能な宣言を必須としているのだろうか？

なぜC# プログラマーは省略可能な宣言を行うのだろうか？

それは無駄な振る舞いなのだろうか？

C# プログラマーは阿呆なのだろうか？

話を運動会に戻そう。

なぜ運動会では最初に選手宣誓を行うのだろうか？

なぜ**スポーツマンシップに則って正々堂々と戦う**ことを宣言する必要があるのだろうか？

それは、勝つために不正を行う者が必ず出てくるからだ。

もちろん、選手宣誓ですべての不正を根絶できるわけではない。

しかし、信頼する代表者が宣誓を行えば、彼を裏切ることはできず、不正を思いとどまる者は出てくるだろう。つまり、不正の根絶は無理としても、不正を減らすことはできるのだ。それが選手宣誓の効能だ。

同じことはプログラムでもいえる。

実は、プログラムでも不正は可能なのだ。

たとえば、画面に直線を引くプログラムで、点を１つ置きに間引いて描くようにすることで処理時間を短縮した人がいて、**それは卑怯だ**と文句を付けているのを、この本の著者は見たことがある。

点を間引いても遠目には直線に見えるから、あたかも直線が引けたかのように見える。しかし、線で囲まれた閉鎖空間を塗りつぶす機能を使おうとするとうまく機能しない。点を間引いた直線はつながっておらず、隙間だらけだからだ。そこから、塗りつぶす色がどんどん漏れ出していく。

もちろん、この種の不正は変数などの宣言を行うだけでは防げない。

しかし、防げる不正もある。

たとえば、情報を記憶するための変数の数を半分に減らし**メモリの使用量を半減させました**と主張することはできる。

このとき、要求された情報を失うことなく変数を半減できればよいのだが、必要な情報の一部を捨てることで実現していたら、それは不正だ。たとえば、地理的な座標値は緯度／経度／高度の３つのパラメータを必要とするが、高度は必要とされないことが多い。そこで、こっそり高度の情報を捨ててしまえば、処理能力のアップと必要メモリ量の削減が可能となる。そして、不正の発覚は高度を必要とする業務が発生するまで遅延させられる。

この問題は、緯度／経度／高度の３つのパラメータを**必ず宣言しておくようにすればある程度防げる**。変数がある以上は代入する義務が発生するからだ（宣言だけして使用しない変数は警告の対象になる）。

もちろん、警告を無視して一部の変数を使用しないという選択肢もあるが、それを無視できないプログラマーは使用するようにコードを書き直すだろう。

そして、これにはもう１つ重要な効能が付随する。

不正だけでなく、うっかりミスへの対策にもなるのだ。

“子供”は根拠のない万能感を抱きがちなので、つい**自分が注意してコードを書けば間違いなど入り込むことはない**と思いがちだ。うっかりミスを連発する大人を**劣った奴ら**と思いがちだ。しかし、それは単なる思い込みで、実際には“子供”のほうが大人よりもミスを出しやすい。経験が乏しく注意するポイントがあまりよくわかっていないからだ。

つまり、うっかりミスは誰がやってもゼロにならず、対策が必要とされる。

変数やクラスをあらかじめ宣言して使用することは、この**うっかりミス防止**にとても好ましい効能を持つ。

たとえば、次のプログラムのバグがひと目でわかるだろうか？

```
using System;

class Program
{
    static void Main(string[] args)
    {
        int excellentChange = 1;
        exceIIentChange += 2;
        Console.WriteLine(excellentChange);
    }
}
```

わかるという人も、もしこれが100個のメソッドの1つだとしたらすぐにわかるだろうか？

宣言を必須としないプログラミング言語の場合、このプログラムは2つの変数を使用していると見なされる。

- excellentChange（小文字のエルが２つ）
- exceIIentChange（大文字のアイが２つ）

しかし、宣言を必須とするプログラミング言語の場合、このプログラムはexcellentChange（小文字のエルが2つ）という1つの変数しか宣言しておらず、exceIIentChange（大文字のアイが2つ）についてはコンパイル段階でエラーが判明する。より正確には、Visual Studioなどを使用すれば、入力直後に構文間違いが指摘される。本来なら数分から数時間を要するデバッグの時間が事実上ゼロになるのだ。

もちろん、宣言を書き込む時間など、単純な変数なら数秒だ。数秒の手間で数時間を節約できるのが、宣言を行うことの旨味だ。

この旨味は、小さなテストプログラムではあまり味わえない。短いソースコードは見たらすぐにわかるからだ。味わいが出てくるのはプログラムの規模が大きくなってからだ。だから、小さなプログラムしか書かずに知ったかぶりをするマニアは、宣言を強要しない技術を好む場合も多い。デバッグに要する時間は長くないからだ。しかし、どこに欠陥があるのかわからない巨大システムの相手をするプロは、どちらかといえば宣言を要求するプログラミング言語を愛好する場合が多い。そのほうが楽ができるからだ。彼らは、デバッグを楽しむためにプログラミングをしているわけではない。あくまで動くシステムを得るのが目的なのだ。

グラマーちゃん つまり、宣誓しなかったバッドマンの勝利なの？
ドビン 違うよ。ほら審判ともめてるよ。
バッドマン なんだって？　近道したからチェックポイントを通過してないので失格？　そんなあ！
グッドマン 正々堂々戦うことを誓っておいてよかった。後からゴールしたけど、あいつが失格したから、これで勝利できたものね。
グラマーちゃん 要するにソースコードに置き換えれば、宣言をちゃんとしておけば、バグが出にくいってことね。
ドビン よし。僕は正々堂々とグラマーちゃんを口説くことを宣言するよ。
グラマーちゃん わたしは愛しのバッドマン様を口説くことを宣言するわ。
ドビン えっ？

宣言はどこでする？

グラマーちゃん 変数を宣言するとして、メソッドのどのあたりで宣言したらいいのかしら？
ドビン C# だと少なくとも使う前には宣言する必要があるね。
グラマーちゃん でも、使う前に長いコードがあると、どこに入れていいのか迷うわ。
グッドマン **宣言は宣言だけで最初にまとめて書いておくといいぞ**。なにしろ、そのメソッドで利用する変数をすべて簡単に見渡せる。
バッドマン いいや。**宣言は利用する直前に行うほうがいいぞ**。利用する意味がない変数を利用してしまう凡ミスを防げる。
グラマーちゃん ああ、２人のヒーローの意見がまた割れちゃった。わたしはどこで宣言したらいいの？　できればわたしにもわかるように運動会のプログラムを例にして説明してよ。

まず、運動会のプログラムで考えてみよう。

運動会のプログラムの場合、選手宣誓は最初に行う。競技の途中で行う話はあまり聞かない。

しかし、競技の進行に関する諸注意はどうだろうか？

たとえば**マラソンの B 地点には紛らわしい分かれ道がありますが、正規のルートは右です**という注意事項があるとしよう。これは運動会の最初に伝えるべきだろうか？　それとも、マラソンが始まる直前に伝えるべきだろうか？

最初に伝える方法のメリットは、複数の競技に共通の注意事項をまとめて伝達できることだ。たとえば、同じトラックを使用する短距離走と二人三脚への注意事項をまとめて伝えられるかもしれない。

一方、後者のメリットは、注意を聞いてから始まるまでの間に忘れちゃった……という事態を抑止できることにある。他の競技との注意の混同も避けられる。似たような距離を走る中距離走とリレーの注意事項を取り違えて混乱することも避けられるだろう。

さて、プログラムの場合はどうだろうか？　グッドマン流のソースコード例とバッドマン流のソースコード例を比較してみよう。

まずは、グッドマン流だ。

グッドマン流

```
using System;

class Program
{
    static void Main(string[] args)
    {
        int a, b, c;
        Console.WriteLine("Dummy Message-1");
        b = 1;
        Console.WriteLine("Dummy Message-2");
        c = 2;
        Console.WriteLine("Dummy Message-3");
        a = b + c;
        Console.WriteLine(a);
    }
}
```

次はバッドマン流だ。

バッドマン流

```
using System;

class Program
{
    static void Main(string[] args)
```

```
    {
        Console.WriteLine("Dummy Message-1");
        int b = 1;
        Console.WriteLine("Dummy Message-2");
        int c = 2;
        Console.WriteLine("Dummy Message-3");
        int a = b + c;
        Console.WriteLine(a);
    }
}
```

グッドマン流の長所は次のとおりだ。

- そのメソッドで使用する変数が a、b、c の３つであることが簡単に把握できる

バッドマン流の長所は次のとおりだ。

- １行短い
- 使用開始を意図した行よりも手前で誤って使ってしまうことがない

一般的にバッドマン流のほうが主流だろう。

しかし、汎用的に何回も使用される変数はメソッド先頭でまとめて宣言してしまう方法もありだ。つまり、グッドマンもバッドマンも100パーセント間違いではない。

ちなみに、TypeScriptのようなプログラミング言語では、変数を宣言する位置よりも手前で変数を利用できる。変数のスコープは基本的に関数（C#のメソッドに対応するもの）単位だからだ。だから次のソースコードは正常に動作する。ちなみに、function は関数の宣言、alert は引数の値を出力する機能を持っている。

```
function x() {
    a = "hello";
    var a;
    alert(a);
}

x();
```

このように、TypeScriptはC#の常識では理解できない摩訶不思議なコードがまかり通る魔界なので注意しよう。

しかし、話はC#に戻る。この本はあくまでC#の本なのだ。

グラマーちゃん 今回は引き分けなのかしら？

ド　ビ　ン バッドマンのほうがやや有利だけど、決定打が足りなかったね。残念だよ、バッドマン。

バッドマン 次は必ず勝つ……と宣言しようかと思ったが、次に戦う直前まで宣言を待つことにするよ。忘れちゃいそうだからね。

グッドマン わたしは最初に宣言するぞ。バッドマン、おまえを倒す！

ド　ビ　ン グッドマンさん、グッドマンさん。その日はミーティングの予定が入っているから再戦は無理ですよ。

グッドマン なんだって !?

グラマーちゃん 先んじて宣言しておけば重複がすぐわかるわけね。そこはグッドマン流のメリットかしら？

問題

Visual Studio で作成できるテンプレートの中には、すべての宣言を必要とするものと必要としないものがある。たとえば XAML のバインディング先の名前は書き間違ってもコンパイルエラーにならないが動作しなくなる。しかし、C# ソースコード側で存在しないコントロールの名前を書いて利用しようとするとコンパイルエラーになる。

ほかにも、名前を書き間違ったときにコンパイルエラーになるケースとならないケースを探してみよう。

Episode 2 トラックに白線を引こう——データ構造の定義

そのクラスは必要なの？

グラマーちゃん わたしの悩みを聞いてくれる？

ドビン いいよ。

グラマーちゃん 話を単純化すると、この NameAndPricePair クラスは必要なのかってこと。

ドビン どれどれ。

でぶっちょ版

```
using System;

public class NameAndPricePair
{
    public string Name { get; set;}

    public int Price { get; set;}
}


class Program
{
    private static void output(NameAndPricePair data)
    {
        Console.WriteLine("{0}は{1}円です。",data.Name,data.Price);
    }
    static void Main(string[] args)
    {
        var data = new NameAndPricePair() { Name = "バッグ", Price = 1200 };
        output(data);
    }
```

```
}
```

ドビン グラマーちゃんはどうすればいいと思うわけ？
グラマーちゃん クラスはダイエットで削除して、こうしても変わらないと思うのよ。

ダイエット版

```
using System;

class Program
{
    private static void output(string name, int price)
    {
        Console.WriteLine("{0}は{1}円です。", name, price);
    }
    static void Main(string[] args)
    {
        var name = "バッグ";
        var price = 1200;
        output(name, price);
    }
}
```

ドビン グラマーちゃんは、ダイエットが可能ならダイエットしたいわけだね。
グラマーちゃん そうよ。ねえ、なぜダイエットできるようなソースを書く人がいっぱいいるの？　デブ専なの？　大きいことはいいことだと思い込んでいるの？
ドビン ここはヒーローの出番だね。グッドマン、バッドマン、出番だよ！

ヒーローたちの答え

グッドマン わたしはでぶっちょ版を推すぞ。理由は簡単だ。データの泣き別れを阻止できるからだ。
ドビン 泣き別れって何？
グッドマン バッグは1200円だけなら気にならないが、アイテムが増えると面倒になるぞ。これに財布300円を加えてみよう。

```
using System;

public class NameAndPricePair
{
    public string Name { get; set; }

    public int Price { get; set; }
}

class Program
{
    private static void output(NameAndPricePair data)
    {
        Console.WriteLine("{0}は{1}円です。", data.Name, data.Price);
    }
    static void Main(string[] args)
    {
        var data1 = new NameAndPricePair() { Name = "バッグ", Price = 1200 };
        var data2 = new NameAndPricePair() { Name = "お財布", Price = 300 };
        output(data1);
        output(data2);
    }
}
```

グッドマン この場合、バッグが300円だと勘違いする奴はいない。変数data1に入っているのはバッグと1200というデータのペアだからだ。300はペアではない。

ドビン じゃあ、ダイエットするとどうなるの？

グッドマン 勘違いしちゃった悪党のソースコードを見てみよう。

```
using System;

class Program
{
    private static void output(string name, int price)
    {
        Console.WriteLine("{0}は{1}円です。", name, price);
    }
    static void Main(string[] args)
```

```
    {
        var bagName = "バッグ";
        var price1 = 1200;
        var saihuName = "お財布";
        var price2 = 300;
        output(bagName, price2);
        output(saihuName, price1);
    }
}
```

ドビン あれ、バッグが300円になちゃったよ。

グッドマン 名前と価格がワンセットになっていないので、関係ない商品の価格を引数に渡しているからだ。これがダイエット版の欠陥だね。

バッドマン登場

ドビン グッドマンの言い分にも一理ありそうな気がしてくやしいな。バッドマンはこの結論をひっくり返せる？

バッドマン できるぞ、ドビン。グッドマンの説には致命的な弱点があるから、自分としてはダイエット版がベターだと推薦しておこう。

ドビン 説明してよ、バッドマン。

バッドマン このプログラムに求められているのは、**バッグは1200円**という情報を扱うことだけだ。勝手に**お財布は300円**という情報を付け足したのはグッドマン自身だ。つまり、本当は要求されていない情報だ。未知の未来を勝手に想定して備えることはYAGNIといってよくないことなんだ。

ドビン 未来を予測して準備しておけば、**こんなこともあろうかと思って準備しておいた**といえるから格好いいよね。

バッドマン ドビン、残念ながらそうやって準備したものの大半は役に立たないんだ。似ていても前提がちょっと違っていて使えないことも多い。

ドビン じゃあ、ダイエット版がベストなんだね？

バッドマン 短ければ読み書きの手間も減るし、これが一番だ。

ジャッジはどちらに？

というわけで、グッドマン説とバッドマン説が揃った。

しかし、結論が正反対で食い違ってしまった。

どっちが正しいのだろうか？

実は、どちらも説にも一理がある。

常識的に考えて、商品の情報を扱うプログラムを作成する場合、**バッグは 1200 円**だけで済むはずがない。グラマーちゃんが最初に**話を単純化すると**といっているとおり、これはあくまで単純化した事例にすぎないのだ。どう考えても実際はバッグ以外にお財布やアクセサリ、そのほかにもいろいろな商品があるはずなのだ。それを踏まえて考えれば、グッドマンの言い分にも一理ある。要求に含まれていないとしても、**当然出てくるであろう他の要求も含めて解決しよう**とすれば、単に値を集めるだけのクラスでもあったほうがよいのだ。

一方で、バッドマンの言い分にも一理ある。要求されていないことをしても、それが無駄骨に終わることは多いのだ。たいていの場合、本当に必要とされたことと自分が予測した内容は食い違い、予測が的を射ていても**準備したコードがすべて利用できることはあまりない**。その点で、要求されていないことを勝手に想定したグッドマンの行為はうかつすぎるのだ。

結論はどちらもに理があり、どちらにも穴がある……としておこう。この勝負は引き分けだ。

グラマーちゃん また引き分けね。どうして勝負がきれいにつかないの？

ドビン それが「**ゼロサムシティ**」なんだよ。善も悪も敵も味方も足せばすべてはゼロになる。ここはそういう街なのさ。

グラマーちゃん じゃあ、わたしはどうすればいいの？　ダイエットしたほうがいいの？　太ってもいいの？

ドビン もうわかっているだろう？　それはケースバイケースなんだ。君の場合、胸とお尻は大きく、腰は細くダイエットすればいいと思うよ。

グラマーちゃん 場所によって使い分ければいいのね。わかったわ。

明確化のメリット

バグール ははは。他人の迷惑バグール様登場だ。さて諸君、意地悪な俺はバグを 1 つ仕込んであげた。君にこのバグが見つけられるかな？

```
using System;

class Program
{
```

```
    private static void sub(string nameC,string sub1, string capital,
                                ➥string sub2,string namec, string last1)
    {
        Console.WriteLine(namec+sub1+capital+sub2+nameC+last1);
    }
    static void Main(string[] args)
    {
        sub("日本","の","首都","は","東京","です。");
    }
}
```

意図した結果

```
日本の首都は東京です。
```

実際の実行結果

```
東京の首都は日本です。
```

ドビン 貴様の悪事ぐらい、お見通しだ。わざと紛らわしい引数を使ってバグを隠そうとしただろう？　答えは引数の namec と nameC の取り違えだ！

バグール ギクッ！　おぼえていろよ〜〜。

グラマーちゃん でも、この手のバグは再発防止したいわよね。

グッドマン そのとおり。このプログラムが混乱したのは、国と都市がどちらも英語で書くと c で始まる単語だからだ。

グラマーちゃん Country と City ね。

グッドマン 先頭の 1 文字で代表させると区別が付かない。

ドビン じゃあ、フルスペルで書けば解決ですね。

グッドマン だが、それでは不十分だ。個々の引数が何を意味しているのかわからないから、関係性の正しさを保証できないのだ。

グラマーちゃん 何か必殺技があるの？

グッドマン こう書き直すのさ。

```
using System;

class Program
{
    private static void sub(string nameCity, string sub1, string capital,
```

```
                                    ➥string sub2, string nameCountry, string last1)
    {
        Console.WriteLine(nameCountry + sub1 + capital + sub2 + nameCity +
                                                                        ➥last1);
    }
    static void Main(string[] args)
    {
        sub(nameCountry: "日本", sub1: "の", capital: "首都", sub2: "は",
                                         ➥nameCity: "東京", last1: "です。");
    }
}
```

グラマーちゃん 引数に名前が付いたわ。こんなことができるの？

グッドマン C# の**名前付きの引数**さ。これを必殺技として繰り出せば、nameCountry には国の名前を書くことがすぐわかる。ここに国名以外が書いてあればバグだとすぐ気づける。

ド ビ ン バッドマン、くやしいです。何かほかの方法はありませんか？

peeps peeps

バッドマン ドビンからのバッドシグナルだ。いま行くぞ。WHIZ―

バッドマン このソースは 1 ステートメントが長くなりすぎる傾向にある。それは弱点ともいえる。だから、こう書き直してみよう。

```
using System;

class MyParams
{
    public string nameCity;
    public string sub1;
    public string capital;
    public string sub2;
    public string nameCountry;
    public string last1;
}

class Program
{
    private static void sub(MyParams p)
    {
```

```
        Console.WriteLine(p.nameCountry + p.sub1 + p.capital + p.sub2 +
                                                    ➡p.nameCity + p.last1);
    }
    static void Main(string[] args)
    {
        var p = new MyParams();
        p.nameCountry = "日本";
        p.sub1 = "の";
        p.capital = "首都";
        p.sub2 = "は";
        p.nameCity = "東京";
        p.last1 = "です。";
        sub(p);
    }
}
```

グッドマン バッドマン破れたり！　やたら行数が増えたじゃないか。

バッドマン やたら１ステートメントに詰め込みすぎた機能を解体して、１行１行に分けて書いたから、その分だけ行数が増えたのだ。

グッドマン 特にこの MyParams というクラスが無駄だ。１回しか使わないのに定義が長いぞ。

グラマーちゃん なんてこと。さっきの例ではクラス定義を含むでぶっちょ版を推薦したグッドマンとも思えないわ。

グッドマン ああいうクラス定義は何回も使うと考えれば無駄ではないのだ。１回限りなら無駄なのだ！

バッドマン たとえ１回であっても、詰め込みすぎた長いステートメントを持つよりもマシだ。特に名前付き引数を使うと、１ステートメントの長さがどんどん伸びていく。これは可読性を落とすのだ。

というわけで、グッドマン説とバッドマン説が揃った。

しかし、結論が正反対でまた食い違ってしまった。

どっちが正しいのだろうか？

実はどちらの説にも一理ある。

引数が少ない場合は、グッドマン説のように、**名前付き引数で引数を明示してやるとコードがわかりやすくなる場合がある**。特に、省略可能な引数がやたら多いが、実際に渡す値が少ない場合は有効だ。どの引数に対して値を渡しているのかが明確になる。

一方で、必ず引数の名前を値をペアで書く名前付きの引数は、**渡す引数が多くなる**

と１つのステートメントが長くなりがちという弱点を持つ。これはバッドマン説のとおりだ。

ちなみに、**引数の数が１～２個、場合によっては４～５個までで誰が見てもすぐに引数の役割がわかる場合は**グッドマン説もバッドマン説も採用しないで、**普通に引数を書いてもよい**。それで混乱しないなら、それが最も簡潔だ。

この勝負は引き分けだが、このサンプルソースの場合に限ってはバッドマン説がやや有利だ。

グッドマン このわたしが負けるとは！
ドビン でも、名前付き引数という機能は勉強になりました。
グッドマン ドビンはいい子だなあ。バッドマンが嫌になったらいつでもおいで。
♪♪～whistle～
ドビン あ、クラリネット吹きながら帰ってしまった。
バッドマン よし、わたしはモバイル通信しながらバッドモービルで帰るとしよう。
グラマーちゃん ダメですよ、走りながらのスマホは。
バッドマン 送る情報は１クラスにまとめて引数の数は減らすからさあ。それでもネットしちゃダメ？
グラマーちゃん ダメです！ 交通ルールは守りましょう！

問題

卑劣な悪者バグールがまたしてもバグを仕込んだが、バッドマンもグッドマンも他の事件で手が離せない。君の手でバグを暴いてほしい。

```
using System;

class MyParams
{
    public double Ll, Li, L1;
}

class Program
{
    private static void sub(MyParams p)
    {
        Console.WriteLine(p.Ll + p.Li + p.Ll);
    }
    static void Main(string[] args)
    {
        var p = new MyParams();
        p.Ll = 1;
        p.Li = 2;
        p.L1 = 3;
        sub(p);
    }
}
```

意図した結果（1+2+3の計算結果として）

```
6
```

実際の実行結果

```
4
```

Episode 3 開会式の次は選手宣誓——逐次処理

ドビン 運動会はうまく運営されているかい？

グラマーちゃん さんざんよ。開会式の次は選手宣誓って決めてあるのに、選手宣誓する予定のスポーツマンシップ君が早くから押しかけて、もうたいへんよ。校長先生が挨拶する前に割りこんで宣誓しちゃうし。

バグール それは先生より先に宣誓するというダジャレだね？

グラマーちゃん 違うわよ！ **バキッ!!☆/(x_x)**

ドビン ある処理が確実に終わってから次の処理に移るって重要だね。

グラマーちゃん そうよ。ファイルを書き込む処理が終わらないのに読み込む処理が走ったらまともに動くわけがないわ。

ファイルを書いて読み出そう

グラマーちゃん とりあえず校長先生やスポーツマンシップ君のような異なる人々（別タスク）が確実に順次実行するプログラムを書いてみなさいって新人君に課題を出したら、いきなり例外が出るプログラムが上がってきちゃったわ。

ドビン どれどれ、見せてごらん。

グラマーちゃん このプログラム、要するに500ミリ秒待ってからファイルを書いて、1000ミリ秒待ってからファイルを読み出しているの。確実な順番で実行することを待ち時間の問題と解釈したようね。

ドビン ほほう。無理をして背伸びして凝ったプログラムを書いてみた感じだね。

グラマーちゃん パッと見た限り間違っていないような気がするの。どこにバグがあるのかしら？

ドビン またバグールの仕業か！ どこにバグを仕掛けたんだバグール！

```
using System;
```

```
using System.IO;
using System.Threading;
using System.Threading.Tasks;

class Program
{
    static void Main(string[] args)
    {
        File.Delete("sample.txt");
        Task.Run(() =>
        {
            try
            {
                Task.Delay(1000);
                Console.WriteLine(File.ReadAllText("sample.txt"));
            }
            catch(Exception e)
            {
                Console.WriteLine(e);
            }
        });
        Thread.Sleep(500);
        File.WriteAllText("sample.txt", "Hello!");
        Console.WriteLine("エンターキーで終了します。");
        Console.ReadLine();
    }
}
```

グッドマン ここは正義のヒーローの出番だな。ズバリ、バグはここにある。メインタスクはThread.Sleep(500);で待機しているがこれは500ミリ秒確かに待つ。しかし、作成したタスクのほうはTask.Delay(1000);で1000ミリ秒待たない。待たずにすぐ戻って来る。だから、実際には、ファイルを書き込む前に読み出そうとして例外が発生しているのだ。バグール破れたり。

グラマーちゃん それより具体的な直し方と再発防止策を教えてよ。

グッドマン えっ？

グラマーちゃん グッドマンがほかで戦っているときは呼び出せないでしょ？

継続タスクで解決しろ

グッドマン では書き換えてみた。見事なものだろう？　ちなみに、古い世代のAPIであるThread.Sleepにはご退場を願った。
ド ビ ン 思ったよりもシンプルですね。

```
using System;
using System.IO;
using System.Threading.Tasks;

class Program
{
    static void Main(string[] args)
    {
        File.Delete("sample.txt");
        Task.Delay(1000).ContinueWith((dummy) =>
        {
            try
            {
                Console.WriteLine(File.ReadAllText("sample.txt"));
            }
            catch (Exception e)
            {
                Console.WriteLine(e);
            }
        });
        Task.Delay(500).Wait();
        File.WriteAllText("sample.txt", "Hello!");
        Console.WriteLine("エンターキーで終了します。");
        Console.ReadLine();
    }
}
```

グラマーちゃん 結局どこにバグがあったの？
グッドマン Thread.SleepとTask.Delayの機能の違いさ。
グラマーちゃん どう違うの？
グッドマン Thread.Sleepは指定ミリ秒だけ待つ。それに対して、**Task.Delay**は指定ミリ秒だけ待つTaskオブジェクトを返す。メソッドそのものはすぐ戻って来て待たない。

グラマーちゃん なぜ待ってくれないの？
グッドマン **非同期メソッド**だからさ。
グラマーちゃん 待たせたいときはどうするの？
グッドマン 次のように **Wait** メソッドを付けて**待ってくれ**という意図を示すのだ。

```
Task.Delay(500).Wait();
```

グラマーちゃん めんどくさいわ。
グッドマン 実は**待ってくれ**のほかに選択肢があるのだ。待った後で指定コードを別タスクで実行してほしければ、次のように書くこともできる。このタスクを**継続タスク**という。

```
Task.Delay(1000).ContinueWith((dummy) =>{(実行するコード)});
```

グラマーちゃん すごいわ。
グッドマン 再発防止策だが、これはもう Task.Delay は非同期と覚えるしかない。Wait や ContinueWith のような Task クラス相手に使用できるメソッドを用いて活用するように心掛けよう。それらとペアで活用すれば、同じようなミスは犯すまい。

もっとマシな方法？

バッドマン ははは。見てはいられないぞ。
グッドマン おまえは永遠のライバル、バッドマン！
バッドマン わたしが真の修正方法を見せてやろう。
ド ビ ン 待ってました！
グラマーちゃん バッドマン様ステキ～っ！

同期オブジェクト法

バッドマン このプログラムはなぜ 1000 ミリ秒待つのだろう？
ド ビ ン それは、500 ミリ秒待ってから行われるファイルの書き込みが確実に終わるのを待つためですね。
バッドマン しかし、それには２つの問題があるぞ。

- 約 500 ミリ秒の間ただ待っているだけで時間が無駄になる
- システムに負荷がかかっていると 500 ミリ秒の猶予時間の中でも書き込みが完了しないかもしれない（その場合は例外になる）

バッドマン この2つ問題があるから、グッドマンの**継続タスク法**は十分とはいえない。

ドビン どうすればいいのですか？

バッドマン **もういいかい-まあだだよ法**を使う。

ドビン それはいったい？

バッドマン 同期オブジェクトを使って、メインタスクからサブタスクに書き込みが終わったタイミングを伝えるのだよ。次のコードでは AutoResetEvent クラスは自動的にリセットされるイベントオブジェクトを表すが、これは**同期オブジェクト**の一種だ。

```
using System;
using System.IO;
using System.Threading;
using System.Threading.Tasks;

class Program
{
    static void Main(string[] args)
    {
        var evt = new AutoResetEvent(false);
        File.Delete("sample.txt");
        Task.Run(()=>{
            try
            {
                evt.WaitOne();
                Console.WriteLine(File.ReadAllText("sample.txt"));
            }
            catch (Exception e)
            {
                Console.WriteLine(e);
            }
        });
        Task.Delay(500).Wait();
        File.WriteAllText("sample.txt", "Hello!");
        evt.Set();
```

```
        Console.WriteLine("エンターキーで終了します。");
        Console.ReadLine();
    }
}
```

グラマーちゃん 一瞬で Hello! が出てくるようになったわ。どんなカラクリを使ったの？

バッドマン 見たまえ。var evt = new AutoResetEvent(false); でイベントオブジェクト（同期オブジェクト）を作成している。初期状態はリセットだ。そして、evt.Set(); でイベントをセットしている。そして、evt.WaitOne(); はイベントがセットされるまで待っていろというコードだ。

ドビン ファイルの書き込みが終わった直後にイベントがセットされ、読み出しコードが走るわけですね。

バッドマン イベントオブジェクトを使用しないで、**lock ステートメント**を使用しても同じようなコードが書けるぞ。

ドビン 排他的な実行を制御する lock ステートメントを使えば、終わるまで待っていろという機能を実現できるからですね。

```
using System;
using System.IO;
using System.Threading;
using System.Threading.Tasks;

class Program
{
    static void Main(string[] args)
    {
        object obj = new object();
        lock (obj)
        {
            File.Delete("sample.txt");
            Task.Run(() =>
            {
                try
                {
                    lock (obj)
                    {
                        Console.WriteLine(File.ReadAllText("sample.txt"));
```

```
                }
            }
            catch (Exception e)
            {
                Console.WriteLine(e);
            }
        });
        Task.Delay(500).Wait();
        File.WriteAllText("sample.txt", "Hello!");
    }
    Console.WriteLine("エンターキーで終了します。");
    Console.ReadLine();
  }
}
```

バッドマン この場合、メインスレッドのlockステートメントがファイルの書き込みが終わるまで他の実行をロックしている。

ド ビ ン サブスレッドのlockステートメントは、メインスレッドがロックを解除し次第実行可能になるわけですね。

バッドマン そうだ。そこでファイルを読み出して実行できる。

用途による良し悪し

グッドマンの**継続タスク法**とバッドマンの**もういいかい-まあだだよ法**はどちらがよいのだろうか？

これは明確にバッドマンのやり方が望ましい。なぜなら、グッドマンのコードは書き込み処理が即座に終わらなかったときの対策が何もないからだ。たとえばシステムが過負荷で書き込みに1秒かかると、それだけで例外が起きる。その点でバッドマンのコードは、時間ではなく書き込みが終わったタイミングで制御しているのでトラブルが起こりにくい。

ただし、これはあくまで運動会のプログラムのことであり、時間を正確に区切って進行させたい場合は話が違ってくる。その場合は、グッドマンの例のように500ミリ秒、1000ミリ秒を正確に刻んで処理を実行させることにも意味が出てくる。その場合、仮に例外が出るとしても、それは問題ない。それは玉入れ競技の際、**いざ玉を入れを始めようとしたら玉がなかった**という状況に相当するからだ。準備が整っていない場合は例外が起きて中断するのが正しい挙動となる。

したがって、前提条件によってグッドマンとバッドマンのどちらが勝ちかはわからない。だから、今回も引き分けだ。

ドビン 今回の勝負、前提条件はどっちなの？　タイミングの正確さ？　それとも動作の確実さ？
グラマーちゃん そこまでは考えていなかったわ。
グッドマン ぜひ考えることをお勧めするよ。
バッドマン そのとおりだ。前提次第で最善のコードなどいくらでも変化してしまうのだ。
ドビン じゃあ、グラマーちゃんのハートを射止める最善のコードを教えてください。
バッドマン そんなものがあるならわたしが知りたいよ。

問題

怪人バグールがまたバグを仕込んできたぞ。グッドマン、バッドマンに成り代わり、君がバグを探してくれたまえ。

```
using System;
using System.Threading.Tasks;

class Program
{
    static void Main(string[] args)
    {
        Task.Delay(1000).ContinueWith((dummy) =>
        {
            Console.WriteLine("Hello!");
        });
    }
}
```

意図した結果

```
（1秒待ってから）
Hello!
```

実際の実行結果

```
（何も出力しないですぐ終わる）
```

The SPECIAL ›››› サンプルが動かない！

意外と多いのが、参考になりそうな適切なサンプルソースを見つけたら動かないという事態だろう。環境や依存ライブラリの変化で動作しなくなったものが、実は意外と多い。この場合、そのサンプルソースが書かれた当時の環境を再現しても無駄だ。その時点であなたが作成中の実用ソフトで動かない機能など、いくら動作がわかっても意味はないのだ。

この場合は、できるだけ目的に即した別のサンプルを探すことになる。たいていは最新版を探すことになるが、まれに旧版対応のものを探さなければならないこともある。

その際意外とネットは当てにならない。理由は次のとおりだ。

- 日付を明示しないページも多い
- バージョンや環境を明示しないページも多い
- ソースコードが抜粋で、using 文などが欠けている場合も多い
- 実は最初から誤字が含まれていてコンパイルできないことすらある
- 検索エンジンはバージョンの違いをスルーして、別バージョンのための情報を拾いがち

これに対応する特効薬はない。探す場所や検索キーワードを工夫してうまく切り抜けよう。

The Adventures of GOODMAN + BADMAN with Dobin + Glamour in Zero-Sum City

Episode 4

Aコートはテニスだが Bコートはバドミントン――並列処理

グラマーちゃん 君には4コアの新型開発PCを支給しているのだから成果を出してくれって怒られちゃったわ。

ドビン コア数は仕事の効率と関係ないって。

グラマーちゃん でも考えたの。4コアをフル活用するようなコードを書けば実行時間は短縮できるのではないかしら？

ドビン いい着眼点だね。普通のプログラムはそのままだと1コアしか使わないからね。

グラマーちゃん そうよ。運動会だって会場はいろいろあって、複数の競技が同時に実行されることもあるわ。

ドビン 選手宣誓は最初に1回だけやるから排他だけど、他の競技は時間が重なっても平気だね。

グラマーちゃん ……と思ってプログラム書いたけど、うまくいかないのよ。

バグールの犯罪を暴け！

ドビン これがグラマーちゃんのプログラムだ。バグはどこにあるのだろうか？ 再発防止策はあるのだろうか？

```
using System;
using System.Threading.Tasks;

class Program
{
    private static void work(int n, int wait)
    {
        Task.Delay(1000 * wait).Wait();
        Console.WriteLine("Task{0} done", n);
```

```
    }
    static void Main(string[] args)
    {
        var t1 = Task.Run(() => { work(1,2); });
        var t2 = Task.Run(() => { work(2,3); });
        var t3 = Task.Run(() => { work(3,5); });
        var t4 = Task.Run(() => { work(4,1); });
        for (; ; )
        {
            if (t1.IsCompleted && t2.IsCompleted && t2.IsCompleted &&
                                                  ➡t4.IsCompleted) break;
            Task.Delay(100).Wait();
        }
        Console.WriteLine("All Done");
    }
}
```

意図した結果

```
Task4 done
Task1 done
Task2 done
Task3 done
All Done
```

実際の実行結果

```
Task4 done
Task1 done
Task2 done
All Done
```

ド ビ ン （♪♪♩～） あ、クラリネットの音がどこからか。

グッドマン わたしに任せたまえ。このプログラムはIsCompletedでタスクの終了をチェックしているが、t2.IsCompletedが２回あって、t3.IsCompletedを調べていない。つまり、タスク３が終了する前にメインタスクを終了してしまうのだ。だからタスク３の結果が出てこない。

グラマーちゃん 対策は何？

グッドマン IsCompletedみたいな長ったらしい名前のプロパティを使うから間違

いやすいのだ。**Task.WaitAll** を使え！ こんな感じだ。

```
using System;
using System.Threading.Tasks;

class Program
{
    private static void work(int n, int wait)
    {
        Task.Delay(1000 * wait).Wait();
        Console.WriteLine("Task{0} done", n);
    }
    static void Main(string[] args)
    {
        var t1 = Task.Run(() => { work(1,2); });
        var t2 = Task.Run(() => { work(2,3); });
        var t3 = Task.Run(() => { work(3,5); });
        var t4 = Task.Run(() => { work(4,1); });
        Task.WaitAll(t1,t2,t3,t4);
        Console.WriteLine("All Done");
    }
}
```

ド ビ ン シンプルになりましたね。

グラマーちゃん 複数条件のチェックは、ループを回してポーリングする必要なんてなかったのね。

グッドマン そうだ。Task.WaitAll で一発だ。ちなみに、どれが 1 つでも終了したときに待機を終了したいなら、Task.WaitAny もあるぞ。

バッドマンの逆襲

バッドマン ははははは。グッドマン敗れたり。この程度のサンプルソースをなにを長々と書いているのだ。

グッドマン おまえはバッドマン！ Task.WaitAll メソッドを使えば一発なのに、これより短くする方法があるというのか！

バッドマン ある。TPL を使うんだ。

ド ビ ン TPL って何ですか？ TDL の親戚ですか？

バッドマン 東京の某テーマパークと関係ないぞ。TPL は *Task Parallel*

Library の略だ。並列実行のためのクラスライブラリだぞ。

ドビン それなら Task クラスでも同じに思えますけど。

バッドマン もっと手軽で強力なのだ。これを見よ。

```
using System;
using System.Threading.Tasks;

class Program
{
    private static void work(int n, int wait)
    {
        Task.Delay(1000 * wait).Wait();
        Console.WriteLine("Task{0} done", n);
    }
    static void Main(string[] args)
    {
        Parallel.Invoke(
            () => { work(1, 2); },
            () => { work(2, 3); },
            () => { work(3, 5); },
            () => { work(4, 1); }
        );
        Console.WriteLine("All Done");
    }
}
```

グラマーちゃん 待ってよ。これは手を抜きすぎよ。待機するコードが入っていないじゃない。わたしは待機してほしいのよ。

バッドマン すべてのタスクが終わるまでこの **Parallel.Invoke** は戻って来ないのだ。待機の必要はない。

グラマーちゃん あらそれは便利ね。

バッドマン ちなみに、グッドマンは Task.WaitAny もあるぞと自慢しているが、Parallel クラスにも for 文に近い機能を持った For メソッドや、foreach 文に近い機能を持った ForEach メソッドなどもあるぞ。いずれも並行動作するぞ。

本当にバッドマンは勝ったのか？

グッドマンの **WaitAll 法**とバッドマンの **TPL 法**はどちらがよいのだろうか？

バッドマンのやり方は短くてよいように思える。

しかし、待っている間に他の仕事させようとすると、TPL 法は困ったことになる。なにしろ、すべて終わるまで戻って来ないのだ。強いてやらせるなら、もう1つタスクを並行で立ち上げるしかない。

また、Task.WaitAny に対応する待機方法も使えない。

つまり、**決まり切った型に沿って使うかぎりバッドマンのやり方はよいのだが、そこから逸脱した瞬間に使えなくなってしまう**。その場合は、**グッドマンのやり方が泥臭いが柔軟性があってベター**だ。

したがって、今回も引き分けだ。

ちなみに、グッドマンもバッドマンも使っていないが、**パラレル LINQ** を使って並列実行するという手もある。特に、**ソースが列挙オブジェクトで並列処理したい場合は相性がよい**。

次の例は配列の処理を、パラレル LINQ で並列処理した例だ。

```
using System;
using System.Linq;

class Program
{
    static void Main(string[] args)
    {
        string[] ar = { "one ", "two ", "three " };
        ar.AsParallel().ForAll(c =>
        {
            Console.Write(c);
        });
    }
}
```

出力は並列実行されるので、"one ", "two ", "three " の並び順は実行するごとに変化していく。

ここで、AsParallel はここからパラレルクエリですよ、という意図を示す。ForAll はすべての入力について引数のデリゲート型を呼び出して実行する。

本当に必要なの？

さて、並列処理は絶対に必須なのだろうか？

マルチコアのCPUは並列に処理させないと生きないのだろうか？

そんなことはない。実際のシステムは雑多なタスクがいつも走っているので、動作が並行することも多い。その場合は、1つのプログラムがシングルコアを前提としていても、全体としてはマルチコアの有り難みが出ている。

問題はそこにはない。

手っ取り早くプログラムを高速化したい。そのときこそ、並列処理の出番だ。

同時並行させてもさしつかえない処理が多くあれば、どんどん並列に処理を実行させよう。それだけでハードの力で高速化できる。

ただし、**同期の問題だけは要注意**だ。

グラマーちゃん そうか。すべての子をちゃんと待つようにしてあげないと、まだ戻って来ない子供がいてもプログラムが終了しちゃうのね。

ドビン そうだね。教室に残った生徒がいることに気づかないで先生が学校の鍵をかけちゃうようなものだね。

バッドマン そうだ。AコートとBコートで別の試合をやっても問題はないぞ。可能ならどんどんやればいいのだ。これぞ並列処理の醍醐味。

ドビン 可能ならって、不可能なこともあるんですか？

バッドマン はっはっは。1人のプレーヤーが同時に2つのコートに立つことはできないよ、ドビン。

ドビン いくら並列処理させても、まだ出ていない計算結果は参照できないってことですね。

問題

怪人バグールがまたバグを仕込んできたぞ。グッドマン、バッドマンに成り代わり、君がバグを探してどう書き換えればよいか考えてくれたまえ。ただし、Parallel.Forメソッドは絶対に使いたいとしよう。

```
using System;
using System.Threading.Tasks;
```

```
class Program
{
    static void Main(string[] args)
    {
        Parallel.For(0, 10, (n) =>
        {
            Console.WriteLine(n);
        });
    }
}
```

意図した結果

0123456789（必ずこうなる）

実際の実行結果

0134578962（実行するごとに変化する）

The SPECIAL ›››› MS製品の情報ならMS製検索エンジンが得意？

MS 製品の情報を調べるなら、MS 製検索エンジンを使うとうまくいくだろう……と思うと裏切られることがある。検索エンジンは複数用意しておき、目的の情報に到達できないときはすぐに割り切って他の検索エンジンに切り替えるようにしよう。

いずれにしても、検索エンジンはネット上の膨大な情報を自動的にクロールしているのだ。その自動化されたプロセスは時として人間の思惑を超えてしまう場合があり、自社に有利な結果を出すとはかぎらない。

ちなみに、この種のミスマッチは他の会社にもあり、たとえば G 社の地図サービスは G 社の Web ブラウザで利用すると最も良好に利用できる……ということはなかったりもする。

いずれにしても、ネットの世界はつねに複数の選択肢を持つと安全性や満足度がググッと上昇するのでお勧めだ。

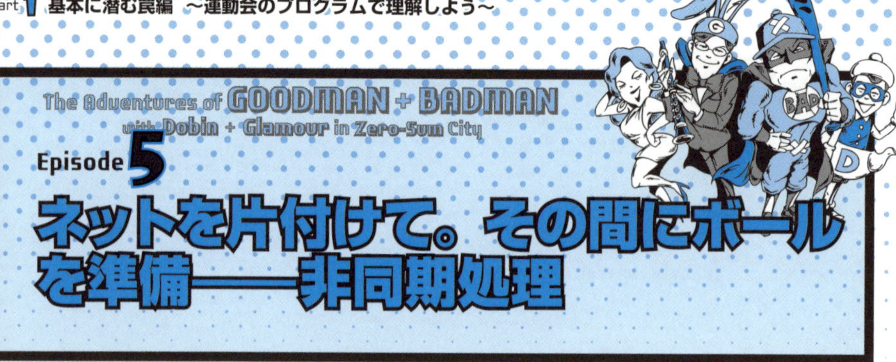

Episode 5 ネットを片付けて。その間にボールを準備――非同期処理

グラマーちゃん　ねえねえドビン。非同期処理って、運動会でいうと何に当たるの？

ドビン　そうだな。このネットを片付けておいて、と指示を出すことかな。

グラマーちゃん　指示を出すと何がいいの？

ドビン　部下に指示を出して作業させると、身体が空く。空いたら、寝ていてもいいし他の仕事をしてもいい。

グラマーちゃん　他の仕事を同時並行でやっていいなら、それって並列処理とどう違うの？

ドビン　えっ？

グラマーちゃん　非同期処理って面倒だから、できれば並列処理でやりたいわ。

ドビン　グラマーちゃん、怪人バグールの誘惑に負けちゃダメだ。

非同期vs並列

バグール　同じ機能を非同期と並列で書いたぞ。楽なほうを使ったほうがいいよな。非同期いらないよな。並列だけでいいよな。

非同期版（19行）

```
using System;
using System.IO;
using System.Threading.Tasks;

class Program
{
    static void Main(string[] args)
    {
        File.WriteAllText("sample.txt", "Hello!");
        var reader = File.OpenText("sample.txt");
```

```
        var task1 = reader.ReadToEndAsync();
        var task2 = Task.Run(() => {
            Console.WriteLine("World!");
        });
        Task.WaitAll(task1,task2);
        Console.WriteLine(task1.Result);
        reader.Close();
    }
}
```

並列版（18行）

```
using System;
using System.Threading.Tasks;
using System.IO;

class Program
{
    static void Main(string[] args)
    {
        File.WriteAllText("sample.txt","Hello!");
        var reader = File.OpenText("sample.txt");
        Parallel.Invoke(()=>{
            Console.WriteLine(reader.ReadToEnd());
        },()=>{
            Console.WriteLine("World!");
        });
        reader.Close();
    }
}
```

実行結果（一致しない可能性もありうる）

```
World!
Hello!
```

ドビン おかしいな。もし、バグールの言い分が正しいなら、非同期なんていらないことになる。

グラマーちゃん しっかりしてよ。

ド ビ ン （♪♪♪～）あ、クラリネットの音がどこからか？
グッドマン わたしに任せたまえ。バグールの陰謀、見事に暴いてみせよう。
グラマーちゃん 非同期版と並列版どっちを使ったほうがいいの？
グッドマン そもそもバグールは問題の立て方を間違っているのだ。
ド ビ ン どういう意味ですか？
グッドマン 非同期のメリットを理解するには次の2つを区別しなければならない。

Ⓐ待機という仕事を実行する（☛ 図1左）
Ⓑ待機に入ったら、待機が解除されるまで仕事を免除する（☛ 図1右）

図1：待機

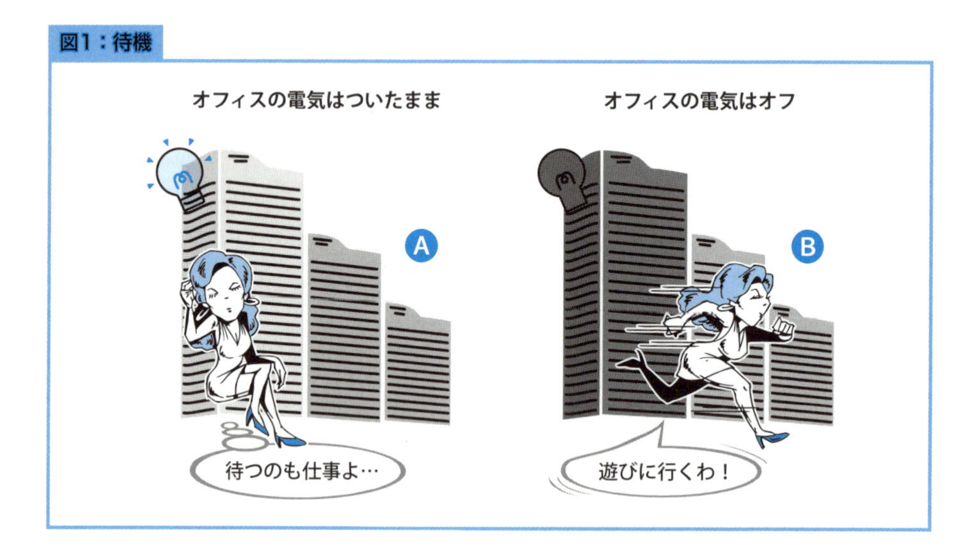

グラマーちゃん その2つは同じなんですか？ 違うんですか？
グッドマン 表面的には同じだが、システムに与える負荷は違う。
ド ビ ン Ⓐは人がオフィスに残るけれど、Ⓑは残らないわけですね。
グッドマン そうだ。実際には人ではなくてプロセスを実行する各種リソースなのだけどね。
グラマーちゃん 人がいないと何かいいことがあるんですか？
グッドマン もちろんだ。空いた部屋には次の2つのオプションがあることになる。

- 誰もいなければ電気も冷暖房も切って光熱費を節約できる
- 空き室は他の仕事に貸すことができる

グラマーちゃん どちらにしても、大家さんにはラッキーな話ですね。でもパソコンの大家さんって誰？

グッドマン CPU かな？

バッドマンの逆襲

バッドマン 手ぬるい！　グッドマンの説明は十分ではないぞ。

ド　ビ　ン バッドマン、いつの間に！

バッドマン いいかね。グッドマンはあくまで非同期と並列はどちらがいいかという説明しかしていない。しかし、それが本当に怪人バグールの陰謀を暴いたことになるだろうか？

グラマーちゃん でも、非同期のほうが長いですよ。

バッドマン 実はバグールの非同期コードは無駄だらけなのだ。

グラマーちゃん えっ。本当に？

バッドマン お手本を見せてあげよう。

バッドマン版非同期コード（15行）

```
using System;
using System.IO;

class Program
{
    static void Main(string[] args)
    {
        File.WriteAllText("sample.txt", "Hello!");
        var reader = File.OpenText("sample.txt");
        var task = reader.ReadToEndAsync();
        Console.WriteLine("World!");
        Console.WriteLine(task.Result);
        reader.Close();
    }
}
```

バッドマン 非同期は確かにややこしい。しかし、やり方を理解すれば複雑すぎるということはないのだ。

バッドマンは正しいのか？

グッドマンの答えとバッドマンの答え、どちらが正しいのだろうか？

これは、よくある**対立する２つの陣営があるとき、片方が悪であることを暴いたとしても、他方が正しいという証明にはならない**という論理構造上の問題になっている。

これは、**与党のXX党に不正献金があった**と暴露したとしても、それは**野党のYY党は清廉潔白**という証明になっていないことと同じだ。

実はこの場合、バグールは２つの嘘をついている。

１つは、表面的な挙動の類似性に着目させて性質の違いを伏せてしまったことだ。

もう１つは、非同期のソースコードを無駄に長くしたことだ。

グッドマンは第１の嘘を、バッドマンは第２の嘘を暴いたのだ。

そういう意味で今回も引き分けだ。

だが、本当にバッドマンの書き直しでよいのだろうか？

これはよいのだ。

なぜよいのだろうか？

バグール版非同期ソースと、バッドマン版非同期ソースには次の違いがある。

- `Task.Run`がない
- `Task.WaitAll`がない

`Task.Run`がないことは問題ない。もともと非同期操作実行中ならば、メインタスクが空き部屋なのだ。あらためてほかの処理を実行するための部屋を増やす必要はない。そのまま実行してしまえばよいのだ。

では、`Task.WaitAll`がないことはよいことなのだろうか？　当然、`WaitAll`だけでなく、`Wait`、`WaitAny`、`await`など待機するための手段がなにひとつ書かれていないのだ。これで本当に正常に動作するのだろうか？

実は動作するのである。

なぜなら、`Result`プロパティの`get`アクセサには、必ず結果が確定するまで**待つ**という機能性があるからだ。

では、２つのタスクを待つ必要はないのだろうか？

２つ目のタスクはそもそも作成していないので、待つ必要はない。処理している内容も、同期処理だけなので待機の必要性は発生しない。あくまで待つのは`ReadToEndAsync`メソッドただ１つでよいのだ。

グラマーちゃん すっかりバグールにだまされたわ。非同期だってコードをシンプルに書けるのね。

バッドマン しかし、勘違いしてはいけない。非同期は入口が１つで出口は２つあるのだ。
ドビン ２つの出口って何ですか？
バッドマン 次の２つだよ。

- 非同期処理の開始を受け付けました
- 非同期処理が終了しました

グラマーちゃん この２つを間違えるとバグが発生するのね。
ドビン バグールの思うツボだね。

グッドマンの逆襲

グッドマン そういうことならわたしにも意見があるぞ。グッドマン版の非同期ソース、WriteLine メソッドが同期版なのが不徹底だ。非同期版の WriteLineAsync を使ってみせろよ。
グラマーちゃん バッドマン、やってみせて！
バッドマン ややこしくなるから避けたかったのだが……。しかたがない。書いてみよう。

```
using System;
using System.IO;
using System.Threading.Tasks;

class Program
{
    static void Main(string[] args)
    {
        File.WriteAllText("sample.txt", "Hello!");
        var reader = File.OpenText("sample.txt");
        var task1 = reader.ReadToEndAsync();
        var task2 = Console.Out.WriteLineAsync("World!");
        var task3 = Console.Out.WriteLineAsync(task1.Result);
        Task.WaitAll(task2, task3);
        reader.Close();
    }
}
```

ド ビ ン タスクオブジェクトが３つもできてたいへんだ！
グラマーちゃん Task.WaitAll も復活よ。
グッドマン どうだ。これでも非同期は簡単に書けるといえるか？
バッドマン この場合は……ちょっとややこしい。

どうやらこの勝負、バッドマンが一歩競り負けたようだ。

問題

怪人バグールがまたバグを仕込んできたぞ。グッドマン、バッドマンに成り代わり、君がバグを探してどう書き換えればよいか考えてくれたまえ。

```
using System;
using System.Threading.Tasks;

class Program
{
    static void Main(string[] args)
    {
        Task<int> task= null;
        task = Task.Run(() =>
        {
            Console.WriteLine(task.Result);
            return 0;
        });
        task.Wait();
    }
}
```

意図した結果

```
0
```

実際の実行結果

```
（ハングアップ）
```

Episode 6 後始末は忘れずに ──終了処理の強制

グラマーちゃん おかしいわ。2つの処理を作成したの。それぞれ単独では動作するのに、1つのプログラムにまとめると例外で動かないわ。

ドビン また怪人バグールの仕業だな。

グラマーちゃん こんな小さなプログラムにまで出没するのね。怪人バグール。

ソースコードよ合体せよ

ドビン よし、バグールの足取りを追おう。ソースコードを見せてくれ。

グラマーちゃん こんなプログラムなのよ。

ソースコード1号

```
using System;
using System.IO;

class Program
{
    static void Main(string[] args)
    {
        var writer = new StreamWriter(Path.Combine(Environment.
            ➡GetFolderPath(Environment.SpecialFolder.Personal), "sample.txt"));
        writer.WriteLine("Good Morning");
        writer.Flush();
    }
}
```

ソースコード2号

```
using System;
```

```
using System.IO;

class Program
{
    static void Main(string[] args)
    {
        var reader = new StreamReader(Path.Combine(Environment.
            ➡GetFolderPath(Environment.SpecialFolder.Personal), "sample.txt"));
        Console.WriteLine(reader.ReadToEnd());
    }
}
```

ドビン　そして、この２つを合体させたのだね？
グラマーちゃん　そうよ。普通、合体したら強くなると思うじゃない？
ドビン　でも、例外で止まってしまったのだね？

合体ソースコード

```
using System;
using System.IO;

class Program
{
    static void Main(string[] args)
    {
        var writer = new StreamWriter(Path.Combine(Environment.
            ➡GetFolderPath(Environment.SpecialFolder.Personal), "sample.txt"));
        writer.WriteLine("Good Morning");
        writer.Flush();
        var reader = new StreamReader(Path.Combine(Environment.
            ➡GetFolderPath(Environment.SpecialFolder.Personal), "sample.txt"));
        Console.WriteLine(reader.ReadToEnd());
    }
}
```

ドビン　例外はなんていっているんだい？
グラマーちゃん　他のプロセスでファイルが使用中ですって。でも、いっさい他のプログラムからは開いていないわよ。
ドビン　ウイルス対策ソフトがチェックのために開いているのかな？　それな

ら、時間を置いてチェックが終わった頃にアクセスすれば……。

グラマーちゃん それでもダメなの。

ドビン わかったぞ。問題は writer.Flush(); にあったんだ。

グラマーちゃん この行を削除するとファイルに書き込まれなくなるわ。

ドビン 取り除けといっているのではないよ。ここは writer.Close(); と書くべきだったんだ。

グラマーちゃん どうしてかしら？

ドビン この２つには明確な役割の違いがあるかさら。

- Flush：書き込み予定だがまだ書き込まれていないデータを書き込む
- Close：Flush と同じ機能に加え、ファイルを閉じる

グラマーちゃん そうか、ファイルを閉じるか閉じないかの違いがあるのね。

ドビン そうそう。ファイルを排他的に開いていると、他のプログラムはそのファイルを開けなくなるんだ。

グラマーちゃん それは習ったわ。

ドビン 実は同じプログラムからも開けなくなるんだ。普通、１本のプログラムが同じファイルを二重に開くようなことはあまりやらないから、プログラム間の衝突によって起こる可能性が高いね。でも、怪人バグールが暗躍してバグが入れば別だ。

グラマーちゃん それなら、単体のときはどうして動いたの？

ドビン プログラムの終了時には開いていたファイルを自動的に閉じるからだ。しかし、合体ソースの場合、終了する前にファイルを開こうとするから開けないわけだ。

グラマーちゃん 終了を待たずに閉じるには Close ね。Flush を Close に書き換えたら動いたわ。

ドビン よかったね。ハッピーエンドだ。

グッドマン ちょっと待った！

ドビン あ、クラリネットの音抜きで出てきたよ、このおっさん。

グッドマン これで話を終わりにしてはいけない。重大な問題が見落とされている。

グッドマンの問題提起

グッドマン おほん。ファイルを閉じなかった場合、同じプログラムからですら開けなくなる場合がある。それはいいね？

ドビン そうです。

グッドマン ここで重要なことは、**絶対に閉じる**にはどうすればいいかなのだ。ついでに、読み出しのときはまだ閉じていない問題も残っているね。

グラマーちゃん Close メソッドを呼べばいいのではありませんか？

グッドマン 例外が起きて、Close メソッドを呼ぶ前に終わってしまったらどうするのかな？

ドビン うーむ。

グッドマン こういう、**何があっても必ず終了処理を呼び出したいときは、using 文と IDisposable インターフェースを使う**のだよ。実際にファイル関係の API は IDisposable インターフェースを実装しているね。

グラマーちゃん それを使うとどう書けばいいのですか？

グッドマン こうだ。

```
using System;
using System.IO;

class Program
{
    static void Main(string[] args)
    {
        using (var writer = new StreamWriter(Path.Combine(Environment.
          ➡GetFolderPath(Environment.SpecialFolder.Personal), "sample.txt")))
        {
            writer.WriteLine("Good Morning");
        }
        using (var reader = new StreamReader(Path.Combine(Environment.
          ➡GetFolderPath(Environment.SpecialFolder.Personal), "sample.txt")))
        {
            Console.WriteLine(reader.ReadToEnd());
        }
    }
}
```

グラマーちゃん おかしいですよ。Close がないのに動作します。

グッドマン それはね、using 文が終わるとき、オブジェクト（writer や reader）が持っている Dispose メソッドを自動的に呼び出して、それがファイルを閉じてくれるからなんだよ。

ドビン 全自動ですね。

グラマーちゃん でも、話に出てくる IDisposable インターフェースや Dispose メソッドがソースコード上に出てきません。

グッドマン それらが見えるように、そのインターフェースが実装済みの例題をやめて、もっとシンプルな例題に置き換えてみよう。

ドビン どんな例題ですか？

グッドマン 処理が終わったら終了方法に関係なく "Good Bye" と出力する……としよう。

グラマーちゃん どう書くのですか？

グッドマン 途中で return 文を入れて強制中断させる意地悪コードだ。しかし、ちゃんと Dispose メソッドは実行され、"Good Bye" が出力されるぞ。

```
using System;

class GoodBye : IDisposable
{
    public void Dispose()
    {
        Console.WriteLine("Good Bye");
    }
}

class Program
{
    static void Main(string[] args)
    {
        Console.WriteLine("Good Morning");
        using (var gb = new GoodBye())
        {
            Console.WriteLine("Good Evening");
            return;
        }
    }
}
```

実行結果

```
Good Morning
Good Evening
Good Bye
```

グラマーちゃん なるほどね。StreamReader などのクラスも、こうやって IDisposable インターフェースが実装してあるのね。

ド ビ ン そして、Dispose メソッドでファイルを必ず閉じればいいんだね。

バッドマン 甘い。甘いぞグッドマン。

ド ビ ン バッドマン、まさかのいちゃもんですか？

バッドマン 確かに、IDisposable インターフェースは強力だ。しかし、ただ単に "Good Bye" と出力するだけのためにクラスを 1 つ実装するのは無駄が多くないか？　近所のコンビニに買い物に行くのに、地球防衛用のスーパーメカを使うようなものだぞ。

バッドマンの答え

ド ビ ン バッドマン、この場合はどうすればいいのですか？

バッドマン try-finally 構文を使う。これで十分だ。

```
using System;

class Program
{
    static void Main(string[] args)
    {
        Console.WriteLine("Good Morning");
        try
        {
            Console.WriteLine("Good Evening");
            return;
        }
        finally
        {
            Console.WriteLine("Good Bye");
        }
    }
}
```

グラマーちゃん 実行結果は同じだわ。

ド ビ ン 22 行が 18 行になりましたね。

バッドマン それだけではない。クラス 1 つとメソッド 1 つが丸ごと消えたのだ。

ド ビ ン どんなトリックでグッドマンを出し抜いたのですか？

バッドマン なに、オブジェクトレベルでの確実な終了処理はusing文だが、構文レベルの終了処理はtry-finally構文なのさ。

using文 vs try-finally構文

終了処理は重要だ。

運動会でも、終わった後きちんと道具を片付けておかないと、来年の運動会に差し障りがある。去年使ったアレなのに見つからない……で重要な競技が行えないのでは困ったことになる。

さて、グッドマンの答えとバッドマンの答え、それぞれの主張は正しいだろうか？

これが正解だ。

using文でもtry-finally構文でも終了処理を記述できる。よほど特殊な事態が発生しないかぎり、必ず実行される終了処理を記述できる。

では、グッドマンの答えとバッドマンの答え、どちらが正しいのだろうか？

グッドマンの答え（using文の利用）は、利用回数が多いときに有利だ。クラスに1回IDisposableインターフェースを実装しておけば、あとはusing文を書くだけで何回でも終了処理を利用できる。try-finally構文を使うと毎回書かなければならず面倒が増える。

しかし、利用回数が非常に少ないときは毎回書いてもたいした手間ではない。そのうえ、IDisposableインターフェースを実装するクラスをわざわざ書かずに済む。

つまり、一般論ではグッドマンの勝ち。しかし、この例題に限って考えるならばバッドマンのほうがよりよい答えを出している。

今回のヒーロー対決も引き分けだ。

問題

怪人バグールがまたバグを仕込んできたぞ。グッドマン、バッドマンに成り代わり、君がバグを探してどう書き換えればよいか考えてくれたまえ。

```
using System;

class Class1 : IDisposable
{
    public void Dispose()
```

```
    {
        Console.WriteLine("Good Bye1");
    }
}

class Class2 : Class1, IDisposable
{
    public new void Dispose()
    {
        Console.WriteLine("Good Bye2");
    }
}

class Program
{
    static void Main(string[] args)
    {
        using (var gb = new Class2())
        {
            return;
        }
    }
}
```

意図した結果

```
Good Bye1
Good Bye2
```

実際の実行結果

```
Good Bye2
```

Episode 7 選手がルールにない行動に出た！——例外処理

バグール ファイルを書き込んで読み出すプログラムだと？　生意気な。こうしてくれる。書き込んだ後、読み出す直前にファイルを削除してやれ！

グラマーちゃん 困ったわ。プログラムが例外で落ちてしまったわ。

ドビン バグかな？

バッドマン 実は書き込んだはずのファイルがないという事態はありうるのだ。

ドビン どういうことですか？　バッドマン。

バッドマン うむ。たとえば、電子メールを受信してファイルに書き込み、後から読み出すシステムがあったとしよう。書き込まれた電子メールは確実に読み出せるだろうか？

ドビン 書き込んだ以上、読み出せるのではありませんか？

バッドマン そうではないのだ。ウイルス入りメールの場合、検疫でメールの入ったファイルが隔離されてしまう場合があるのだ。その場合、そこにファイルが残っていないことになる。

ドビン たいへんですね。

バッドマン そうだ。しかし、プログラムは止まってはならない。あるはずのファイルがなくても、他のファイルの処理は継続したいじゃないか。

ドビン わかりました。運動会のバレーボールでボールに２回触れたからといって、それで運動会自体を止めたくはないわけですね。

バッドマン 運動会どころか、その試合も止めたくないね。

グラマーちゃん どうすればいいのですか？

バッドマン 飛んで行く例外を捕まえるのさ。

例外キャッチ

バッドマン まずは例外で止まってしまうコードだ。

```
using System;
using System.IO;

class Program
{
    static void Main(string[] args)
    {
        File.WriteAllText("a.txt", "Hello A");
        File.WriteAllText("c.txt", "Hello C");
        Console.WriteLine(File.ReadAllText("a.txt"));
        Console.WriteLine(File.ReadAllText("b.txt"));
        Console.WriteLine(File.ReadAllText("c.txt"));
    }
}
```

ドビン b.txt を作成していないので、ファイルが見つからない例外になりますね。

バッドマン しかし、ないファイルはしかたがないとして。c.txt の内容は見たいのが人情だ。さあどうすればいいと思う？

ドビン グラブを構えて、飛んで来るボールを捕まえます。

バッドマン それは野球だ。C# ならどうする。

ドビン うーん。

バッドマン こう書き直してみよう。

```
using System;
using System.IO;

class Program
{
    private static void safeRead(string filename)
    {
        try
        {
            Console.WriteLine(File.ReadAllText(filename));
        }
        catch (FileNotFoundException e)
        {
            Console.WriteLine(e.Message);
        }
```

```
    }

    static void Main(string[] args)
    {
        File.WriteAllText("a.txt", "Hello A");
        File.WriteAllText("c.txt", "Hello C");
        safeRead("a.txt");
        safeRead("b.txt");
        safeRead("c.txt");
    }
}
```

実行結果

```
Hello A
ファイル '～～～～ ¥b.txt' が見つかりませんでした。
Hello C
```

グラマーちゃん Hello C も見えるようになりましたね。
ドビン (♪♪♩～) あ、クラリネットの音が……。
グッドマン 甘い、甘いぞバッドマン。君は重要なことを見落としている。
バッドマン なんだとっ!?
グッドマン ファイルを開こうとして例外になる理由は、存在しない場合だけではないぞ！
バッドマン そうだ、開いたままの場合も例外になることがある。それは先刻承知。あくまでこれは限定されたケースだけを想定した例題なのだ。
グッドマン それだけではない。
バッドマン なにっ!?
グッドマン そもそも例外は重い処理なので、発生させずに済むなら発生させないほうがいいのだ。
グラマーちゃん 例外を発生させないなんて、そんな都合のいい方法があるのですか？
グッドマン あるとも！

```
using System;
using System.IO;

class Program
```

```
{
    private static void safeRead(string filename)
    {
        if (File.Exists(filename)) Console.WriteLine(File.
                                            ➡ReadAllText(filename));
        else Console.WriteLine("{0}は見つかりません。", filename);
    }

    static void Main(string[] args)
    {
        File.WriteAllText("a.txt", "Hello A");
        File.WriteAllText("c.txt", "Hello C");
        safeRead("a.txt");
        safeRead("b.txt");
        safeRead("c.txt");
    }
}
```

実行結果

```
Hello A
b.txtは見つかりません。
Hello C
```

ド ビ ン safeReadメソッドがかなり短くなりましたね。

グッドマン 動作も軽いぞ。

ド ビ ン どんなトリックを使ったのか説明してください。

グッドマン いいだろう。要するに、ファイルが存在するか否かを開く前にチェックしているのだ。File.Existsメソッドがファイルの存在判定を行っている。存在する場合にのみ、ファイルを開いている。つまり、例外が発生するケースを想定しないで済むのだよ。どうだ、すばらしいだろう？

グラマーちゃん わあ、短いソースは大好きです。

バッドマン ちょっと待った！

グッドマン 負け惜しみかね？

バッドマン ファイルの存在チェックとファイルのオープンが厳密には同時ではないので、例外の可能性はゼロにはならない。

グッドマン ほんのわずかの時間にファイルを削除できる悪党はいないよ。

バッドマン セキュリティソフトなどはほんの一瞬の時間があればファイルを隔離

してしまう場合があるぞ。

例外はほしくないが……

では、グッドマンの答えとバッドマンの答え、どちらが正しいのだろうか？

例外はできるだけ発生させたくないというグッドマンの主張は正しい。例外抜きで処理を記述できるならどんどん書くべきだろう。

しかし、バッドマンの主張も一理ある。PC が重いときは、ほんの一瞬で済む処理に長い時間を要する場合がある。また各種のプログラムはわずかな時間でも割り込んで処理を行う場合がある。こういう存在チェックのコードは、うかつすぎるといわれると確かにそうだ。例外をキャッチしたほうが確実だ。

この場合はどちらを採用するほうがよいのだろうか？

バッドマンの例外方式のほうが厳密さでやや有利だ。

しかし、ファイルが見つからないケースが多いときは**プログラムが無駄に重くなる。**この場合、**事前に存在チェックを行うグッドマン方式が有利**だ。

では、総合評価はどうだろうか？

両方併用が最も効率がよいだろう。両方を使えば、例外が発生する頻度は減らすことができる。

問題

怪人バグールが無駄な例外を仕込んできたぞ。グッドマン、バッドマンに成り代わり、君が無駄を探してどう書き換えればよいか考えてくれたまえ。

文字列を数値に変換する int.Parse メソッドが失敗する事例だ。bad number は数値ではないので、必ず変換は失敗する。失敗した後、例外をキャッチして 123 を結果としている。これを例外のキャッチ不要に書き換えてほしい。つまり、catch 抜きの書き換えを試みてくれ。

```
using System;

class Program
{
    static void Main(string[] args)
    {
        int a;
```

```
        try
        {
            a = int.Parse("bad number");
        }
        catch (FormatException e)
        {
            a = 123;
        }
        Console.WriteLine(a);
    }
}
```

実行結果

```
123
```

The SPECiAL なぜソースコードのコレクションは意味がないか？ ─その1

1990年代にCD-ROMという媒体が出現したとき、ソースコードのコレクションというビジネスが生まれた。Simtelなどの名を冠したソフトウェアアーカイブが集めたソースコードをCD-ROM媒体で売ったのだ。当時はそれなりに売れたようだ。

その時代は、OSSという言葉やオープンソースという思想が生まれる以前であることに注意しよう。彼らはソースコードを公開する文化は実は創造していない。もっと前から、ソースコードを無償公開する文化はあり、そしてCD-ROMを何枚も埋め尽くすほどの膨大なソースコードが実際に存在したのが歴然とした事実だ。

しかし、いくらソースコードがあってもまだネットが普及していない時代では、配布の問題がネックになっていた。いくらソースコードがタダでも媒体にコピーして送付するコストはバカにならなかったのだ。要するに、これらCD-ROMの値段とは、ソースコードの値段ではなく媒体を作成して流通させるコストであった。

この問題はインターネットの普及と高速化で解消された。入手できるサイトも増え、読み切れないほど多くのソースコードがほとんど一瞬で入手可能になっている。

いまや、あらゆる機能を実現したソースコードがネットのどこかにあるはずなので、それを集めさえすれば、最低限のコードを書くだけでどんなすばらしいソフトも実現可能になっている。むしろ、車輪の再発明を防ぐという意味で、すでに書かれたコードと重複するコーディングなどしてはならないのだ。

そういうすばらしい時代になったのだ…… (p.72に続く)

The Adventures of GOODMAN + BADMAN with Dobin + Glamour in Zero-Sum City

Episode 8

実況の隣に解説者は必要か？——コメント編

グラマーちゃん たいへんよ、後輩が反乱を起こしたの。きっと怪人バグールの仕業だわ。

ドビン 反乱？ それは穏やかじゃないね。説明してごらん。

グラマーちゃん 後輩にメソッドを1つ書いてもらったら正常に動作しないのよ。でも、後輩は正しい実装だの一点張りなの。全然直してくれないの。

ドビン ソースコードを見せてごらん。

グラマーちゃん お買い得商品かを判定する sub メソッドが問題なのよ。

```
using System;

class Program
{
    /// <summary>
    /// 引数の値が1000以上かを判定します
    /// </summary>
    /// <param name="x">判定する数値</param>
    /// <returns>引数xが1000以上ならtrue、さもなくばfalse</returns>
    private static bool sub(int x)
    {
        return x >= 1000;
    }

    static void Main(string[] args)
    {
        if (sub(1200))
            Console.WriteLine("お買い得です");
        else
            Console.WriteLine("普通の価格です");
    }
}
```

グッドマン はははは。謎はすべて解けた。♪♩～
ド ビ ン あ、クラリネットの音が。
グッドマン ずばり、このプログラムには罠がある。

コメントが違う？

グラマーちゃん どこに罠があるのですか？
グッドマン sub メソッドの機能をもう一度説明してくれたまえ。
グラマーちゃん ええと。お買い得品かどうかの判定です。1000 円以上なら普通の商品、1000 円未満ならお買い得です。
グッドマン だがコメントを見てみたまえ。
グラマーちゃん 引数の値が 1000 以上かを判定しますって書いてあります。でも、同じことですよね？
グッドマン 同じではないのだ。よく見たまえ。
ド ビ ン あ、条件が逆だ。お買い得品は 1000 未満なんだよ。1000 以上ではないんだ。
グッドマン つまり、後輩君はコメントに書かれたとおりの機能を実装したので、それでいいはずだと考えた。しかし、グラマーちゃんは納得しなかった。コメントが間違っていたからだ。
ド ビ ン コメントを直すべきだな。
グラマーちゃん これでいいですか？

```
/// <summary>
/// 引数の値が1000未満かを判定します
/// </summary>
/// <param name="x">判定する数値</param>
/// <returns>引数xが1000未満ならtrue、さもなくばfalse</returns>
```

グッドマン ダメだダメだ。機能を説明していない。
ド ビ ン お手本を見せてください。

```
/// <summary>
/// お買い得品かを判定します。お買い得品は1000円未満の商品です。
/// </summary>
/// <param name="x">商品の値段</param>
```

```
/// <returns>お買い得品ならtrue、さもなくばfalse</returns>
```

グッドマン 本当はメソッド名も sub のような何の説明にもなっていない名前を使うべきではない。もっと説明的な名前にすべきなのだけどね。この場合は、主要な要因ではない。

コメント害毒論

バッドマン ちょっと待った！

ドビン バッドマン、遅いですよ！　また夜更かしですか？　健康のために昼間野球でもやっててくださいよ。

バッドマン 新渡戸稲造は野球害毒論を唱えたが、本当はコメントこそ有害なのだ。

ドビン 何を言い出すのですか？

バッドマン このバグはなぜ起きたと思う？

ドビン コメントが間違っていたからです。

バッドマン なぜ間違っているのにエラーにならないのだろう？

ドビン そ、それは……。コメントは何でも書けるので、何を書いてもエラーにならないからです。

バッドマン そんなものに頼るのはうかつとはいえないかね？

グラマーちゃん じゃ、どうすればいいのですか？

バッドマン ズバリ、コメントを書くな。ソースコード本体をわかりやすく書けば大半のコメントは排除できるはずだ。

ドビン それは過激ですね。

バッドマン だが、たいていの詳細なコメントは開発が進むにつれて、どんどんソースコードの実態と乖離(かいり)していくぞ。乖離した説明は有害そのものだ。

グラマーちゃん いわれてみれば確かにそうです。開発当初はコメントどおりの仕様でした。いまは食い違っていますけど。

バッドマン この場合は、メソッドの名前と引数名で機能性を示すほうがいい。

```
private static bool isお買い得品(int 商品価格)
{
      ⋮
}
```

コメントは有益？ 有害？

では、グッドマンの答えとバッドマンの答え、どちらが正しいのだろうか？

バグが発生した原因については、グッドマンの指摘どおりだ。バグの原因を単純に除去する方策としては、グッドマンのやり方でよい。

しかし、再発防止策としてはいささか心許ない。コメントはいくら書き間違っても、エラーにならないのだ。

そして、バッドマンが指摘するとおり、開発が進むとコメントは実態と乖離していくものだ。

それではどの対策が最もよいのだろうか？

ここでは3種類の対策が提示されている。

- コメントを直す（グッドマン方式－1）
- コメントとメソッド名を直す（グッドマン方式－2）
- コメントを除去し、メソッド名を直す（バッドマン方式）

最悪の選択はどれだろうか？

それはグッドマン方式－2だ。

コメントの説明を直し、メソッド名に説明的な名前を与えるとよりわかりやすくなるように思えるが、なぜダメなのだろうか？

それは、しばしば**コメントの説明と説明的なメソッド名の説明が矛盾してしまう**からだ。どちらが正しいか悩む分だけロスが発生する。説明が2つあることは、無駄である以上に、矛盾すると解釈がたいへんになるのだ。

たとえば、運動会の案内放送係が校内放送で紅組の勝利を伝えている横で解説者が白組の勝因を語っていたら、聞く側は混乱してしまうことと同じだ。放送係と解説者の連絡が不十分だとありうる事態だ。校内放送ならまだよい。聞いた人が**それはおかしいぞ**とすぐ気づいてクレームを入れるからだ。だが、ソースコードの場合、コンパイラはコメントの内容をチェックしないので、誰か気づいてくれるまで誰もクレームを入れないことになる。あまり好ましい結末とはいえない。

では、コメントだけ直すグッドマン方式－1のほうがマシなのだろうか？

実装とコメントが食い違う場合があるので、これもそれほどよくはない。

ならば、コメントを除去してしまうバッドマン方式のほうがよいのだろうか？

よい……といいたいが、よく見ると安易に除去できないコメントであることがわかる。これはC# のXMLコメントで、クラスのリファレンスマニュアルを自動生成するための記述なのだ。安易に取ってしまうとリファレンスマニュアルが生成できないだけでなく、コンパイラの警告が発生する場合もある。XMLファイルを生成させる場合、指定して抑止しないかぎり、public の言語要素には XML コメントを付けなければならないのだ。

つまり、バッドマン方式の**コメントを取ってしまえ**の実践は好ましくない。

それゆえに、グッドマン方式のいずれかを選ばざるをえないだろう。

この場合は、諸条件によってどちらがよいか選ぶ余地があるので、結局引き分けである。ただし、どちらかといえば、この場合はグッドマン方式のいずれかのほうが好ましい。

問題

卑劣な悪者バグールがまたしてもバグを仕込んだが、バッドマンもグッドマンも他の事件で手が離せない。君の手でバグを暴いてほしい。

次のソースで **// 念のため**と書かれた行を削除すると動作が変わってしまった。本当は必要ないが念のため挿入された行ではないのだろうか？　なくても動作は同じではないのだろうか？

動作が変わってしまう理由を考えてほしい。

```
using System;

class Program
{
    static void Main(string[] args)
    {
        int a = 100 + 600 / 2 - 400;
        if (a == 0) return; //念のため
        Console.WriteLine(1 / a);
    }
}
```

意図した結果

（何も出力しない）

実際の実行結果（コメントのある行を除去した結果）

（0除算の例外を発生させる）

The SPECiAL …… なぜソースコードのコレクションは意味がないか？ －その2

（p.66から続く）……しかし、本当にそうだろうか？

実は、そんなことはまったくない。

複数の公開ソースコードからおいしいところだけを取り出してもっとよいソフトを作り出すことは、ほとんど不可能といってよいほど難しい。

なぜだろうか？

実は、さまざまな技術や方法論が、1つのソフトの中では一貫しているものの、複数のソフト間では一貫していないからだ。

- 依存する言語やフレームワークが違う
- コーディングルールが違う
- エラーなどの例外処理のルールが違う
- メモリ管理の方法が違う

そして、ソースコードを読まなければどこをどう取り出せば安全なのかわからないが、ソースコード全体を把握する手間は膨大だ。ゼロから書くよりは楽だが、小さな機能を1つ取り出すだけなら、新規に書いたほうが早いと思える手間を食うだろう。

また、DI（依存性注入）ライブラリを前提にしたソースコードと、たとえば何も前提にしていないソースコードの機能を1つにしようとしても、うまくまとまらないかもしれないう。DIを前提にしていないソースコードには依存性を注入できないのだ。

しかも個々のソフトは勝手にどんどんバージョンアップしていくし、いきなり前置きなしにバージョンアップが止まってそのまま陳腐化していったりする。

こういうソースコードをいくらコレクションしても、それはあまり役に立たない。

結局、車輪の再発明は防止できないのだ。

しかし、それは悪いことではない。

車輪を再発明すれば、それは再発明した本人のスキルアップにはなるのだ。車輪の再発明を経験していれば、車輪が時代遅れになったときにそれに取って代わる新しい何かを発明できるだろう。それは、他人が作った資産を利用することしかできない主体性のない技術者になるよりもはるかにマシなことだ。

The Adventures of
GOODMAN + BADMAN
with Dobin + Glamour
Buggy!?!
CRAAASH!
in Zero-Sum City

Part 2
基本機能編

The Adventures of GOODMAN + BADMAN with Dobin + Glamour in Zero-Sum City

Episode 1

ループのバグは境界に潜む

バグール　ここまではよくやったと誉めてやろう。だが、ここまでは小手調べ。
グッドマン　なんだとっ！
バッドマン　口の減らない奴だ。
バグール　ここでこのバグール様が直々に挑戦状を叩き付けよう。
グッドマン　望むところだ。
バッドマン　正義は負けないぞ。
ドビン　がんばれバッドマン！
グラマーちゃん　グッドマンも頑張って！
バグール　では出題する。次の配列にバグール様は潜んでいるぞ。オレ様は何番の要素に隠れている可能性が高いだろうか？　答えは２つ。あとはノーヒントだ。

```
string[] array =
{
    "グラマー", "ドビン",
    "バグール",
    "グッドマン", "バッドマン"
};
```

ドビン　まさか、たったそれだけのヒントだなんて。
グラマーちゃん　わかるはずがないわ。

グラマーちゃんの推理

グラマーちゃん　たぶん、バグールという文字列が入っている２番の要素が怪しいわ。
ドビン　でも答えは２つといっていたぞ。もう１つはどれだ？
グラマーちゃん　グッドマンやバッドマンがバグールをかくまうわけはないし。わたしもしないわ。ということは怪しいのはドビン？
ドビン　違うよ！

初期値の混乱

グッドマン　君たち、何か勘違いをしていないか？
ドビン　なんでしょう？
グッドマン　バグールはバグが大好きだ。この問題は、バグの起きやすい要素の番号を答えれば正解なのだ。
グラマーちゃん　でも、配列はどの要素も同じ機能です。0番の要素と1番の要素で機能が違うなんて話は聞いたことがありません。本当にバグが出やすい要素というのがあるのですか？
グッドマン　それがあるのだよ。わたしがよく見るバグのパターンだ。

```
using System;
using System.Linq;

class Program
{
    static void Main(string[] args)
    {
        int[] array = new int[10];
        for (int i = 1; i < 10; i++)
        {
            array[i] = 1;
        }
        Console.WriteLine(array.Sum());
    }
}
```

グッドマン　実行しないで結果を予想してみてくれ。
グラマーちゃん　ええと。10個の要素を持つ配列を確保して各要素に1を入れて合計を計算するわけね。1が10個だから合計10よ。
グッドマン　はずれだ。バグールの陰謀は甘くないぞ。君はどうかね、ドビン君？
ドビン　ええと。そうだ。昔、10と書くと11個要素を確保する配列の話を聞いたことがあります。C#ではなかった気がしますけど。それと同じことがC#でも起きているのですね？　つまり答えは11ですね？

グッドマン それもはずれだ。正解は 9 だ。
グラマーちゃん だって 10 回ループして 1 を 10 回書き込んでいるのに、なぜ全部足すと 9 になるのですか？ 10 ですよね？
グッドマン 実は 10 回ループしていないのだよ。
グラマーちゃん うそー。
グッドマン 実際には 9 回しかループしていない。
ドビン なぜですか？
グッドマン ループの初期値を 0 と間違って 1 と書いているからさ。
グラマーちゃん この行ですね？

```
        for (int i = 1; i < 10; i++)
```

グッドマン そうだ。この 1 は本当なら 0 なのだ。だが、なんとなく 1 と 10 とが書かれていると 10 回ループしてくれるような気がしてしまう。でも実際には 9 回しか回らない。そこにバグールが付け入る隙ができる。0 と 1 を書き間違うだけでバグールがそこに潜んでしまうのだ。
ドビン わかりましたよ。バグールが潜んでいる可能性が高い要素。それは 0 番の要素だ。もし開始値の 0 を 1 と書き間違うと、0 番の要素が処理されないで残ってしまうんだ。
グッドマン ご名答。
バッドマン ちょっと待ったぁ！ 他のタイプのバグもよく見るぞ。
ドビン どんなバグですか？

終了値の混乱

バッドマン これは開始値を正しく 0 と書いているが、やはりバグがあるケースだ。

```
using System;
using System.Linq;

class Program
{
    static void Main(string[] args)
    {
        int[] array = new int[10];
        for (int i = 0; i <= 10; i++)
```

```
        {
            array[i] = 1;
        }
        Console.WriteLine(array.Sum());
    }
}
```

バッドマン では結果を予測してくれ。グラマーちゃん？
グラマーちゃん ええと。開始値が正しいから結果は10だと思います。
バッドマン はずれだ。ドビン、君はどう思う？
ドビン あっ！ このループ、実際には11回回りますね？ だから答えは11だ。
バッドマン 途中まではよかったが、それもはずれだ。
ドビン えっ？
バッドマン では説明しよう。まずドビン、君はなぜ11回回ると思ったのだね？
ドビン ええと、変数iの変化を見るとこうなります。

0、1、2、3、4、5、6、7、8、9、10

グラマーちゃん これって10個よね。
ドビン いいや、数えると11個あるんだ。
グラマーちゃん 昔、おじいちゃんから『11人いる！』って漫画を借りて読んだことがあるわ。10人しかいないはずなのに11人いるの。
ドビン そういう話じゃないよ。1から10まで数えると10個。0から9でも10個だけど、実は0から10まで数えると11個あるんだ。
バッドマン ドビン、いいところに気づいたね。実は次のループは10回繰り返しているが、実際には10を数えていない。0、1、2、3、4、5、6、7、8、9で9までしか数えないのだ。

```
        for (int i = 0; i < 10; i++)
```

グラマーちゃん でも10って書いてありますよ。
バッドマン 不等号の右側にね。
ドビン 不等号だから、10は含まないわけですね？
バッドマン そのとおりだ。
ドビン ならば結果は11になるような。
バッドマン 実は配列は10個しか用意していないので、11個目の数値は配列に格納できないのだよ。

ドビン えっ？
バッドマン だから例外を吐いて終了してしまうのだ。
ドビン そんなあ。
バッドマン 不等号の書き間違いで判定する値が1つずれてしまう。このタイプのバグはかなりよく見るぞ。
グラマーちゃん わたしわかりました。不等号の書き間違いで配列の最後の要素へのアクセスを間違えることが多いわけですね。つまり、バグールは配列の最後の要素に潜んでいる可能性が高いのですね？
バッドマン わたしはそう思うぞ。

正しいのはどっちだ？

グッドマンとバッドマン、正しいのはどちらだろうか？

バグールが潜んでいる可能性が高いのは、添え字0だろうか？　それとも最後の添え字だろうか？

ここでバグールの出題を思い出してほしい。バグールは答えが2つあるといっていた。つまり、グッドマンもバッドマンも間違ってはいなかったのだ。世界の半分ずつを双方が提示しただけだったのだ。

一般的に**ループは開始条件と終了条件にバグが入りやすい**。0と1の書き間違いや、不等号にイコールを含むか含まないかでバグが発生することが多い。

この種のバグで怪人バグールを呼び込まないためには、**foreach文などのコレクションを扱う文やAPIを積極的に使うとよい**。すべての要素を逐次処理するためのforeach文は、入力のコレクションの個数の数だけループしてくれ、増減することはない。安全性が高いのだ。

では、グッドマンとバッドマンへの評価はどうだろうか？

どちらも正解の半分しか当てられなかったので、どちらも50点だ。2人を足せば100点になるが、残念ながら共同で作業はしていないので、100点は上げられない。

問題

怪人バグールがまたバグを仕込んできたぞ。グッドマン、バッドマンに成り代わり、君がバグを探してくれたまえ。ちなみに、書き足し、削除はなしだ。あくまですでに書かれた行を移動する作業だけでバグを解決してくれたまえ。

```
using System;

class Program
{
    static void Main(string[] args)
    {
        int n = 0;
        int sum = 0;
        for (; ; )
        {
            n++;
            sum += n;
            if (n > 2) break;
        }
        Console.WriteLine(sum);
    }
}
```

意図した結果

```
3
```

実際の実行結果

```
6
```

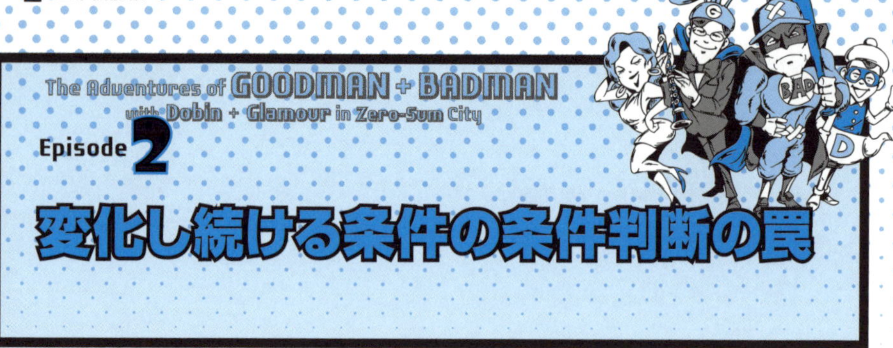

Episode 2 変化し続ける条件の条件判断の罠

ドビン　グラマーちゃん、どうしたんだい、そんなにやつれて。

グラマーちゃん　バグレポートが来ているのに再現できないのよ。もちろん、バグも見つかっていないわ。

ドビン　また怪人バグールの仕業か！

グラマーちゃん　原因もわからないのよ。

ドビン　どれどれ。ソースコードを見せてごらん。

グラマーちゃん　これが問題の要点だけに絞り込んだソースコードよ。

```
using System;
using System.Net;

class Program
{
    static void Main(string[] args)
    {
        // 実行して試すときは今日の日付に書き換えて使おう
        DateTime birthday = new DateTime(2016, 1, 1);

        if (birthday == DateTime.Today)
        {
            var client = new WebClient();
            // 実行して試すときは適当なメッセージが入っているURIに置き換えよう
            var message = client.DownloadString("http://……");
            Console.WriteLine(message);
            Console.WriteLine("{0:yyyy/MM/dd}、誕生日おめでとう!",
                                                    ➡DateTime.Today);
        }
    }
}
```

ドビン　レポートの内容は何だい？

グラマーちゃん　正しい誕生日を設定しているはずなのに、1日ずれておめでとうといってくるって。でもね、そんな苦情をいってくるのは1人だけなのよ。他の人はちゃんと正しい日付でおめでとうを受け取っているの。

ドビン　それは不可解だね。

グラマーちゃん　そうでしょう？　その人のパソコンだけ壊れているのかしら？　故障をバグだといってくる人もいるわ。

ドビン　でも、故障していると証明するのも難しいね。いっそ、そのパソコンのある場所に出向いて確かめてみようか？

グラマーちゃん　南極の観測基地なのよ。とても行けないわ。

ドビン　（♪♪♩〜）あ。クラリネットの音が。あの人が来る。

誰が日付をずらしたのか？

グッドマン　甘い。甘いぞドビン。このソースコードには1つの致命的な欠点があるぞ。

ドビン　グッドマン！　どこに欠点があるというのですか？

グッドマン　午後11時59分55秒にこのプログラムを実行し、メッセージのダウンロードに10秒を要したという想定で、このプログラムの動作を日本語で書いてみよう。

❶現在の日付が誕生日かチェックする（誕生日の午後11時59分55秒）
❷誕生日の場合は以下を実行する（誕生日の午後11時59分55秒）
❸メッセージをダウンロードする（誕生日の午後11時59分55秒）
❹10秒待たされる
❺メッセージを出力する（誕生日の翌日の午前0時0分5秒）
❻日付と**お誕生日おめでとう！**という出力をする（誕生日の翌日の午前0時0分5秒）

グッドマン　さて、ここで問題だ。利用者が「誕生日おめでとう！」というメッセージを受け取った日付と、メッセージに埋め込まれた日付はいつになっているだろうか？

グラマーちゃん　あっ。誕生日の翌日だわ。

グッドマン　そうだ。そこに大きな問題があるのだ。

ドビン　ええと。日付をチェックしたタイミングと、出力する日付がずれると誤動作するわけですね。通常はあまり気にするほどのタイムラグは出ないものの、この場合は他のサーバーにアクセスしているので、サーバーが重いとタイムラグは数十秒単位に拡大する可能性があるのか。そうなると、けして少なくない可能性でずれが生じるね。

グラマーちゃん 夜更かししているマニアがまだ活発な時間帯ね。

ドビン では、グッドマンの解決策を教えてください。

グッドマン おほん。つまり、変化する情報を判定の材料にすると、もう1回参照したときに矛盾が生じる可能性があるのだ。

ドビン この行ですね？

```
        if (birthday == DateTime.Today)
```

グッドマン そうだ。DateTime.Todayは日付が変われば値も変わる。もう1回アクセスしたとき、同じ値が得られる保証がない。

ドビン でも**今日**という日付は変化してしまいます。

グッドマン こう書いて、判定と出力の値を同じにすればいいのだ。

```
using System;
using System.Net;

class Program
{
    static void Main(string[] args)
    {
        // 実行して試すときは今日の日付に書き換えて使おう
        DateTime birthday = new DateTime(2016, 1, 1);
        DateTime today = DateTime.Today;
        if (birthday == today)
        {
            var client = new WebClient();
            // 実行して試すときは適当なメッセージが入っているURIに置き換えよう
            var message = client.DownloadString("http://……");
            Console.WriteLine(message);
            Console.WriteLine("{0:yyyy/MM/dd}、誕生日おめでとう!", today);
        }
    }
}
```

ドビン これでうまくいくのですか？

グッドマン　いく。なぜなら DateTime 型は値型なので、変数に代入した瞬間にコピーが作られて格納される。変数にコピーされた今日の日付はもはや変化しない情報になるのだ。

バッドマン怒る

バッドマン　グッドマン、それでは問題を半分しか解決できないぞ。
グッドマン　なんだとっ！
バッドマン　問題は次の２つだったはずだ。グッドマンが解決したのは１つ目だけだ。

- 判定する値と出力する値が食い違う
- 誕生日が終わっているのに誕生日メッセージを出す場合がある

ド　ビ　ン　わかりました。こう直せばいいのですね？
バッドマン　見せてみたまえ。

```
using System;
using System.Net;

class Program
{
    static void Main(string[] args)
    {
        // 実行して試すときは今日の日付に書き換えて使おう
        DateTime birthday = new DateTime(2016, 1, 1);
        var client = new WebClient();
        // 実行して試すときは適当なメッセージが入っているURIに置き換えよう
        var message = client.DownloadString("http://……");
        DateTime today = DateTime.Today;
        if (birthday == today)
        {
            Console.WriteLine(message);
            Console.WriteLine("{0:yyyy/MM/dd}、誕生日おめでとう!", today);
        }
    }
}
```

バッドマン　ダメだ。出力しないメッセージを毎回ダウンロードするのは無駄の極致だ。

ドビン　ではキャッシュしましょう。

バッドマン　それもダメだ。わざわざダウンロードしているということは、メッセージも時間によって変化する可能性があるだろう？

ドビン　では、どうすればいいのです？

バッドマン　明らかにメッセージを使う見込みがないときはダウンロードさせないのさ。

ドビン　いくら時間がかかるといっても1日かかることはありえないわけですね？

バッドマン　そうだ。ここでは仮に日付が変わる10分前から誕生日の可能性があると見なして、その日付が終わるまではダウンロードさせるように書いてみよう。

```
using System;
using System.Net;

class Program
{
    static void Main(string[] args)
    {
        // 実行して試すときは今日の日付に書き換えて使おう
        DateTime birthday = new DateTime(2016, 1, 1);
        DateTime today1 = DateTime.Today;
        if (today1 > birthday.AddMinutes(-10) && today1 < birthday.AddDays(1))
        {
            var client = new WebClient();
            // 実行して試すときは適当なメッセージが入っているURIに置き換えよう
            var message = client.DownloadString("http://……");
            DateTime today2 = DateTime.Today;
            if (birthday == today2)
            {
                Console.WriteLine(message);
                Console.WriteLine("{0:yyyy/MM/dd}、誕生日おめでとう!", today2);
            }
        }
    }
}
```

ドビン　でも、まだダウンロードが無駄になる可能性がありますよ。

バッドマン 通信の遅延は予測できない。だから、無駄になるのはしかたがないのだよ。

本当にバッドマンは正しいか？

グッドマンとバッドマン、正しいのはどちらだろうか？

バッドマンが指摘するとおり、グラマーちゃんのプログラムには2つの問題があり、グッドマンは1つしか解決しなかった。では、2つ解決したバッドマンのやり方のほうが正しいのだろうか？

そもそも、**数秒、数十秒の遅延が付いて回るネットの世界で、秒単位での正確な1日の計測はあまり意味がない**。どれだけ時間を正確に測っても、タイムリーに利用者側に届く保証がないからだ。

つまり、バッドマンのソースが持つ**より厳密**という特徴にはあまり意味がない。

逆に、バッドマンのソースには弱点がある。現在の日付を2回取得して変数にセットしているのだ。その結果、2つの**今日**は間違いやすく、間違いが発覚するのは2つの今日が食い違うケースだけだ。問題が発覚しにくくバグが残りやすい。

もちろん、間違いやすい時間を供給するモックを使った単体テストを作成する方法はある。しかし、そうまでして厳密さにこだわる意味はほとんどない。

そのような意味で、実はグッドマンのソースコードも悪くはない。多少時間にルーズだが、それは重要ではない。判定も不等号を2つ使うバッドマン方式よりも、等号1つで住むグッドマン方式のほうが**シンプルで問題が起きにくい**。

結果としてグッドマンの判定勝ちとしよう。ただし、状況次第ではバッドマンのやり方のほうがよいこともありうる。勝敗は絶対的なものではない。状況によって変化する流動性を残す。

問題

怪人バグールがまたバグを仕込んできたぞ。グッドマン、バッドマンに成り代わり、君がバグを探してくれたまえ。

```
using System;

class Program
{
```

```
    static void Main(string[] args)
    {
        for (; ; )
        {
            var next = DateTime.Now.AddSeconds(1);
            for (; ; )
            {
                if (next == DateTime.Now)
                {
                    Console.WriteLine("match!");
                    continue;
                }
            }
        }
    }
}
```

意図した結果

（1秒ごとに）match!

実際の実行結果

（ハングアップ）

問題

怪人バグールがまたバグを仕込んできたぞ。グッドマン、バッドマンに成り代わり、君がバグを探してくれたまえ。単項演算子 ++ を付ける位置を移動させることで意図した結果が出るようにしてくれ。

```
using System;

class Program
{
    static void Main(string[] args)
    {
        int a = 0;
        for (; ; )
```

```
        {
            if (a > 3 && a++ < 5) Console.Write(a);
            if (a > 9) break;
        }
    }
}
```

意図した結果

```
4
```

実際の実行結果

（ハングアップ）

The Adventures of GOODMAN + BADMAN with Dobin + Glamour in Zero-Sum City

Episode 3 Formatメソッドの罠

グラマーちゃん コンパイルエラーを全部取ったのに、実行すると例外が出るのよ。困ったわ。

ド　ビ　ン どれどれ。ソースコードを見せてごらん。

```
using System;

class Program
{
    static void Main(string[] args)
    {
        var a = "A";
        var b = "B";
        var c = "C";
        var d = "D";
        var e = "E";
        var f = "F";
        var g = "G";
        var h = "H";
        var i = "I";
        var j = "J";
        Console.WriteLine("{0}{1}{2}{3}{4}{5}{6}{7}{8}{9}",
                                                ➥a, b, c, d, e, f, g, h, j);
    }
}
```

ド　ビ　ン これは書式指定がとても長いね。読みにくい。

グラマーちゃん とりあえず、他力本願のグラマーちゃんとしては、怪人バグールを倒す正義のヒーロー出動を要請するわ。

ド　ビ　ン ちょっとは自分でバグの原因を考えようよ。

引数の不一致

ドビン （♪♪♩～）あ、クラリネットの音だ。
グッドマン グッドマン参上。どれどれ。これはよくあるバグだ。引数の数が合ってない。
グラマーちゃん でもコンパイルエラーになっていません。
グッドマン 書式指定文字列で使う引数の数と、実際の引数の数の一致は自動判定されないのだ。
グラマーちゃん うそー。
グッドマン よく見たまえ。書式指定は {0} から {9} まで 10 個あるのに、引数に指定している変数は 9 個しかないぞ。残りの 1 つはどこにいった？
グラマーちゃん 書き忘れちゃったわ。てへ。
グッドマン こうやって数さえ一致させれば例外は起きない。

```
Console.WriteLine("{0}{1}{2}{3}{4}{5}{6}{7}{8}{9}", a, b, c, d, e, f, g, h, j);
```

```
Console.WriteLine("{0}{1}{2}{3}{4}{5}{6}{7}{8}{9}",
                                        ➡a, b, c, d, e, f, g, h, i, j);
```

それで本当にいいの？

バッドマン ダメだダメだ。それじゃ再発防止策がなってない。
グッドマン 出たなバッドマン。どんな文句を付ける気だ？
バッドマン いいかね。ここで書式整形を使うのは本質的に無駄なのだよ。書式整形固有の便利な機能をいっさい使っておらず、逆に弱点ばかりが露呈する。ならばそんなものはいらない。文字列連結に置き換えてしまったほうがもっとマシだ。

```
Console.WriteLine("{0}{1}{2}{3}{4}{5}{6}{7}{8}{9}", a, b, c, d, e, f, g, h, j);
```

```
Console.WriteLine(a + b + c + d + e + f + g + h + i + j);
```

ドビン こう書き換えるメリットは何ですか？
バッドマン ソースが短くなるだけでなく、書き間違いは即エラー。個数の不一致の問題は消えてなくなる。
グラマーちゃん でも、文字列連結演算子は重いから使うなっていわれました。
バッドマン 1つの式で完結していれば重くはないぞ。

正しいのはどっちだ？

グッドマンとバッドマン、正しいのはどちらだろうか？

それは条件によって異なる。

書式整形機能ならではの**特別な機能を使っているなら**、それをやめることはできない。グッドマン方式で、**書式指定文字列と引数をよく見比べるしかない**。

しかし、**単なる文字列連結だけなら、バッドマン方式でそのまま接続してしまうのも悪くない**。なにしろ、コンパイラが検出できないバグが混入する可能性を減らせるのだ。それは非常に大きなメリットだ。コンパイル段階で検出できるバグとは、IDEを使用しているとコーディング段階で検出可能なバグということだ。実行する前に潰されて消えていくバグもあるだろう。

問題

怪人バグールがまたバグを仕込んできたぞ。グッドマン、バッドマンに成り代わり、君がバグを探してくれたまえ。

```
using System;

class Program
{
    static void Main(string[] args)
    {
        Console.WriteLine("{1}+{2}={3}", 1, 2, 3);
    }
}
```

意図した結果

1+2=3

実際の実行結果

（実行時例外）

The SPECIAL ⋯⋯ 納期を遅らせてはならん。品質も落としてはならん

有名な泥棒アニメ映画では、偽札作りの伯爵が工房に品質が悪いから作り直せと指示するが納期も遅らせるなという。

かなり無茶な言い分だ。

しかし、納期を遅らせたくないなら品質に注意せよという意見は説得力がある。

なぜだろうか？

品質が落ちると、次の連鎖で自動的に納期が守れなくなるからだ。

品質が低い ⇒ バグが多い ⇒ 修正しないと納品できない ⇒ 納期が延びる

では納期も守り、限られた時間で高品質を目指すとしたら何を犠牲にすればよいのだろうか？　性能や使い勝手だろうか？　それはダメだ。速度が遅かったり、使い勝手が悪かったりするとテストの効率も落ちる。これでは納期を守れない。

ならばどうすればよいのか？

可能なかぎり試行錯誤を排除しよう。最初に決めたゴールに向かって一丸となって進むのだ。もっとよいアイデアを思い付いても、それは次のメジャーバージョンアップまで封印しておこう。

The Adventures of GOODMAN + BADMAN with Dobin + Glamour in Zero-Sum City

Episode 4

書式整形と中括弧

グラマーちゃん　きゃー、ネズミよ！

チュウ太　チュチュチュ。オレ様はバグール様の手下、中括弧大好きのチュウ太様でチュ。

ドビン　なんの用だ。バグの押し売りならいらないぞ。

チュウ太　チュチュチュ。今日は正義のヒーローに挑戦するために来たのでチュ。

ドビン　な、なんだと！

チュウ太　以下の４つのサンプルソース、中括弧の使い方だけを変えてあるでチュ。正義のヒーローにどれが最も優れているか答えを出してほしいでチュ。

その1：C#風

```
using System;

class Program
{
    static void Main(string[] args)
    {
        Console.WriteLine("Hello World!");
    }
}
```

その2：GNU風

```
using System;
```

```
class Program
{
    static void Main(string[] args)
        {
            Console.WriteLine("Hello World!");
        }
}
```

その3：K&R風

```
using System;

class Program
{
    static void Main(string[] args) {
        Console.WriteLine("Hello World!");
    }
}
```

その4：ワンライナー風

```
using System;

class Program
{
    static void Main(string[] args) { Console.WriteLine("Hello World!"); }
}
```

グッドマン その挑戦受けて立とう。
バッドマン えー、めんどくさいよ。帰ろうよ。宗教戦争になるから嫌だよ。
ド　ビ　ン ダメですよ、バッドマン。挑戦されたら戦わないと。
グラマーちゃん じゃあ、みんなで自分のスタイルの発表会をしましょうよ。なぜその方法がいいと思うか、説明もして。

グラマーちゃんの意見だチュウ

グラマーちゃん わたしはGNU風が一番自然に感じられます。

チュウ太　理由を教えてほしいでチュウ。
グラマーちゃん　{} がよく目立つので。
チュウ太　それだけでチュか？
グラマーちゃん　うーん。学校で最初にプログラミングを習ったとき、そのスタイルだったからかな。でも読みやすいと思いますよ。
チュウ太　では、いま使ってまチュか？
グラマーちゃん　使ってないわ。Visual Studio がやってくれる自動成形では、そのスタイルにならないから。
チュウ太　それでいいんでチュか？
グラマーちゃん　別に困ってないし、もう慣れちゃったから。
チュウ太　いいか悪いか質問しているのに、**慣れちゃったから**じゃ答えになってないでチュ！
グラマーちゃん　ごめんなさーい！

ドビンの意見だチュウ

ドビン　僕は K&R 風が一番自然かな。
チュウ太　理由を教えてほしいでチュウ。
ドビン　{ のために 1 行を占有されないので、それだけソースが幅広く見渡せます。
チュウ太　それだけでチュか？
ドビン　うーん。学校で最初にプログラミングを習ったとき、そのスタイルだったからかな。でも短くまとまって読みやすいと思いますよ。
チュウ太　では、いま使ってまチュか？
ドビン　使ってますよ。Visual Studio 以外のエディタで書くとき。
チュウ太　なんで Visual Studio では使わないんでチュか？
ドビン　Visual Studio 使うと、みんなデフォルトの成形ルールで書いているから。それに合わせたほうが統一が取れて美しいし。
チュウ太　いいか悪いか質問しているのに、**みんなに揃えた**じゃ答えになってないでチュ！
ドビン　僕はチームの中で自分の趣味を押し通すような自己中じゃない！　君と違ってね。
チュウ太　おいらは自己チュウでチュか！

グッドマンの意見だチュウ

グッドマン　わたしはC#風が一番自然だ。
チュウ太　理由を教えてほしいでチュウ。
グッドマン　Visual Studioがデフォルト設定で成形してくれるルールだからかな。
チュウ太　自分のポリシーってものがないのでチュか！
グッドマン　たかが括弧にいきりたってもしょうがない。
チュウ太　チュウ括弧こそ我が命でチュ！
グッドマン　別に読みにくいわけでもないし、何も設定せずともこのルールに統一される。楽でいいじゃないか？
チュウ太　いいか悪いか質問しているのに**楽でいいじゃないか**はないでチュ！
グッドマン　だから“いい”って答えたじゃないか？
チュウ太　あれ？

バッドマンの意見だチュウ

バッドマン　C#風でもいいんだけどね。あえて答えよう。この場合はワンライナー風を選ぶ。
チュウ太　理由を教えてほしいでチュウ。
バッドマン　長いならともかく、1行に収まる程度のものなら、同じ行に入れてしまったほうがいい。その分だけスクロールが減る。
チュウ太　詰め込みすぎはよくないでチュ。
バッドマン　だから、詰め込まないで1行に収まる程度のものなら……だよ。
チュウ太　では、ジャッジに移っていいでチュか？
バッドマン　まだあるぞ。
チュウ太　なんでチュか？
バッドマン　これはメソッドを囲む括弧の話だからできないが、if文などの括弧の話なら取ってしまうのもいいと思うぞ。

```
if (DateTime.Today > new DateTime(2015, 1, 1))
                    ➥{ Console.WriteLine("Hello World!"); }
```

↓

```
if (DateTime.Today > new DateTime(2015, 1, 1))
```

```
➡Console.WriteLine("Hello World!");
```

チュウ太 チュウ！　我が命が否定されたでチュ！　なぜ取ったほうがいいのでチュか？

バッドマン 短く簡潔だからだ。書かなくても済むものを書くなど冗長だ。

グッドマン それは違うぞバッドマン。後からソースを修正するとき、単独の文は別の文を挿入すると誤動作の元だ。{} を入れてブロックにしておけ。

バッドマン それは YAGNI だ。必要になるかもしれない配慮はたいてい無駄になる。**かもしれない**に備えるのはバカのすることだ。

グッドマン この野郎。わたしがバカだといいたいのか？　この悪男。

バッドマン クラリネット男にいわれたくないぞ。

チュウ太 壮絶な仲間割れでチュ。愉快でチュ。この隙にバグを仕込むでチュ。

バッドマン 待てい。

チュウ太 なんでチュか？

バッドマン 中括弧の話題だから登場したチュウ太よ。

チュウ太 そのとおりでチュ。中括弧こそ我が命！

バッドマン チュウ太破れたり。

チュウ太 チュチュチュ !?

バッドマン 昔は確かに {} を中括弧と呼んでいたが、いまは波括弧と呼ぶほうが正しいのだ。

チュウ太 チュ !?

ドビン あ、ショックで死んだ。

グラマーちゃん きゃー、ネズミの死体よ！

正しいのは誰だ？

彼らの言い分を整理してみよう。

- グラマーちゃん：GNU 風
- ドビン：K&R 風
- グッドマン：C# 風
- バッドマン：ワンライナー風（省略可）
- チュウ太：波括弧は省略不可

結局誰が正しいのだろうか？

結論からいえば、すべての方式には一長一短があり、どれを選べば正解というものではない。むしろ、どれがよいか本気で比較すると無駄な時間を使うことになり、お勧めではない。そういう話題で論争する時間も無駄だ。結論は絶対に出ないからだ。とても不毛だ。この場合のチュウ太の陰謀は**絶対に出ない結論**を出せと要求したことにある。

ただし、1つだけ確かなことがある。

それは、**一貫していることはよい**、ということである。

ソースコードの前半と後半でスタイルを変化させるような書き方はよくない。読んだときに間違いやすいからだ。だから一度決めたスタイルは最後まで貫徹するほうがよい。

Visual Studio で C# のソースコードを書くと、デフォルト設定では C# 風のスタイルに強制される。そのため、このスタイルで書かれたソースコードが多い。だから、最初から自分をこのスタイルに合わせてしまうと、他人の書いたコードとスタイルが一致する可能性が高く、一貫性を維持しやすい。そのような意味で、どのスタイルを使用しても大差ないが、C# に関しては Visual Studio が初期状態で強制するスタイルを使用しておくと問題が起きにくいだろう。そういう意味で、グッドマン説の C# 風がベターとはいえる。ただし、バッドマンのワンライナー風に書く書き方も Visual Studio の自動成形で許容されるので、これも間違いとはいえない。チュウ太の**波括弧は省略不可**という考え方は自動書式整形では扱わないので、肯定するか否定するかは人それぞれでよいだろう。

ちなみに、ワンライナー（*One-Liner*）とは1行ですべて完結するプログラムのことである。行の制約が強いプログラミング言語では知的な遊技として、どこまでの機能が1行に集約できるかを競う場合がある。

問題

復活したチュウ太がバグを仕込んできたぞ。グッドマン、バッドマンに成り代わり、君がバグを探してくれたまえ。

チュウ太 このソースは開き波括弧と閉じ波括弧の数が一致しているのにコンパイルエラーになるでチュ。取れるものならバグを取ってみるでチュ。

```
using System;

class Program
```

```
{
    static void Main(string[] args)
    {
        var a = 0;
        if (a == 0) { { { { Console.WriteLine("TRUE!"); } } } else { { { {
                                    ➥Console.WriteLine("FALSE!"); } } } } }
    }
}
```

意図した結果

```
TRUE!
```

実際の結果

```
（コンパイルエラー）
```

The SPECIAL …… 営業マンはなぜ無理な安請け合いをしてくるか？

営業マンは明らかにできない仕事を安請け合いして取ってくることが多くある。その場合、プログラマーは無理難題を要求されることになる。

だが、なぜ営業マンは無理な注文を聞いてしまうのだろうか？

それは仕事を取らなければならないからだ。

「XX ってできます？」と質問されたら、「できません」とはいえない。そんなことをいえば、ダメな会社と思われて他社に仕事が回ってしまうかもしれない。それはどうしても避けたいのだ。

では、無理難題をふっかけられたらどうすればよいのだろうか？

できることはすべて行い、できないことはきちんと客観的で合理的な理由を付けて**努力しましたが不可能でした**といえばよい。

最初から**できません**といえば反感を買う場合でも、**できるだけ意向に沿うように努力しましたができませんでした**といえば、それほどの反感は買わないかもしれない。できなかったという結果は同じでも心証は違うかもしれないのだ。

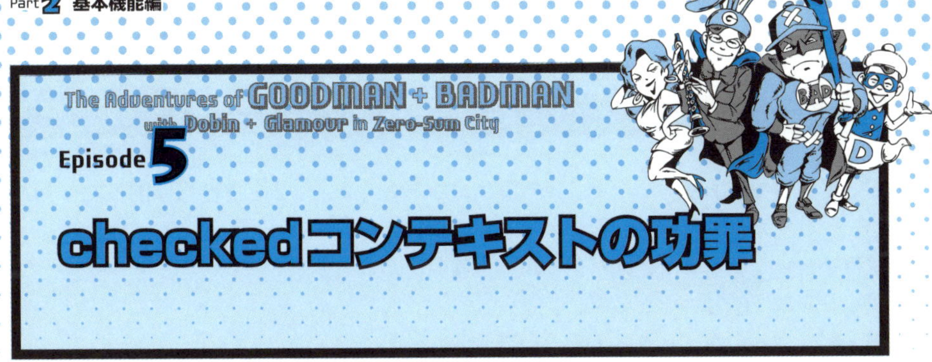

Episode 5

checkedコンテキストの功罪

グラマーちゃん ドビン。ある数に特定の数を掛けて同じ数で割ると元の数に戻るのよね？

ドビン 特殊なケースでなければそうなるね。

グラマーちゃん でも2を21回掛けて、その後で21回割っても元の数にならないのよ。

ドビン ソースコードを見せてごらん。

```
using System;

class Program
{
    static void Main(string[] args)
    {
        var a = 1234;
        for (int i = 0; i < 21; i++)
        {
            a *= 2;
        }
        for (int i = 0; i < 21; i++)
        {
            a /= 2;
        }
        Console.WriteLine(a);
    }
}
```

意図した結果

```
1234
```

実際の実行結果

```
-814
```

ドビン おかしいなあ。0を掛けたならともかく、2を掛けたり割ったりしただけでは値は狂わないと思うのだけど。

グラマーちゃん これも怪人バグールの仕業ね？

グッドマン 甘いぞドビン。♪♪～

ドビン あ、クラリネットの音が。

グッドマン 君は数値の表現範囲が有限だという事実を忘れているぞ。

ドビン 知ってますよ。でも、int型なら範囲が広いからそう簡単にオバーフローなんかしないでしょう？　何億回も計算したのではなく、たった21回ですよ。

グッドマン 甘いぞ。掛け算を繰り返すと値が爆発的に増えていくぞ。

ドビン まさか？

グッドマン ねずみ算という言葉を知らないのか？

チュウ太 呼んだでチュか？

グッドマン 呼んでないよ！　ともかく、計算の途中経過がわかるようにコードを書き換えてみよう。

```
using System;

class Program
{
    static void Main(string[] args)
    {
        var a = 1234;
        for (int i = 0; i < 21; i++)
        {
            a *= 2;
            Console.WriteLine(a);
        }
        for (int i = 0; i < 21; i++)
        {
            a /= 2;
            Console.WriteLine(a);
        }
        Console.WriteLine(a);
    }
```

```
}
```

実行結果

```
2468
4936
9872
19744
39488
78976
157952
315904
631808
1263616
2527232
5054464
10108928
20217856
40435712
80871424
161742848
323485696
646971392
1293942784
-1707081728
-853540864
-426770432
-213385216
-106692608
-53346304
-26673152
-13336576
-6668288
-3334144
-1667072
-833536
-416768
-208384
-104192
-52096
-26048
```

```
-13024
-6512
-3256
-1628
-814
-814
```

ドビン　まさか？

グッドマン　そうだ。1293942784を2倍した時点でint型が表現できる範囲を超えてしまう。結局、オーバーフローを起こして1293942784*2=-1707081728という間違った計算をしてしまうのだ。

グラマーちゃん　対策はありますか？

グッドマン　もちろんだ。

オーバーフローをチェックせよ

ドビン　C#はオーバーフローもチェックできないダメ言語ですか？

グッドマン　そうではない。実はC#のオーバーフローチェック機能はふだんは眠っているのだ。そこでそれを起こしてやると機能が有効になるのだ。

グラマーちゃん　どうすれば起きるのですか？

グッドマン　最も簡単なのが、**checked文**でプログラムを囲むことだな。

```
using System;

class Program
{
    static void Main(string[] args)
    {
        checked
        {
            var a = 1234;
            for (int i = 0; i < 21; i++)
            {
                a *= 2;
            }
            for (int i = 0; i < 21; i++)
            {
                a /= 2;
```

```
            }
            Console.WriteLine(a);
        }
    }
}
```

実行結果

```
2468
4936
9872
19744
39488
78976
157952
315904
631808
1263616
2527232
5054464
10108928
20217856
40435712
80871424
161742848
323485696
646971392
1293942784
(例外で止まる)
```

グッドマン これで、数値がオーバーフローした時点で例外が起き、プログラムは停止する。間違った値で処理が継続されることはない。

グラマーちゃん これこそオーバーフローの再発防止策ですね？

グッドマン そのとおりだ。オーバーフロー、アンダーフローのチェックが行われる状態を**checkedコンテキスト**という。チェックを実行しないモードを**uncheckedコンテキスト**といい、checked文と同じように**unchecked文**も存在するが、デフォルトはuncheckedなので、使わなくてもuncheckedコンテキストになる。明示的に示したいときには使ったほうがいいな。でも、特に大きな値、小さな値を使うプログラムは安全のためにcheckedコンテキストを使えよ。

それは本当に必要なのか？

バッドマン ちょっと待った！
ド ビ ン バッドマン、やっと登場ですね。
バッドマン checked コンテキストは使わないほうがいいぞ。
ド ビ ン なぜですか？
バッドマン 理由は２つある。

- オーバーフロー無視を前提とした処理が作成される場合がある
- パフォーマンスの問題

ド ビ ン オーバーフロー無視ってどういうことですか？　普通はオーバーフローは致命的な問題ですよね。
バッドマン そうだ。だが、このコードはどうだろうか？

```
using System;

class Program
{
    static void Main(string[] args)
    {
        const char AlphaA = 'a';
        for (byte i = 0; i < 255; i++)
        {
            i += 0x20;
            if (i == AlphaA) Console.WriteLine("match 'A'!");
            i -= 0x20;
        }
    }
}
```

実行結果

```
match 'A'!
```

ド ビ ン 難しいから説明してください。

バッドマン よろしい。このプログラムは、指定された変数の値にアルファベット大文字の文字コードが入っている場合、その値に0x20を足すと小文字の文字コードが手に入るという知識を前提に作成されている。そこで、大文字のAかどうか判定したいのだが、根拠になる文字としては小文字のaしか提供されていないとする。目的の値に0x20を足せば小文字のaと比較することで大文字のAか判定できる。その後で0x20を引いておけば元の値に戻るので、そのまま繰り返しを継続できる。

ドビン 確かに大文字のAに対応する番号のときだけメッセージを出しますね。

バッドマン しかし、これをcheckedコンテキストで実行すると例外が起きる。

```
using System;

class Program
{
    static void Main(string[] args)
    {
        checked
        {
            const char AlphaA = 'a';
            for (byte i = 0; i < 255; i++)
            {
                i += 0x20;
                if (i == AlphaA) Console.WriteLine("match 'A'!");
                i -= 0x20;
            }
        }
    }
}
```

実行結果

(例外で止まる)

ドビン なぜですか？ 'A'の番号に0x20を足してもオーバーフローしません。'a'の番号になるだけです。

バッドマン 'A'のときは平気だ。しかし、変数iの値が223ならどうだろう？

ドビン あ。223+0x20は256でbyte型をオーバーフローしてしまいます。

バッドマン そうだ。あくまで判定に使うだけの数値は意図しない値かもしれない。

そのときは計算を加えるとオーバーフローしてしまうかもしれない。でも、それは判定メソッドの役割としてはよくない。値がダメなら、ダメだと報告してほしいのだ。例外で止まってほしいわけではない。

ドビン なるほど。

バッドマン ほかにもいろいろあるぞ。

ドビン ある値を足して引くと元の値に戻るのは確実ですか？　オーバーフローするケースでも。

バッドマン 整数なら確実だ。

ドビン 対策はどのようにすればいいのですか？

バッドマン こうするのがお勧めだ。

```
i += 0x20;
if (i == AlphaA) Console.WriteLine("match 'A'!");
i -= 0x20;
```

↓

```
if (i + 0x20 == AlphaA) Console.WriteLine("match 'A'!");
```

ドビン このほうがいい理由は何ですか？

バッドマン i は byte 型で 255 までしか表現できないが、i + 0x20 の結果は int 型ではるかに表現範囲が広くオーバーフローしない。それに、ループ変数を変更して戻すトリッキーなコードも排除できる。

ドビン 確かにこのほうが楽で確実ですね。

グラマーちゃん もう 1 つの理由も教えてください。checked コンテキストを使うとスローダウンするの？

バッドマン これを実行してみたまえ。同じ処理を unchecked コンテキストと checked コンテキストで実行して比較した例だ。

```
using System;

class Program
{
    static void Main(string[] args)
    {
        unchecked
        {
```

```
            var start = DateTime.Now;
            for (int j = 0; j < 100000; j++)
            {
                int a = 0;
                for (int i = 0; i < 100000; i++)
                {
                    a = a + 1;
                }
            }
            Console.WriteLine(DateTime.Now - start);
        }
        checked
        {
            var start = DateTime.Now;
            for (int j = 0; j < 100000; j++)
            {
                int a = 0;
                for (int i = 0; i < 100000; i++)
                {
                    a = a + 1;
                }
            }
            Console.WriteLine(DateTime.Now - start);
        }
    }
}
```

実行結果（この本の著者のPCの場合。実行するごとに変化する）

```
00:00:18.8440309
00:00:20.8753162
```

グラマーちゃん 何回実行しても、checkedコンテキストのほうがちょっと遅いですね。

バッドマン だからオーバーフローする懸念がない場合は、checkedコンテキストなど使わないほうがいいと思う。

どっちがいいの？

グッドマンとバッドマン、正しいのはどちらだろうか？

checked コンテキストは使ったほうがよいのだろうか？　使わないほうがよいのだろうか？

実は、それ以前の問題がある。

オーバーフロー、アンダーフローは起こしてよいのだろうか？

たいていの場合、オーバーフロー、アンダーフローは意図しない結果を得る事態なので、これは望ましくない。

checked コンテキストを云々する前に、まず数値の範囲を適切に見積もり、十分な表現力を持つ型を与えるべきだろう。

オーバーフローを前提にしたテクニックはどうだろうか？

それを使うなとはいわないが、**unchecked 文で囲んでおき、そこはチェック無しを意図したコードであることを明示すべきだろう**。たとえ、初期値が unchecked コンテキストで意味がないとしても、意図を明示する効能がある。

そのうえで、あえて checked コンテキストを使ったほうがよいのか考えてみよう。

その場合の判断基準は、次のようになる。

- **安全重視** ⇒ 使用
- **速度重視** ⇒ 不使用

つまり、重視するものによって、判断基準は変化しうる。

グッドマンもバッドマンもある特定の判断基準に対しては正しいことをいっている。意見の食い違いは、あくまで前提の違いが原因だ。

問題

バグールがバグを仕込んできたぞ。グッドマン、バッドマンに成り代わり、君がバグを探してくれたまえ。

さて、checked コンテキストの実行時間を比較したサンプルソースは効率が悪いと思って次のように書き換えたら、報告される実行時間が unchecked コンテキストと checked コンテキストでほとんど同じになってしまった。原因は何だろうか？　対策はあるのだろうか？

```
using System;

class Program
{
```

```
    private static void sub()
    {
        var start = DateTime.Now;
        for (int j = 0; j < 100000; j++)
        {
            int a = 0;
            for (int i = 0; i < 100000; i++)
            {
                a = a + 1;
            }
        }
        Console.WriteLine(DateTime.Now - start);
    }
    static void Main(string[] args)
    {
        unchecked
        {
            sub();
        }
        checked
        {
            sub();
        }
    }
}
```

意図した結果

（本文中のサンプルソースと同様の結果）

実際の実行結果

（ほぼ同じ実行時間）

問題

バグールがバグを仕込んできたぞ。グッドマン、バッドマンに成り代わり、君がバグを探してくれたまえ。

さて、このプログラムは実行するとオーバーフローで例外を発生させる。

```
using System;

class Program
{
    static void Main(string[] args)
    {
        checked
        {
            var a = 1;
            for(;;)
            {
                a *= 2;
            }
        }
    }
}
```

ところが、変数aの宣言を次のように1から1.0に書き換えると例外で停止しなくなる。

```
            var a = 1.0;
```

なぜ例外が起きないのだろうか？　そもそも変数aの型は何だろうか？　その型で適切に扱えないほど値が大きくなったら、どんな値になるのだろうか？

The Adventures of GOODMAN + BADMAN with Dobin + Glamour in Zero-Sum City

Episode 6

unsafeコンテキストはいるの？いらないの？

アンセーフマン オレ様は、バグール様の部下、アンセーフ運動をしているアンセーフマンだ。

グラマーちゃん 反政府運動？

アンセーフマン アンセーフ運動だ！

グラマーちゃん それで何の用？

アンセーフマン C# のすばらしい unsafe コンテキストを君も使おう！　高速化できるよ！

ドビン 危ない、グラマーちゃん！

グラマーちゃん 何？

ドビン unsafe って、安全ではない、つまり「危険」という意味だぞ！

グラマーちゃん きゃー！

unsafeコンテキストって何？

グラマーちゃん そもそも、unsafe コンテキストって何？

ドビン ちょっとマイクロソフトのドキュメントから引用してみよう。

- メソッド、型、およびコードブロックは、unsafe として定義できます
- アンセーフコードでアプリケーションのパフォーマンスが向上することがあります。これは、配列のバインド チェックが削除されるためです
- アンセーフコードは、ポインタを必要とするネイティブ関数を呼び出すときに必要です
- アンセーフコードを使用すると、セキュリティと安定性の面でリスクが高くなります
- C# でアンセーフコードをコンパイルするには、/unsafe を指定してアプリケー

ションをコンパイルする必要があります

グラマーちゃん 危険だけれど速くなるのね。
ドビン でも、速いといっても微々たるものだよ。
グラマーちゃん 正義のヒーローたちの意見を聞きましょう。

グッドマンの主張

グッドマン unsafe コンテキスト？　まともに使った事例を見たことすらないぞ。いらないいらない。むしろ面倒が増えるだけなので使うべきじゃない。
グラマーちゃん コード例もなく、一撃で否定されたわ。
グッドマン コード例だと？　ほとんど使われた事例を見たことがないのに、典型的な事例など見せられるわけがなかろう。
グラマーちゃん それならどうして C# にそういう機能があるの？
グッドマン レアな特殊状況に対応するためだろうな。デスクトップや Web の普通のアプリを書いているときはまずいらない。忘れてもいいと思うよ。

バッドマンの主張

ドビン バッドマン。グッドマンなんかやっつけてください。
バッドマン いわれるまでもない。
ドビン では、unsafe コンテキストについて意見を。
バッドマン unsafe コンテキスト？　きちんと使った事例を見たことすらない。いらないいらない。むしろ面倒が増えるだけだから使うな。それが世のため人のため。
ドビン コード例もなく、一撃で否定されたよ。
バッドマン コード例？　そんなもの、ネットを探せばいくらでもあるぞ。でも、ほとんどが特殊な事例か、あくまで機能説明のためのソースだ。普通のアプリで使っている事例は見ないなあ。
ドビン それならどうして C# にそういう機能があるのでしょう？
バッドマン どこかのバカが、効率重視のコードが書けたほうがいいはずだと言い出したのだろうが、言語としては使わせたくないので、使おうとしてもすぐ挫折する特殊な機能として配置したのだろう。
ドビン 使わせたくない？
バッドマン 使おうとしても何重にロックされていて、まずロックを解除する前にもっとマシな解決策を思い付く。unsafe文を書くだけでは使えないんだぞ。
ドビン なるほど。

意見は一致した

今回は不思議なことに、グッドマンとバッドマンの意見は一致した。

それもそのはず、**unsafe コンテキストは、ほぼ 100 パーセントの C# プログラマーが使用しておらず、使用したこともない機能**だからだ。実際にそれを使っているソースコードも非常に少ない。

リスクが高いので使用しないで済めば使いたくないものであり、また使用せざるをえない状況はめったに起きない。

ネイティブコードの DLL を呼び出したい場合はどうなのかという意見もあるだろう。その場合は、どうしてもポインタなどの低レベルの機能を要求される。だが、実際には **P/Invoke** という機能でマーシャリングさせることで、たいていの場合は C# の配列を渡すことができ、unsafe コンテキストまでは要求されない。そのうえ、そもそも P/Invoke を使うケースすら多くはない。

そのようなわけで、アンセーフマンのアンセーフ運動は失敗したようだ。

問題

バグールの部下のアンセーフマンが泣きなら unsafe 文を使ったソースを書いてみたがコンパイルできなかった。かわいそうなので、原因を突き止めてあげよう。

```
using System;

class Program
{
    static void Main(string[] args)
    {
        unsafe
        {
            int[] ar = { 123, 456 };
            fixed (int* a = &ar[0])
            {
                Console.WriteLine(a[1]);
            }
```

```
            }
        }
    }
```

意図した結果

```
456
```

実際の結果

```
（コンパイル不能）
```

The SPECIAL …… 時間が空くと忘れてしまう問題

現在抱えた作業を中断して、他のプロジェクトに助っ人に行くことはよくあるだろう。しかし、それが終わって戻って来た頃には何もかも忘れていることもあるだろう。それゆえに、助っ人に行く場合でも元のプロジェクトは中断扱いにせず、1日30分でも1時間でもよいから続けておくとよい。あまり効率よく作業は進まないかもしれないが、何もかも忘れることは回避できるようになる。

The Adventures of GOODMAN + BADMAN with Dobin + Glamour in Zero-Sum City

Episode 7

ポインタ幻想

グラマーちゃん 助けてドビン。わたしに**ポインタ**を教えて。
ド　ビ　ン どうしたんだい？　急にポインタだなんて。
グラマーちゃん 退職した古狸が会社に来てソースをちらっと見るなり怒り出したのよ。配列ばかりで誰もポインタ使ってないって。ポインタが使えてこそ本物のプログラマー。実行スピードもアップするですって。
ド　ビ　ン ふむふむ。その話には興味があるな。本当にポインタを使うと高速化できるならこれほどいいことはない。ひとつバッドマンに事の真偽を尋ねてみよう。
グッドマン その必要はない。♪♪♩～
ド　ビ　ン あ、クラリネットの音が。
グッドマン その問題、わたしが解決してみせよう。

ポインタを使うと速くなる？

グッドマン まずは論よりソース。ポインタを使うと速くなるか見てみよう。
ド　ビ　ン 何と比較するのですか？
グッドマン 最初は単なる配列だ。

単純な配列処理

```
using System;

class Program
{
    static void Main(string[] args)
    {
        var start = DateTime.Now;
        const int size = 1000000000;
```

```
        byte[] ar = new byte[size];
        for (int i = 0; i < size; i++)
        {
            ar[i] = (byte)i;
        }
        int sum = 0;
        for (int i = 0; i < size; i++)
        {
            sum += ar[i];
        }
        Console.WriteLine(sum);
        Console.WriteLine(DateTime.Now - start);
    }
}
```

実行結果

```
-1349018880
00:00:05.1114938
```

グラマーちゃん 正の数だけ足したのに結果がマイナスになっているのはなぜ？

グッドマン これはオーバーフローを無視した加算をさせているからだ。オーバーフローして以降の数値は意味がなくなる。ここで見たいのは実行時間だけなので、数値に意味はないからこれでいい。

ドビン 実行時間は約５秒ですね。

グッドマン では次にポインタを使った版。

ポインタ版

```
using System;

class Program
{
    static void Main(string[] args)
    {
        var start = DateTime.Now;
        const int size = 1000000000;
        byte[] ar = new byte[size];
        for (int i = 0; i < size; i++)
```

```
        {
            ar[i] = (byte)i;
        }
        int sum = 0;
        unsafe
        {
            fixed (byte* a = &ar[0])
            {
                byte* p = a;
                for (int i = 0; i < size; i++)
                {
                    sum += *p++;
                }
            }
        }
        Console.WriteLine(sum);
        Console.WriteLine(DateTime.Now - start);
    }
}
```

実行結果

```
-1349018880
00:00:05.2947984
```

ドビン 結果はほとんど同じですね。実行時間は約5秒です。少し遅いかなぐらいの違いかな。

グッドマン これぐらいは体感できない誤差のうちと思っていいだろう。

ドビン では、**差はない**と思っていいのですか？

グッドマン そうだ。体感できる差は出てこないと思っていいだろう。

ドビン そう断言できる根拠はありますか？

グッドマン 劇的に速くなるぐらいなら、C# プログラマーは皆それを使っているよ。

ドビン 確かに……。

グラマーちゃん じゃあ、ポインタを使えば速くなるという古狸は嘘をついたの？

グッドマン その古狸氏はあまり詳しくなく、なんとなく聞きかじった情報を曲解したようだね。たとえば、C# はポインタのような危険な機能をサポートして、安全性を無視してパフォーマンス優先だとか……まったくの事実無根だが、そういう悪口は存在する。

バッドマン ちょっと待った。

ドビン バッドマン、やっと来ましたか！

バッドマン その解釈には異議あり！

ポインタを使うと本当に速くなる？

グラマーちゃん それはグッドマンのソースコードが間違っていて、本当はもっと高速化できるという話ですか？

バッドマン いや。現状のC#では、ポインタを使ってもさほど速くはならないだろう。

ドビン ならいったいどういうことですか？

バッドマン 古狸氏は現役を引退して久しいのではないかね？

グラマーちゃん そのとおりです。わたしたちが入社するはるか以前に定年退職しています。

バッドマン やはりな。

ドビン どういう意味ですか？

バッドマン 昔のある時期、確かに次のような状況もあったのだ。

- ポインタを使うと速い
- ポインタはプログラミング修得上の大ハードル。難しい
- ポインタを征服してこそ本物

ドビン どんな時代ですか？

バッドマン C#に似た文法で書くC言語というプログラミング言語の出始めの頃だな。本当はC#のほうがCに似せているのだが。

ドビン そうか。文法が似ているので、C言語の知識で解釈できると思い込んで意見してしまったのですね。

バッドマン ちょっとした誤解だね。

ドビン なぜ、そういう時代が終わってしまったのですか？

バッドマン コンパイラの最適化技術が進歩してね。配列とポインタの性能差を埋めてしまったのだ。

グラマーちゃん 性能差って埋まるものなんですか？

バッドマン コンパイラの仕事は知っているね？

ドビン ソースコードを実行するマシン語に置き換えることです。

バッドマン そうだ。実際には置き換える際に無駄を省いて最適な実行用のマシン

語を生成してくれる。この**最適**を実現する技術が進歩すると、結果が同じならコードの意味をいくらでも書き換えていいと考える。それが行き着くところまで行くと、配列を使おうとポインタを使おうと、**結果として生成されるマシン語コードはほとんど同じになってしまう**のだ。

ドビン 同じ!?

バッドマン C#の配列には境界チェックが入るので、そこだけ違う可能性はある。しかし、致命的な差ではないだろう。

ドビン では、ポインタを使う意味はない？

バッドマン むしろ使わないほうがいい。なぜなら、**ポインタはわかりにくいし問題を起こしやすい弱点があるから**だ。

ポインタが危ないという本当の意味

バッドマン C#批判者は、C#にはポインタがあるから危ないという。

ドビン 的外れですね。

バッドマン その代わり、わたしが信奉するXX言語にはポインタなどという危ない機能はないと誇る。

ドビン それも的外れですね。unsafeコンテキストを解放していないC#にもポインタはありませんし、ほとんど誰もunsafeコンテキストを解放していません。

バッドマン そうだ。的外れだ。だが、なぜそこまでポインタは危ないといわれるのだろうか？

ドビン なぜでしょう？

バッドマン **ポインタはアクセス可能なすべてのメモリにアクセスできる**からだ。

ドビン 意味がよくわかりません。

バッドマン たとえば、メモリにはスタックという領域が存在する。ここにはメソッド呼び出しから戻る先などが記録される。

ドビン それがどうかしましたか？

バッドマン ポインタを強引に使うとスタックを勝手に書き換えることができてしまうのだ。その結果、メソッドが終了して戻る先を変更することができ、任意のコードを実行させる脆弱性を発生させてしまう場合がある。

ドビン それはたいへんですね。でも、そこまで簡単に関係ないメモリを利用できるものなのですか？

バッドマン できるとも。次のサンプルソースを見てみたまえ。

```
using System;

class Program
{
    static void Main(string[] args)
    {
        byte[] ar = new byte[2];
        unsafe
        {
            fixed (byte* a = &ar[0])
            {
                byte* p = a;
                *p++ = 1;
                *p++ = 2;
                *p++ = 3;
            }
        }
    }
}
```

ドビン これは何ですか？

バッドマン 2個の要素しか確保していない配列に、3個のデータを書き込んでいる。当然、3個目は配列として確保されていないメモリに強制的に書き込むことになる。この例はたまたま動くようだが、もし他の目的に使用されるメモリを致命的に破壊してしまうと、プログラムやシステムにダメージを及ぼす可能性もある。

ドビン ポインタが禁止されるわけですね。

本当はJavaにもあるポインタ

バッドマン C# には危険なポインタがあるからおかしいと勘違いした C# の悪口をいいたがる者たちはいろいろいるが、その最右翼は Java 信者だろう。ところが、彼らが信奉する **Java にはポインタがある**のだ。

ドビン どこです？

バッドマン `NullPointerException` という例外の名前に実はポインタ（*Pointer*）という単語が含まれているのだ。

ドビン C# にはそんな例外はありませんよね。

バッドマン C# の場合は `NullReferenceException` に相当する。

ドビン　よかったですね。危険なポインタを含まなくて。
バッドマン　しかし、この２つの例外は事実上同じような機能を持っているのだ。
ドビン　どういう機能ですか？
バッドマン　どちらも、無効を意味するnullという値を経由して参照にアクセスしたという例外なのだ。
グラマーちゃん　それってNullPointerExceptionとNullReferenceExceptionは同じだから、PointerとReferenceは同じってことですか？
バッドマン　そのとおりだ。この２つは事実上同じものなのだ。
ドビン　同じだとすると、C#にもポインタがあることになってしまいますよ。unsafeコンテキスト使わなくても。
バッドマン　そうだ。unsafeコードを許可していないC#にも事実上ポインタに相当するものはあるのだ。ただし、これはC#に限定されない。ほとんどすべてのプログラミング言語に当てはまる話だ。
グラマーちゃん　それはほとんどすべてのプログラミング言語は危険という意味ですか？
バッドマン　そうではない。**飼い慣らされたポインタだから危険はない**のだ。
ドビン　飼い慣らされたポインタと生のポインタの違いは何ですか？
バッドマン　生のポインタは一種の数値扱いだ。だから、どんなメモリにでもアクセスできる。しかし、飼い慣らされたポインタは制限された値しか指定できない制限数値なのだ。C#は許可されていない領域、型が一致しない領域への参照は取得できないようになっている。
ドビン　つまり、スタックを書き換えて制御を乗っ取ることはできないわけですね？
バッドマン　そのとおりだ。破格に安全性は高いぞ。
グラマーちゃん　もしかして、**参照型**と呼ばれる値って……。
バッドマン　そうだ。それらはすべて飼い慣らされたポインタで利用するための型だ。ほとんど意識しなくてもいいけれどね。

ポインタ信仰の問題

今回はグッドマンが答えを出し、バッドマンが解釈をより深く掘り下げたので、どちらが正しいかを問う意味はないだろう。

ポインタ信仰はバッドマンの説明のとおり、1980年代後期のC言語ブームの時代に発生した。しかし、それはかなり昔の話だ。それにもかかわらずいまだにときどき**ポインタ**という言葉が出てくる理由は何だろうか？

その理由は2つある。

- ハードに近い低レベル処理を記述するには便利なので、C言語がいまだに使用されている
- C言語のほぼスーパーセットであるC++（ポインタを含む）も、ゲームなどの用途でいまだに現役である

前者でポインタが意味を持つ理由は速度ではない。特定部品の特定の機能を利用するには、特定の番号（アドレスと呼ばれる）でアクセスする必要があるのだが、それを自由に制御するには飼い慣らされていない生のポインタが有利なのだ。

後者の理由はどうだろうか？　これはガベージコレクションされない低レベルのメモリ管理が有利だという理由で採用されている。たとえば、ゲームなら1/60秒以内に処理を完了するといった制約が発生する場合があるのだが、ガベージコレクションでスローダウンするとまずい。C#では不利なのだ。そこで、C++のようにガベージコレクションをしない言語を使用するニーズが発生する。ただし、この場合の焦点は速いか遅いかではなく、ガベージコレクションするかしないかだ。そのため、ガベージコレクションが入らないようにネイティブコードにコンパイルするC#コンパイラというものも出現しつつある。

さて、特定の制御チップに直接アクセスするわけでもなく、秒間数十フレームで3Dオブジェクトを動かすゲームを作っているわけでもない大多数のC#プログラマーは、ポインタの存在など忘れてしまってもよいだろう。たとえば、ASP.NETでWebブラウザにサービスするシステムを作っているなら、ポインタを意識する必要はほぼない。スパッと忘れてしまおう。思い出すのはポインタ論争に巻き込まれたときだけでよい。**ポインタのあるC#はおかしい**であるとか**ポインタも使えないいまどきの若い者は**と文句をいわれたら正々堂々と反論しよう。

問題

怪人バグールがまたバグを仕込んできたぞ。グッドマン、バッドマンに成り代わり、君がバグを探してくれたまえ。

配列の初期値は0なので、全部足しても0になるはずなのに1になっている。一方で1を1つだけ入れたはずの配列は足しても1にならず0になる。なぜだろう？　どこを直せばよいのだろうか？

```
using System;
```

```
using System.Linq;

class Program
{
    static void Main(string[] args)
    {
        unsafe
        {
            const int size = 100;
            byte[] ar1 = new byte[size];
            byte[] ar2 = new byte[size];
            fixed (byte* a = &ar1[0])
            {
                byte* p = a;
                p += 150;
                *p = 1;
            }
            Console.WriteLine(ar1.Sum(c => c));
            Console.WriteLine(ar2.Sum(c => c));
        }
    }
}
```

意図した結果

```
1
0
```

実際の実行結果（以下の結果とは同じ結果にならない可能性がある）

```
0
1
```

The Adventures of GOODMAN + BADMAN with Dobin + Glamour in Zero-Sum City

Episode 8

switchとデータ型

グラマーちゃん ドビン、相談に乗ってよ。

ドビン いったい何だい？

グラマーちゃん switch文は残すという前提で、このソースコードをもっと短く整理したいのよ。

ドビン どれどれ。確かに長いね。

```
using System;

class Program
{
    private enum sex { male, female }

    private static void selectSub(sex n)
    {
        switch (n)
        {
            case sex.male:
                Console.WriteLine("僕達男の子");
                break;
            case sex.female:
                Console.WriteLine("君達女の子");
                break;
        }
    }

    private static void select(string n)
    {
        sex s = sex.female;
        if (n == "男") s = sex.male;
        selectSub(s);
```

```
    }

    static void Main(string[] args)
    {
        select("男");
        select("女");
    }
}
```

実行結果

```
僕達男の子
君達女の子
```

ドビン グラマーちゃんはどう直したいの？
グラマーちゃん こうよ。

```
using System;

class Program
{
    private static void select(string n)
    {
        switch (n)
        {
            case "男":
                Console.WriteLine("僕達男の子");
                break;
            case "女":
                Console.WriteLine("君達女の子");
                break;
        }
    }

    static void Main(string[] args)
    {
        select("男");
        select("女");
    }
```

```
}
```

ドビン　実行結果は同じだね。
グラマーちゃん　でもね、書いた人は何か理由があったはずなのよ。それがわからないで書き換えるのは危険だわ。
ドビン　バッドマンに相談してみよう。
グラマーちゃん　(♪♪♩～)　あ、クラリネットの音が。
グッドマン　わたしが相談に乗ろう。

文字列と数値の違い

グッドマン　この問題は、おそらく**判定コストの問題**だろう。
グラマーちゃん　判定コストとは何ですか？
グッドマン　判定に要する時間の問題だ。
ドビン　判定に要する時間って、そんなに違うものですか？
グッドマン　違うのだ。次のサンプルソースを見たまえ。整数の 1234 と 5678 を比較する場合と、文字列の "1234" と "5678" を比較する場合だ。

```
using System;

class Program
{
    private const int size = int.MaxValue;
    private static bool sub1(int t1, int t2)
    {
        bool b = false;
        for (int i = 0; i < size; i++)
        {
            b |= t1 == t2;
        }
        return b;
    }
    private static bool sub2(string t1, string t2)
    {
        bool b = false;
        for (int i = 0; i < size; i++)
        {
            b |= t1 == t2;
```

```
        }
        return b;
    }

    static void Main(string[] args)
    {
        var start1 = DateTime.Now;
        sub1(1234, 5678);
        Console.WriteLine(DateTime.Now-start1);
        var start2 = DateTime.Now;
        sub2("1234", "5678");
        Console.WriteLine(DateTime.Now - start2);
    }
}
```

実行結果

```
00:00:04.8506324
00:00:16.6670543
```

グラマーちゃん なんて違いなの！ 2倍なんてものじゃないわ。約4倍よ。

ドビン なぜこれほど差が出るのですか？

グッドマン それは、参照型のオーバーヘッドと、そもそも文字列はより多くの情報量があるので判定が遅いという問題がある。

ドビン 参照型のオーバーヘッドとは何ですか？

グッドマン 参照型はつねに、**ここにデータがありますよ**という参照情報とデータの実体という2つのデータで構成されるのだ。値型ならつねに1つだ。

グラマーちゃん わかりました。わたしはソースコードの長さだけ見て書き換えようとしましたが、実行時間も考える必要があったわけですね。見た目にだまされました。

ドビン これにて一件落着ですね。

バッドマン ちょっと待った！ これも怪人バグールの陰謀かもしれないぞ。

似て非なる言語たち

ドビン このプログラムは正常に動いていますよ。それでも怪人バグールの陰謀ですか？

バッドマン　うむ。実は書いた人が勘違いして無駄な回りくどいソースコードを書いてしまった可能性があるのだ。そして、より長いソースコードはバグの温床になる。

グラマーちゃん　どこに勘違いをする余地があるんですか？　ただの**switch文**ですよ。

バッドマン　switch文にただのswitch文などはない。それは**つねに問題の渦中にある**のだ。信仰、俗説、勘違い、俺流儀、技術的な改善などさまざまな問題が渦巻いているのだ。

ドビン　怖くなってきました。

バッドマン　たとえば、C言語やC++では次のようなコードを書くことができる。

C/C++のコード（抜粋）

```
int a = 1;
switch (a)
{
case 1:
    puts("a is 1!");
case 2:
    puts("a is 2!");
}
return 0;
```

バッドマン　これは次の２行を出力してしまうが、本当はa is 1!だけ出てほしかった。

```
a is 1!
a is 2!
```

グラマーちゃん　なぜ２行出るの？

ドビン　あ、break;忘れだ。

バッドマン　冴えてるぞドビン。C言語やC++には、break文を書き忘れるとフォールスルーと呼ばれる現象が発生し、そのまま次のcase節も実行してしまうという特徴があったのだ。これはよくないので、switch文は使わないほうがいいという考える人までいたほどだ。

グラマーちゃん　でもC#だと書けませんよ。

バッドマン　そうだ。C#はより安全指向なので、例外的状況を除いてフォールスルーを許可していない。

ドビン　ああ、そうか？　switch文禁止という思想を持った人がC#に来るとつい switch文を避けようとするかもしれないけれど、C#では安全なのですね。

グラマーちゃん　質問です。上の例と同じ機能を持ったプログラムをC#で書けますか？

バッドマン　こう書けばいいのさ。

C#版

```
using System;

class Program
{
    static void Main(string[] args)
    {
        int a = 1;
        switch (a)
        {
            case 1:
                Console.WriteLine("a is 1!");
                goto case 2;
            case 2:
                Console.WriteLine("a is 2!");
                break;
        }
    }
}
```

グラマーちゃん　goto case って初めて見たわ。

ドビン　使われることは多くないね。

バッドマン　さてこのケースだが、実は1つの錯誤に陥った可能性がある。

グラマーちゃん　それは何ですか？

バッドマン　switch文を持つ多くのプログラミング言語では使用できる型が一貫していない。たとえばC言語は数値か数値に類する型（列挙型など）だけが使用でき、文字列は一致判定できないのだ。

ドビン　C#では文字列をswitch文で判定できますよね？

バッドマン　そうだ。だから根っからのC#プログラマーはswitch文で直接文字列を判定しようとする。しかし、他の言語が染み付いた腰掛けC#プログラマーは文字列での判定を避けようとするかもしれない。

グラマーちゃん なるほど。つい列挙型に置き換えてから switch 文で判定させてしまうわけですね。

ドビン でも、グッドマンがいっていた速度の問題はどうなんですか？

バッドマン ループの中で使うなら意識する意味もあるが、そうではないならゴミのような速度差でしかないよ。

速度か異言語の影響か？

グッドマンとバッドマン、正しいのはどちらだろうか？

つまり、判定速度を意識してわざと文字列を列挙型に置き換えているのだろうか？それとも、怪人バグールの陰謀で無駄に長いコードを書かされたのだろうか？

この場合、**列挙型やメソッドの定義に付いている private に注目**しよう。他のクラスで利用されることを想定していない。また、ループ内で使用されているわけでもない。速度を意識した使い方をされる可能性はなく、バッドマン説のほうが正しそうだ。

しかし、いまはそうでも将来の拡張を見越してわざと列挙型に置き換えている可能性もある。その場合は、グッドマン説のほうが正しいことになる。

ここはバッドマン 6 割、グッドマン 4 割のバッドマンの判定勝ちとしよう。もちろん、なりゆき次第ではグッドマンに勝ちが移動する場合もありうる。

怪人バグールがまたバグを仕込んできたぞ。グッドマン、バッドマンに成り代わり、君がバグを探してくれたまえ。

```
using System;

class Program
{
    static void Main(string[] args)
    {
        int a = 1;
        switch (a)
        {
            case 1:
                Console.WriteLine("a is 1!");
                a = 3;
                goto case 2;
            case 2:
                Console.WriteLine("a is 2!");
                goto case 1;
            case 3:
                Console.WriteLine("a is 3!");
                break;
        }
    }
}
```

意図した結果

```
a is 1!
a is 3!
```

実際の実行結果

(a is 1!とa is 2!を交互に出力して永遠に実行が終わらない)

Episode 9

gotoクライシス——安全な利用とできない利用

グラマーちゃん 助けてドビン。また怪人バグールが出たわ。
ドビン 詳しく話してごらん。
グラマーちゃん 実はこういうサンプルソースを見たのよ。

```
using System;

class Program
{
    private static void sub(int a)
    {
        if (a == 0) goto error;
        Console.WriteLine(10/a);
        return;
    error:
        Console.WriteLine("エラーです。");
    }

    static void Main(string[] args)
    {
        sub(0);
    }
}
```

ドビン **goto 文**を使ってるね。それで？
グラマーちゃん goto 文って思ったより便利そうだと思って使ってみたのよ。そうしたら、通るソースと通らないソースがあるのよ。
ドビン 見せてごらん。

通るソース1

```
using System;

class Program
{
    private static void sub(int a)
    {
        if (a >= 0)
        {
            if (a == 0) goto error;
            Console.WriteLine(10 / a);
        }
        return;
    error:
        Console.WriteLine("エラーです。");
    }

    static void Main(string[] args)
    {
        sub(0);
    }
}
```

通るソース2

```
using System;

class Program
{
    private static void sub(int a)
    {
        goto skip;
    error:
        Console.WriteLine("エラーです。");
        return;
    skip:
        if (a == 0) goto error;
        Console.WriteLine(10 / a);
    }

    static void Main(string[] args)
```

```
    {
        sub(0);
    }
}
```

通らないソース1

```
using System;

class Program
{
    private static void sub(int a)
    {
        if (a == 0) goto error;
        int b = 1234;
        Console.WriteLine(10 / a);
        return;
    error:
        Console.WriteLine("エラー{0}です。", b);
    }

    static void Main(string[] args)
    {
        sub(0);
    }
}
```

通らないソース2

```
using System;

class Program
{
    private static void sub(int a)
    {
        if (a == 0) goto error;
        Console.WriteLine(10 / a);
        if (a == 0)
        {
        error:
```

```
            Console.WriteLine("エラーです。");
        }
        return;
    }

    static void Main(string[] args)
    {
        sub(0);
    }
}
```

ドビン ダメだ。僕はgoto文をほとんど使ってないからわからないや。バッドマン助けて！

バッドマン あのクラリネット野郎が来る前に事件を片付けよう。

ドビン 頼みます。

バッドマン goto文か。ゼロサムシティのダークサイドにようこそ。

ドビン ダ、ダークサイド？

バッドマン これから裏通りのイタリアンに行くぞ。グラマーちゃんも来たまえ。

グラマーちゃん わたし、イタリアン大好き！

ドビン バッドマンのおごりですか？

バッドマン 割り勘だ。

ドビン ケチ。

バッドマン わかったわかった。おごってやるからメニューはスパゲッティ限定だぞ。

gotoはgotoにアラズ

バッドマン さて、みんなスパゲッティを食べて満腹だと思うので、本題に入ろう。

ドビン お願いします。

バッドマン みんなは**スパゲッティプログラム**という表現を知っているかね？

グラマーちゃん 知りません。

ドビン 聞いたことがあります。汚いプログラムだとか。

バッドマン なぜ汚いとスパゲッティなのかね？

ドビン さあ。

バッドマン **スパゲッティの麺のように複雑に入り組んでわかりにくい**からだよ。

ドビン なるほど。

バッドマン なぜ入り組んだプログラムが生まれるのか？ 1960年代後半、その問題に取り組んだのがエドガー・ダイクストラたちだ。その結果わかったのは、goto文が悪いということだった。goto文はどこからどこにでも飛べる機能だから、すぐに絡まるのだ。そこで、goto文廃止が提唱されたわけだ。

ドビン 廃止してなんとかなるのですか？

バッドマン **構造化制御構造**というものを導入すればいい。C#でいえば、while、do、forのあたりがそれに当たる。

ドビン ならば、それでオッケーなのですね？

バッドマン ところが、それをやると硬直的になりすぎてうまくソースコードが書けないという批判も起きた。ソースコードは書けるが回りくどくなりすぎるのだ。そこで2つの考え方が出てきた。**goto文を飼い慣らそう**という意見と、**goto文はあったほうがいい**という考え方だ。

ドビン goto文を飼い慣らすって？

バッドマン C#でいえば、**continue文やbreak文が飼い慣らされたgoto文**だ。ある場所から別の場所に飛べるが、無制限には飛べない。それによって危険が抑止されているわけだ。

ドビン goto文はあったほうがいいとは？

バッドマン 使うのは必要なときに限るという条件付きならgoto文があってもいいじゃないか、という考え方だな。たとえば前に出てきたC言語などはこの考え方でgoto文が存在するが、使用頻度は多くない。しかし、利用例は見たことがある。それを使うとうまく書ける場合には使用されている。

グラマーちゃん C#はどうなんですか？

ドビン goto文があるから、C言語と同じグループですね？

バッドマン そう思い込んでいる人が多いが、実際ははずれだ。

ドビン えっ？

グラマーちゃん どういうことですか？

バッドマン **C#のgoto文は制約がきつく、C言語のgoto文ほど自由には飛べない**。もちろん、break文やcontinue文よりは自由度が高い。しかし、無制限に高いわけではないぞ。

ドビン どんな制約があるのですか？

バッドマン 入れ子になったスコープの「外側」には制御を移すことができるが、入れ子になったスコープの「内側」には移すことができない。

グラマーちゃん そんな説明じゃわかりません。

バッドマン 簡単にいえば、ブロックから脱出するためには使えるが、ブロックの中に入るためには使用できないわけだ。

ドビン　こんな感じですか？

OK（ブロックから脱出）

```
using System;

class Program
{
    static void Main(string[] args)
    {
        {
            goto label; // これからブロックを出ます
        }
    label:
        Console.WriteLine("Finished");
    }
}
```

NG（ブロックの中間に入る）

```
using System;

class Program
{
    static void Main(string[] args)
    {
        goto label; // これからブロックに入ります
        {
        label:
            Console.WriteLine("Finished");
        }
    }
}
```

ドビン　それにどんな意味があるのですか？

バッドマン　うむ。ブロックの先頭で行われる初期化処理をすっ飛ばして途中に割りこむことはできない。

ドビン　バグが出にくくなるわけですね。

バッドマン　逆に、脱出は途中で打ち切るだけなのでリスクが少ない。それは許可されている。

グラマーちゃん 要するに何ですか？

バッドマン 野性の goto 文が危険であることに間違いはないが、飼い慣らされた goto 文なら危険はない。C# の goto 文は、実は飼い慣らされてはいないが**餌付けされた goto 文**なのだ。飼われてはいないが毎日食事の時間にはやってきて顔を見せ、管理下にある。そんな感じの goto 文なのだ。

ドビン 野性の goto 文を持った C 言語とは違うわけですね。

バッドマン そうだ。だが名前が同じなので、機能も同じと思い込んでトンチンカンな批判をする痛い人も多いぞ。

ドビン 痛い人にならないためには、どうすればいいですか？

バッドマン 思い込みで語らない。実像をよく見て、機能を正しく把握すること。

グラマーちゃん すみません。わたしは痛い人でした。機能を間違って使ったのに、バグールのせいにしてしまいました。恥ずかしい。yow!!

goto嫌いのグッドマン登場

グッドマン しばし待ちたまえ。

バッドマン 出たな、嫌なヤツ。

グッドマン ブロックから外側に出るだけなら例外を発生させて捕まえたほうが美しいぞ。

ドビン どんなふうに書くのですか？

グッドマン こう書き直すのさ。

```
using System;

class Program
{
    static void Main(string[] args)
    {
        try
        {
            throw new ApplicationException();   // これからブロックを出ます
        }
        catch (ApplicationException)
        {
        }
        Console.WriteLine("Finished");
```

```
    }
}
```

ドビン 確かにブロックから出られますね。

グッドマン だから goto 文を過信せず、他の機能で代用できる場合は使ったほうがいいぞ。なにしろ悪名高い goto 文だからな。はっはっは。

goto文か例外か？

グッドマンとバッドマン、正しいのはどちらだろうか？

ネストしたブロックの外側に移動するとき、goto 文を使ったほうがよいのだろうか？　それとも例外を使ったほうがよいのだろうか？

一見、グッドマン説のほうがよいように思える。

ネットを検索すると goto 文に対する悪評ばかりだが、例外への悪評はあまりないからだ。

しかし、**例外は比較的重い処理なので実行させることは好ましくない**。だから例外でエラーを知らせる int.Parse メソッドよりも、戻り値でエラーを知らせる int.TryParse メソッドが好ましいわけだ。

この場合も同じで、避けられる例外は避けたほうがよい。グッドマンは、**避けられる goto 文は避けたほうがよい**といっていて一理あるのだが、例外にも避けたほうがよい理由がある。

ただし、**goto 文は同じメソッド内にしか飛べないが、例外は上位のメソッドでもキャッチできる**ので、その差が意味を持つならグッドマン方式のほうが好ましい可能性もある。

よって、この勝負はバッドマンの勝ちとしたいが、グッドマンに理がある場合もありうる。

問題

怪人バグールからの挑戦状だ。グッドマン、バッドマンに成り代わり、君が挑戦を受けてくれ。

次のプログラムは無限ループに陥り永遠に終了しない。だから goto 文は悪だというのだ。君は、goto 文抜きで同じ機能を書けるだろうか？　書ければ goto 文は冤罪だ。

```
using System;

class Program
{
    static void Main(string[] args)
    {
    loop:
        goto loop;
    }
}
```

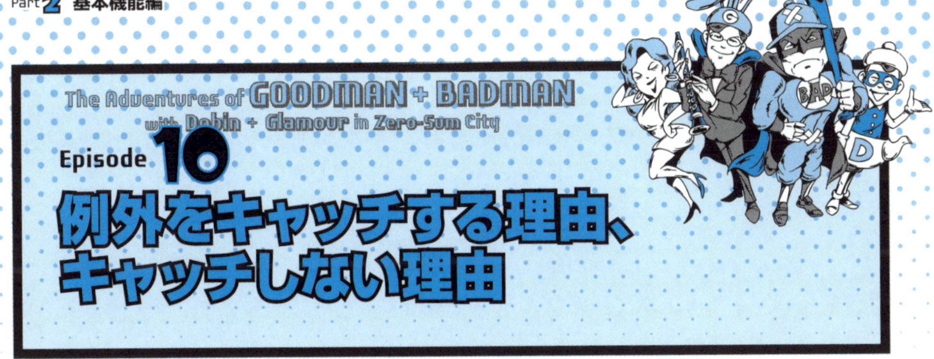

Episode 10 例外をキャッチする理由、キャッチしない理由

グラマーちゃん キャッチされない例外があると詳細情報を表示して止まりますよね？
ドビン そうだね。

キャッチするソース

```
using System;
using System.IO;

class Program
{
    static void Main(string[] args)
    {
        try
        {
            File.ReadAllText("nothing.txt");
        }
        catch (FileNotFoundException e)
        {
            Console.WriteLine(e);
        }
    }
}
```

キャッチしないソース

```
using System;
using System.IO;

class Program
{
```

```
    static void Main(string[] args)
    {
        File.ReadAllText("nothing.txt");
    }
}
```

グラマーちゃん でも、単に詳細なエラーを表示するために例外をキャッチする人もいますよね？

ドビン いるね。

グラマーちゃん どっちが正しいの？　例外はシステムに任せたほうがいいの？　それとも自前で処理したほうがいいの？

ドビン （♪♪♪〜）あ、クラリネットの音が。

グッドマン その疑問にはわたしが答えよう。

リスロー派のバグール

バグール その前にオレ様が教えてやる。これが最もよい方法だ。

```
using System;
using System.IO;

class Program
{
    static void Main(string[] args)
    {
        try
        {
            File.ReadAllText("nothing.txt");
        }
        catch (FileNotFoundException)
        {
            throw;
        }
    }
}
```

グラマーちゃん 受け取った例外をそのまま投げた！

グッドマン　これは悪い例だからまねしちゃダメだぞ。
ドビン　どこが悪いのですか？
グッドマン　受け取った例外を丸ごと投げ直すだけなら、try-catch 構文が丸ごとなくても結果は同じだ。
バグール　ばれたかぁ〜〜〜。バグを仕込むチャンスだったのに！
ドビン　これは悪い例なのですね。
グッドマン　まねはダメだぞ。

キャッチ派のグッドマン

グッドマン　さて、**エラーメッセージを出力するためだけの理由で例外をキャッチするのは是か非か？**　これは是だと思う。なぜなら、標準の例外処理と同じでいいなら誰も例外をキャッチなどしないからだ。どこかで挙動や出力内容が変化しているはずだ。それが意味があることなので肯定しよう。
グラマーちゃん　この場合はどこが違うのですか？
グッドマン　実は**キャッチしないソース**はプログラムが異常終了しているが、**キャッチするソース**は正常終了している。正常終了しているということは、さまざまな終了処理が正しく走って終わっているわけだ。異常終了させるとその場でスパッと終了する以外の選択肢は考えにくいが、**自前でキャッチしておけば動作の継続や再開の機能も想定可能**になってくる。
ドビン　なるほど。
グッドマン　それに**出力内容も加工できる**。スタックトレースはエンドユーザーには見せないでメインテナンス用のログに記録しておくとか。
ドビン　可能性は無限大ですね。

キャッチしない派のバッドマン

バッドマン　ちょっと待った。
ドビン　バッドマン！
バッドマン　この場合はキャッチしないほうがいいと思うぞ。
ドビン　理由は何ですか？
バッドマン　うむ。実行される可能性が低い割に手間がかかるからだ。標準的な例外処理でも最低限の情報はわかるし、そもそも異常状態に入ったら処理が継続可能か否かもよくわからない。**そのまま異常終了させてしまったほうが楽**だ。どうせめったに起きない事態なのだ。

どっちが正しい？

グッドマンとバッドマン、正しいのはどちらだろうか？

これはもう**状況次第としかいえない**。

この本の筆者の場合はどうだろうか？

実はバッドマン流のキャッチしない方法をメインに使っているが、グッドマン流のキャッチも行っている。なぜキャッチするのかといえば、利用者のスキルによっては例外の内容が正しく伝達されないからだ。そこで、例外をキャッチして開発者に情報を直送できるように開発したことがある。もちろん、利用者の了解を経て送信するように作ってあった。ここまでやるなら、キャッチは必須となる。

もちろん、どうしてもキャッチが回避できない場合もある。

たとえば、何かのリソースが存在するか否かを判定したいとき、判定 API が提供されず、とりあえずリソースの取得を試みて、例外が起きなければ存在すると見なすしかない場合がある。もちろん、それは API の仕様としてはよくないが、発展途上の API にはそういうことが起こるケースがある。あるいは結果を予想するのが難しく、やってみるしかない場合も同様だ。事前に例外が起きることが明確になれば、起きないように処理を変えることも容易だ。しかし、簡単にわからない場合はやってみるしかない場合もある。

しかし、それと、めったに起きない特殊状況としての例外の話は別物である。

問題

怪人バグールがまたバグを仕込んできたぞ。グッドマン、バッドマンに成り代わり、君がバグを探してくれたまえ。

ASP.NET のプログラムを作成したが、遠隔地から Web ブラウザで利用している利用者から**例外が出た**という苦情を受け取った。しかし、どのような例外が起きたのか質問しても答えてくれない。1 種類でよいから原因と対策を考えてみよう。

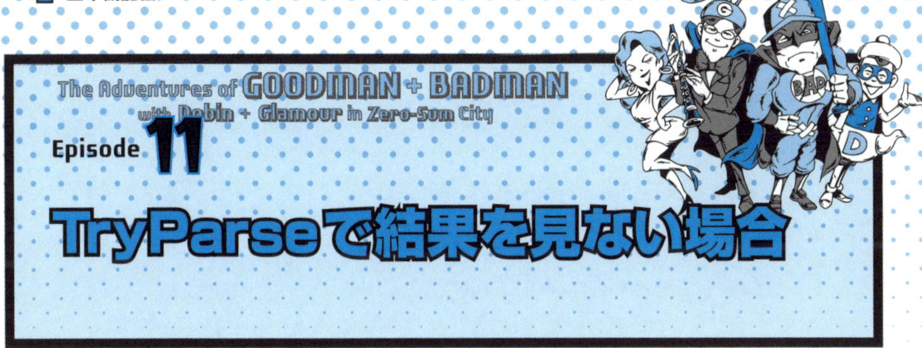

Episode 11

TryParseで結果を見ない場合

グラマーちゃん たいへんよ、怪人バグールからの挑戦状よ。
ド　ビ　ン 見せてごらん。

　親愛なるグッドマン、バッドマンのヒーロー両君。
わたしから君たちへの挑戦状だ。
　TryParse メソッドを使用して戻り値を参照しなかった。これはよいことだろうか？　悪いことだろうか？
　もし正しく答えられないときは、グラマーちゃんのソースコードに侵入してTryParse メソッドにバグを仕込むからそのつもりで。

ド　ビ　ン たいへんだ。さっそくバッドシグナルでバッドマンを呼ぼう。
peeps peeps
グラマーちゃん グッドマンは？
ド　ビ　ン 何かあれば湧いて出る人だから平気だろう。

戻り値なんて見ないでいいぞ

バッドマン よろしい。その挑戦を受けて立とう。
ド　ビ　ン そもそも戻り値って何ですか？
バッドマン うむ。次のサンプルソースを見たまえ。

```
using System;

class Program
{
    static void Main(string[] args)
```

```
    {
        var s1 = "2014/12/05 16:28:03";
        var s2 = "bad string example!";
        DateTime r1, r2;
        var b1 = DateTime.TryParse(s1, out r1);
        var b2 = DateTime.TryParse(s2, out r2);
        Console.WriteLine("s1={0} b1={1} r1={2}", s1, b1, r1);
        Console.WriteLine("s2={0} b2={1} r2={2}", s2, b2, r2);
    }
}
```

実行結果

```
s1=2014/12/05 16:28:03 b1=True r1=2014/12/05 16:28:03
s2=bad string example! b2=False r2=0001/01/01 0:00:00
```

ドビン つまり、変換が成功したらTrue。ダメだった場合はFalseになるわけですね。

バッドマン そのとおりだ。

ドビン では、変換が失敗したのに処理を継続させたくないなら、絶対に見なければなりませんね？

バッドマン そうではないのだ。

ドビン えっ？

バッドマン 変換に失敗した変数r2の値に注目してくれたまえ。

ドビン 0001/01/01 0:00:00ですね。西暦1年1月1日0時0分0秒ですが、それに何か意味があるのですか？

バッドマン ある。**TryParseメソッドは変換に失敗すると型のデフォルトを結果として書き込む**のだ。0001/01/01 0:00:00とはDateTime型のデフォルト値にほかならない。この値はDateTime.MinValueと同じだが、それ以前にデフォルト値default(DateTime)とも同じ値だ。つまり、この値になっていたら変換が失敗したと考えていい。普通に使っていてこの日付時刻はありえないからね。

グラマーちゃん 型のデフォルト値と比較できるなら、戻り値は見なくていいわけですね。

戻り値を見ろ！

グッドマン　ちょっと待った！　♪♪～
ドビン　あ、クラリネットの音が。
グッドマン　戻り値は見ろ！　無視するなんて危険きわまりないぞ！
グラマーちゃん　どういうことですか？
グッドマン　このサンプルソースを見ろ。

```
using System;

class Program
{
    static void Main(string[] args)
    {
        var s = "0";
        int n;
        var b = int.TryParse(s, out n);
        if (n == default(int))
            Console.WriteLine("Failed");
        else
            Console.WriteLine(n);
        Console.WriteLine("Converted Result: {0}", b);
    }
}
```

実行結果

```
Failed
Converted Result: True
```

ドビン　変換失敗を示す "Failed" が出ていますね。
グッドマン　しかし、戻り値はTrueなのだ。変換は成功している。
ドビン　おかしいですね。
グッドマン　おかしいことなどないぞ。ソースコードをよく見たまえ。"0" は整数に変換可能な普通の数値を示す文字列だ。しかし、たまたま型のデフォルト値と重なっている。つまり、default(int) と同じ値になっている。この場合、default(int) と比較して変換の失敗を判定すると誤判定することになる。

グラマーちゃん 誤判定は困りますね。
グッドマン だから、戻り値を見ろ。それなら**安全確実**だ。

戻り値の意味

グッドマンとバッドマン、正しいのはどちらだろうか？
さまざまな型が持つ TryParse メソッドは次のように振る舞う。

- 変換できないときは、型のデフォルト値を値として out 引数の参照先に書き込む
- 変換できないときは、False を返す

問題は、型のデフォルト値も合法的な値であり変換可能であることだ。その点でグッドマンの指摘は正しい。
しかし、バッドマンの判断が間違っているわけではない。数値の 0 はよく使われるが、日付時刻の1年1月1日0時0分0秒が利用される可能性はほぼない。だから結果がこの日付時刻になっていたら変換は失敗したと見なしてもたいてい問題は出ない。そうすれば戻り値の判定を省略できて、よりソースコードがスッキリする。
では、どちらが正しいのだろうか？
グッドマンのほうがよりベターだが、バッドマンも間違ってはいない。7対3の割合でグッドマンの勝ちとしよう。しかし、3割の勝利はバッドマンのものだ。

問題

怪人バグールがまたバグを仕込んできたぞ。グッドマン、バッドマンに成り代わり、君がバグを探してくれたまえ。

```
using System;

class Program
{
    static void Main(string[] args)
    {
        var a = 123;
        var b = "fail to convert";
        if (int.TryParse(b, out a))
```

```
        {
            Console.WriteLine("変換成功");
        }
        else
        {
            Console.WriteLine("変換失敗");
        }
        Console.WriteLine("a={0}", a);
    }
}
```

意図した結果

```
変換失敗
a=123
```

実際の実行結果

```
変換失敗
a=0
```

The SPECIAL ……「すぐできますよ」——安請け合いは怪我のもと

1時間もあればすぐできる作業だから簡単だと思っていると思わぬしっぺ返しを食う場合がある。

急ぎの用件が2つ3つ割り込んできたら、いつまでたっても「1時間でできること」を行う1時間を確保できないかもしれないのだ。

しかし、依頼した相手は1時間後には仕上がってくると期待している。

安請け合いは怪我のもとだ。

傷口が広がらないうちに謝っておこう。

Episode 12

違う型への代入

グラマーちゃん たいへんよ。コンパイルエラーも出ないし、例外も出ないけれど、結果がおかしくなってしまったの。

ドビン ソースコードを見せてごらん。

グラマーちゃん これよ。

```
using System;

class Program
{
    private static void sub(int a)
    {
        byte b = (byte)a;
        Console.WriteLine(b);
    }
    static void Main(string[] args)
    {
        sub(1);
    }
}
```

実行結果

```
1
```

ドビン どこもおかしくないように見えるけど。

グラマーちゃん これをね、次のように書き換えたのよ。修正はたったそれだけ。

Mainメソッドの修正

```
        sub(1234);
```

実行結果

```
210
```

ドビン 1234を指定したのに210が出てきたね。
グラマーちゃん また怪人バグールの仕業なのね？
ドビン この場合は僕でも原因がわかるぞ。byte型は255までしか表現できないのに1234のような大きな値を強引に入れたからだ。
グラマーちゃん ダメなの？
ドビン ダメだよ。
グラマーちゃん コンパイルエラー出てないわよ。
ドビン ダメなものはダメ。
グラマーちゃん 実行時例外出てないわよ。
ドビン バッドマン助けて！

checked案

ドビン （♪♪～）あ、クラリネットの音が。
グッドマン バッドマンなんかに頼るな。わたしが解決してあげよう。
ドビン 解決できるんですか？
グッドマン 当然だ。グラマーちゃんがいう**実行時例外出てないわよ**はもっともな苦情だ。ならば出るようにすればいい。
ドビン どうするんですか？
グッドマン checked文で囲むのだ。

```
    private static void sub(int a)
    {
        checked
        {
            byte b = (byte)a;
            Console.WriteLine(b);
        }
    }
```

グラマーちゃん するとどうなるのですか？
グッドマン オーバーフローの例外が起きるようになり、問題があることが判明する。
ドビン どこで例外が起きているのですか？
グッドマン キャストだ。(byte) という部分だ。変数 a の値は byte 型の表現可能な範囲を超えているからね。キャストは失敗する。
ドビン では、直し方は？
グッドマン 1234 ではなく、byte 型に変換可能な 0 から 255 までの値を使いたまえ。
グラマーちゃん わたしは 1234 を渡したいの！
グッドマン えっ？

キャスト排除案

バッドマン グッドマン破れたり！
ドビン バッドマン！
バッドマン この場合の問題の本質は、例外が起きないことではない。型を混用していることなのだ。
グラマーちゃん 混用って何ですか？
バッドマン この場合、値を格納するローカル変数が byte 型なのに、引数は int 型なのだ。表現力が違う型を交ぜたので、どうしても型の不一致が生じる場所にキャストが要求されてしまった。そこが問題の本質なのだ。
ドビン キャストがダメなのですか？
バッドマン キャストは型の不整合を解決するが、値の不整合まで解決してくれるわけではない。使わないで済むキャストは使わないようにするのが基本。それだけでバグは減らせる。
ドビン 具体的にどうすればいいですか？
バッドマン この場合、int で一貫するか byte で一貫するかを決める。1234 を使いたいなら byte で一貫させるという選択肢はない。
ドビン byte 型は最大 255 だからですね。
バッドマン そうだ。そうしたら、byte は int に置き換えてキャストは取る。

```
using System;

class Program
{
```

```
    private static void sub(int a)
    {
        int b = a;
        Console.WriteLine(b);
    }
    static void Main(string[] args)
    {
        sub(1234);
    }
}
```

実行結果

```
1234
```

グラマーちゃん わあ。指定した値が出ました。これでいいんですね。

キャストは排除できるか？

グッドマンとバッドマン、正しいのはどちらだろうか？

取れるキャストは取ったほうがよいというバッドマンの意見はもっともだ。誰だろうと、無駄な入力はしたくない。単に型を統一するだけでキャストが取れるなら取ったほうがよい。

しかし、**キャストには、取れるキャストと取れないキャストがある**。

自分には手出しができない外部のライブラリから int 型で渡され、自分には手出しができない別のライブラリが byte 型で値をよこせと要求するなら、どうしても int 型から byte 型に変換する必要が発生する。つまりキャストだ。どうしても不可避なキャストを入れて、万一のオーバーフロー発生時は例外を出させるなら、グッドマン方式も悪くない。その場合、グラマーちゃんは 1234 を渡したいと思っても渡せない。変更できない外部のライブラリが byte 型の値しか受け入れないなら、その型で表現可能な値を渡す必要がある。

だから、今回の結果は引き分けとしよう。

どちらの解決策も有意義だが、使い分ける必要がある。

問題

　怪人バグールがまたバグを仕込んできたぞ。グッドマン、バッドマンに成り代わり、君がバグを探してくれたまえ。

　as 演算子は変換できないとき例外を投げる代わりに null を返すと聞いたのでキャストする代わりに使ってみたがうまく動かなかった。

```
using System;

class Program
{
    static void Main(string[] args)
    {
        int a = 256;
        byte b = a as byte;
        if (b == null)
            Console.WriteLine("null");
        else
            Console.WriteLine(b);
    }
}
```

意図した結果

```
null
```

実際の結果

```
(コンパイルエラー)
```

The Adventures of GOODMAN + BADMAN with Dobin + Glamour in Zero-Sum City

Episode 13

何もしないオブジェクト

グラマーちゃん ソースコードを見ていたら、何もしないオブジェクトを発見してしまいました。

ドビン 何もしないオブジェクト？　そもそもソースコードに書く意味がないんじゃないか？

グラマーちゃん でも書いてありました。

ドビン 見せてごらん。

グラマーちゃん これが関係する個所だけの抜粋です。

```
using System;

interface IReportBase
{
    void Outout(string s);
}

class NoReport: IReportBase
{
    public void Outout(string s)
    {
    }
}

class Program
{
    static void Main(string[] args)
    {
        IReportBase report = new NoReport();
        report.Outout("Hello World!");
    }
```

```
}
```

ドビン　確かに実行しても何も出力しないね。
グラマーちゃん　でしょ？

抜粋ミスはあるか？

ドビン　(♪♪♩～）あ、クラリネットの音が。
グッドマン　わたしには見える。怪人バグールが出たぞ。この抜粋は間違っている。
グラマーちゃん　ソースコードも見ないでなぜ断言できるのですか？
グッドマン　決まっている。これだけなら何の機能も発揮しないからだ。推理で足りないコードを書き足してみよう。

```
using System;

interface IReportBase
{
    void Outout(string s);
}

class NoReport: IReportBase
{
    public void Outout(string s)
    {
    }
}

class ConsoleReport : IReportBase
{
    public void Outout(string s)
    {
        Console.WriteLine(s);
    }
}

class Program
{
    static void Main(string[] args)
    {
```

```
        IReportBase[] reports = { new NoReport(), new ConsoleReport() };
        foreach (var report in reports)
        {
            report.Outout("Hello World!");
        }
    }
}
```

実行結果

```
Hello World!
```

グラマーちゃん ConsoleReportクラスが増えて出力するようになりましたが、NoReportクラスには依然として機能がありませんよ。

グッドマン だから、そのようなクラスは取り去ってnull値に置き換えたほうが効率がいいのだ。

ドビン 機能がないから取り去ってもかまわないわけですね。

```
using System;

interface IReportBase
{
    void Outout(string s);
}

class ConsoleReport : IReportBase
{
    public void Outout(string s)
    {
        Console.WriteLine(s);
    }
}

class Program
{
    static void Main(string[] args)
    {
        IReportBase[] reports = { null, new ConsoleReport() };
        foreach (var report in reports)
```

```
            {
                if (report != null) report.Outout("Hello World!");
            }
        }
    }
```

グッドマン　この変更によって IReportBase インターフェースを実装するクラスが1つきりになったのなら、これを取り去ることもできる。そうすれば、ソースコードがかなりすっきりするぞ。

グラマーちゃん　短いソースは正義なのですね。

グッドマン　そうだ。**短ければバグが入り込む余地が少なくなるし、読み書きも楽になるぞ。**

デザインパターンの問題

バッドマン　ちょっと待った！

ドビン　あ、また遅刻ですよ、バッドマン。

バッドマン　何も実行するコードを持っていない NoReport クラスを取ってはいかんぞ。それはなくても同じなのではなく、**何もしない**という機能を与えられているのだ。

グラマーちゃん　何もしないことが機能なんですか？

バッドマン　そのとおりだ。このプログラムの設計は、**出力先ごとにクラスが用意されていて、それらを簡単に切り替えて使用できることを目標としている。**しかし、出力先を選ぶだけではなく、**出力先無し**という選択肢も必要とされる場合が多い。そのときに選択可能なクラスとして用意されているのだ。

ドビン　null じゃダメなんですか？

バッドマン　ダメだ。null 値を参照してしまうと、NullReferenceException 例外が発生してしまう。

ドビン　if でチェックして null ではないときだけ利用すれば……。

バッドマン　if 文によるチェックは間違いやすいし、数が増えると煩雑になりすぎる。

グラマーちゃん　どうすればいいんですか ?!

バッドマン　それがデザインパターンでいうところの **NULL オブジェクト**というテクニックだ。何もしないクラスを用意して呼び出しても何も起こらないようにする。

ドビン **null値を使わずに、例外を起こさない無効の値を定義する**わけですね。

バッドマン そうだ。これはifでnull値をチェックしないで何もしない選択肢を提供するテクニックだ。

ドビン つまり、次のクラス定義は意味があるわけですね。

```
class NoReport: IReportBase
{
    public void Outout(string s)
    {
    }
}
```

バッドマン そのとおり。これは機能が何もないのではなく、何もしないという機能を持っているわけだ。

nullの迷宮

グッドマンとバッドマン、正しいのはどちらだろうか？

これは**考え方次第**なので、どちらが正しいともいえない。

言語仕様で提供された無効値はnullだが、デザインパターンの考え方に則って取り組むなら何もしないオブジェクト（NULLオブジェクト）を使うのもありだ。

ただし、1つだけ確実にいえることがある。

何もしないクラスなどがあったとしても、除去してよいとはかぎらないということだ。

では、null値とNULLオブジェクトはどういう場合に使い分ければよいのだろうか？

null値

- 値がnullかどうか、判定する頻度は少ない

NULLオブジェクト

- 型がnullを許容しない型（構造体）であり、null許容型も使用できない
- 値がnullかどうか判定する頻度が高い

ただし、DateTime型のような既存の型を使用する場合は、構造体なのでnull値は許容されていないが、何もしないオブジェクトは提供できないので、どちらのテクニックも使用できないという最悪の状況に陥る。その場合は最小値（DateTime.MinValue=0001/01/01 00:00:00）のような値を無効値と見なすような対策が必要だが、

本当にその日付時刻が必要とされる場合は問題が起きてしまう。その場合の対策は、null 許容型を使用して DateTime? に型を変更するしかないが、もし、変更が不可能ならお手上げとなる。

問題

怪人バグールがまたバグを仕込んできたぞ。グッドマン、バッドマンに成り代わり、君がバグを探してくれたまえ。

ただし、すべての条件判断文の使用が禁止されている。

```
using System;

class Program
{
    private static void sub(Action act)
    {
        act();
    }
    static void Main(string[] args)
    {
        sub(null);
        sub(() => { Console.WriteLine("Hello World!"); });
    }
}
```

意図した結果

```
Hello World!
```

実際の実行結果

（例外）

The Adventures of GOODMAN + BADMAN with Dobin + Glamour in Zero-Sum City

Episode 14

テストとモック

グラマーちゃん 単体テストの作成を頼まれていくつか書いたのだけど。

ドビン メソッドを呼び出して結果をチェックするコードを書いたのだね？

グラマーちゃん そうよ。でもね、いくつかうまく書けたので油断して、これでつまずいたの。

ドビン どれどれ？

グラマーちゃん **勤務時間ですか()** メソッドよ。

ドビン 現在時刻によって結果が変化するから True を返しても False を返しても正しいか間違っているかわからないね。

```
using System;

class Program
{
    private static bool 勤務時間ですか()
    {
        var h = DateTime.Now.Hour;
        return h >= 9 && h <= 17;
    }
    static void Main(string[] args)
    {
        if (勤務時間ですか())
            Console.WriteLine("勤務時間内ですよ");
        else
            Console.WriteLine("勤務時間外ですよ");
    }
}
```

モックを使え

ドビン （♪♪～） あ、クラリネットの音が。
グッドマン ふふふ。これはテスト初心者のFAQというものさ。
ドビン 対策はあるのですか？
グッドマン **モック**を使うのさ。
ドビン あ、ネットで『樫の木モック』という昔のアニメを見たことがあります。
グッドマン ああ、やっぱりダメだ。バッドマンは助手にどういう教育をしているのか？
ドビン 1960年代の『鉄腕アトム』からアニメのタイトルを全部暗唱できますよ。
グッドマン ダメだこりゃ。
グラマーちゃん ドビン、そこは『白蛇伝』からっていわないとダメなのよ。
グッドマン 2人とも違う！　モックはアニメとは関係ない。単体テストを作成する際に、本物のクラスを呼び出すとまずいケースがある。何かのリソースを変更してしまったり、取得できる値が決まっていないようなケースだ。そういう場合は、**処理をしたふりをして固定値を返すオブジェクトを用意できればテストが容易になる。その代理オブジェクトをモックと呼ぶ**のだ。
ドビン そんな便利なものが本当にあるのですか？
グッドマン モックを扱うライブラリは複数あるぞ。NMock、Moq、Microsoft Fakesなどだな。それぞれに特徴があるから、自分の要求と機能を見比べて自由に選びたまえ。

一意に結果が決まるメソッドを書け

バッドマン ちょっと待った！
ドビン まだ遅刻してきた。
バッドマン 日本最初のアニメは1917年の『芋川椋三玄関番の巻』といわれている。
ドビン それは話が違うと思います。
バッドマン おっと失礼。この場合の問題は、モックで力ずくで解決するのは感心しない。
グラマーちゃん ほかに方法があるのですか？
バッドマン もし単体テストを作成するなら、単体テストを作成しやすい仕様にしておくとトータルの手間が減らせるぞ。
グラマーちゃん 単体テストを作成しやすいメソッド、しにくいメソッドってあるんですか？

バッドマン あるぞ。

グラマーちゃん 具体例を見せてください。

単体テストを作成しやすいメソッドの例

```
private static int calcPrice(int count, int price)
{
    return count+price;
}
```

単体テストを作成しにくいメソッドの例

```
private static int calcPrice(int price)
{
    var s = Console.ReadLine();
    int count;
    int.TryParse(s, out count);
    return count+price;
}
```

グラマーちゃん 上の例はすぐ単体テストを書けますね。下の例は……普通に書いたら書けません。ユーザー入力を待って止まってしまいます。

グッドマン だからモックを使って Console クラスを置き換えるのだ。

バッドマン だが、こういう書き方を避けておけば、モックを使うまでもなくすぐ単体テストを書けるぞ。時間と手間が節約できる。使用しているライブラリに問題が出て作業が止まることもない。

ド ビ ン グラマーちゃんの例はどう書き直せばいいですか？

バッドマン 自分ならこう書く。

```
using System;

class Program
{
    private static bool 勤務時間ですか(DateTime now)
    {
        var h = now.Hour;
        return h >= 9 && h <= 17;
    }
```

```
    static void Main(string[] args)
    {
        if (勤務時間ですか(DateTime.Now))
            Console.WriteLine("勤務時間内ですよ");
        else
            Console.WriteLine("勤務時間外ですよ");
    }
}
```

グラマーちゃん あ、これならすぐ単体テストが書けます。

グッドマン その代わり、Main メソッドは単体テストがすぐ書けなくなったではないか？

バッドマン しかし、別のメリットもあるのだ。

グラマーちゃん どんなメリットですか？

バッドマン 現在時刻の取得機能をメソッド外に追い出したことで、このメソッドは現在時刻以外を根拠に判定可能になるのだ。変更前は**現在は勤務時間なのか**しか判定できないが、変更後は **1 時間後は勤務時間なのか**も判定可能になる。

モックの価値

グッドマンとバッドマン、正しいのはどちらだろうか？

モックを使用するとコーディング量も実行時間も増えるので、モックに依存しないメソッド設計を勧めるバッドマンには一理ある。しかし、すべてのメソッドで実践できるわけではなく、どうしても**モックを使用せずにはテストできないメソッドが発生してしまう**。その場合、それらのメソッドに対応する単体テストを諦めるか、それともモックを使用するか、選択を迫られてしまう。そうすると、グッドマンが勧めるとおりモックを使用することもよい選択だろう。

つまり、作成しなければならない単体テストは膨大なので、個々のテストの内容によってグッドマン説とバッドマン説を**うまく使い分けて対処していくのが正解**だ。そういう意味で今回はグッドマンとバッドマンに勝敗は付けられない。

ちなみに、バッドマンが説明する**もう 1 つのメリット**には注目する価値がある。**テストしにくい要素をメソッドから分離していくと、メソッドの適用可能範囲が拡大する可能性が高い。そうなるとメソッド数を減らせる可能性も出てくる**ので、ソースコードの体質改善につながる場合もある。

ソースコードの品質アップにつながる可能性もある。たかがテストのためにソースコードを書き換えることは嫌だと思わず、積極的に書き換えに対応してみよう。

問題

怪人バグールがまたバグを仕込んできたぞ。グッドマン、バッドマンに成り代わり、君がバグを探してくれたまえ。

次の単体テストはTestMethod2メソッドだけテスト実行すると成功するが、すべてのテストをまとめて実行すると失敗する。つねに成功するように直してほしい。

Class1.cs

```
namespace ClassLibrary1
{
    public class TempValue
    {
        public static int N = 0;
    }

    public class Class1
    {
        public int Met1()
        {
            return TempValue.N++;
        }
        public int Met2()
        {
            return TempValue.N++;
        }
        public int Met3()
        {
            return TempValue.N++;
        }
    }
}
```

UnitTest1.cs

```
using System;
using Microsoft.VisualStudio.TestTools.UnitTesting;
```

```
using ClassLibrary1;

namespace UnitTestProject1
{
    [TestClass]
    public class UnitTest1
    {
        Class1 obj = new Class1();
        [TestMethod]
        public void TestMethod1()
        {
            var r = obj.Met1();
            Assert.AreEqual(0, r);
        }
        [TestMethod]
        public void TestMethod2()
        {
            var r = obj.Met2();
            Assert.AreEqual(0, r);
        }
        [TestMethod]
        public void TestMethod3()
        {
            var r = obj.Met3();
            Assert.AreEqual(0, r);
        }
    }
}
```

The Adventures of
GOODMAN + BADMAN
with Dobin + Glamour
BAD
D
CRAAASH!
in Zero-Sum City

Part 3

LINQ編

The Adventures of GOODMAN + BADMAN with Dobin + Glamour in Zero-Sum City

Episode 1

FirstとFirstOrDefault どっちを使う?

グラマーちゃん たいへんよ。
ド ビ ン どうしたんだい?
グラマーちゃん 開発チームがFirst派とFirstOrDefault派に分かれて大喧嘩よ。
ド ビ ン LINQのメソッドだね。シーケンスの最初の1つの要素を取得するメソッドだね。
グラマーちゃん でも、2つあるでしょ? どちらを使うかで意見が割れちゃったのよ。
ド ビ ン 機能を比較してみよう。

First メソッド

- シーケンスの最初の1つの要素を取得する
- 最初の1つの要素が存在しないときは例外を発生させる

FirstOrDefault メソッド

- シーケンスの最初の1つの要素を取得する
- 最初の1つの要素が存在しないときは型のデフォルト値(参照型ならnull)を返す

ド ビ ン 違うのは発見できなかったときに、例外になるか型のデフォルト値を返すかだけだね。
グラマーちゃん そうなのよ。でも、たったそれだけのことで意見が割れてしまって……。
ド ビ ン (♪♪♪~) あ、クラリネットの音が。
グッドマン わたしがFirst派の代表として堂々と意見を述べよう。

First派の言い分

グッドマン ドビン君の比較には重要な要素が欠落している。

ドビン 僕は何かを見落としましたか？

グッドマン そうだ。First なら 5 文字だが、FirstOrDefault は 14 文字にもなる。2 倍以上だ。**書きにくく読みにくい。**まあインテリセンスを使えば書きにくさはないかもしれないが、読みにくさは残る。

グラマーちゃん でも、例外は重い処理だから避けたほうがいいと教わりました。

グッドマン グッドクエスチョンだ。確かに例外は避けたい。しかし、シーケンスの先頭の値を取得する際、目的の要素が存在するかしないかわかっていない場合もあるが、**あるとわかっている場合も多い。**その場合、存在しなかった場合の振る舞いを比較する意味はない。そもそも、起こりえないケースだからね。残った違いはメソッド名の文字数だけだ。この場合は文字数が少ないほうがいいから First のほうがいいのだ。

ドビン 確実に要素があるとわかっているケースとはどんなケースですか？

グッドマン こういう使い方をした場合だよ。

```
using System;
using System.Linq;

class Program
{
    static void Main(string[] args)
    {
        for (; ; )
        {
            var s = Console.ReadLine();
            if (string.IsNullOrWhiteSpace(s)) return;
            Console.WriteLine("ズバリ、あなたの名前の先頭の1文字は
                                        ➥{0}でしょう。", s.First());
        }
    }
}
```

実行例（名前の入力次第で結果は変化する）

```
Gihyo
ズバリ、あなたの名前の先頭の1文字はGでしょう。
(改行のみ)
(終了)
```

グラマーちゃん なぜこれで例外は起きないのですか？

グッドマン もしFirstメソッドで取得できる文字が存在しないときは、ループを終了してプログラムを終了するときなので、そのまま終了してしまう。もはやFirstメソッドは実行されないのだ。

ドビン なるほど。それなら例外の問題は忘れてもよさそうですね。

グラマーちゃん 名前が短い分だけFirstメソッドが有利ですね。

FirstOrDefault派の言い分

バッドマン ちょっと待った！ わたしにも意見をいわせろ。

ドビン 遅刻ですよ、バッドマン。

バッドマン わたしがFirstOrDefault派の言い分を代弁しよう。

グラマーちゃん First派に分があるように見えますけど。FirstOrDefault派は勝てるのですか？

バッドマン そうだ。こう使えば話は別なのだ。

```
using System;
using System.Linq;

class Program
{
    static void Main(string[] args)
    {
        for (; ; )
        {
            var s = Console.ReadLine();
            if (string.IsNullOrWhiteSpace(s)) return;
            var ch = s.FirstOrDefault(c => char.IsNumber(c));
            if (ch == default(char))
                Console.WriteLine("ありません。");
            else
                Console.WriteLine("ズバリ、最初の数字文字は{0}でしょう。", ch);
        }
    }
}
```

実行例（文字列の入力次第で結果は変化する）

```
CV880
ズバリ、最初の数字文字は8でしょう。
Gihyo
ありません。
（改行のみ）
（終了）
```

ドビン　何が違うのですか？

バッドマン　First または FirstOrDefault メソッドを呼んだとき、引数無しの場合は結果が得られることがわかっていることも多い。ところが、引数を付けて条件を厳しくするとその条件に合致する文字があるか否かは不詳であることが多い。つまり、**見つからないというケースが多発する**。それを例外で処理していては重くなってしまう。

グラマーちゃん　多発するなら、**例外を起こすよりも型のデフォルト値を返したほうが好ましい**ということですね。

バッドマン　そうだ。そのほうが負荷がかからず好ましい。

正しいのはどっちだ？

グッドマンとバッドマン、正しいのはどちらだろうか？

実はどちらの言い分にも一理ある。

この勝負は引き分けだ。

そして、考えるべきことは**どちらがよいか**ではなく、**適材適所の使い分け**だ。グッドマンがいうとおり、絶対に対象の要素があることがわかっていれば、First を使ったほうが名前が短くてよい。しかし、バッドマンがいうとおり、要素が見つからない可能性がある場合は名前が長くとも FirstOrDefault を使ったほうが有利だ。

ちなみに、**Last** と **LastOrDefault**、**Single** と **SingleOrDefault** の間にも同じような問題は存在する。わざわざバリエーションが存在するのには意味がある。適材適所で使い分けよう。

問題

怪人バグールがまたバグを仕込んできたぞ。グッドマン、バッドマンに成り代わり、君がバグを探してくれたまえ。

なお、このプログラムは、文字列の文字数分だけループを回しているので、文字が見つからないことはありえないと考えて書かれている。ちなみに、Skip は LINQ のメソッドで引数の値だけシーケンスを読み飛ばす。

```
using System;
using System.Linq;

class Program
{
    static void Main(string[] args)
    {
        var s = "Hello World!";
        for (int i = 0; i <= s.Length; i++)
        {
            var ch = s.Skip(i).First();
            Console.Write(ch);
        }
    }
}
```

意図した結果

```
Hello World!
```

実際の実行結果

```
（例外）
```

The Adventures of GOODMAN + BADMAN with Dobin + Glamour in Zero-Sum City

Episode 2

FirstとSingle どっちを使う?

グラマーちゃん たいへんよ。

ドビン どうしたんだい？

グラマーちゃん 開発チームが **First** 派と **Single** 派に分かれて大喧嘩よ。

ドビン またかよ。

グラマーちゃん このプログラムを見てよ。First を使っても Single を使っても結果は同じでしょ？

```
using System;
using System.Linq;

class Program
{
    static void Main(string[] args)
    {
        var s = "Hello World!";
        Console.WriteLine("この文字列に含まれる記号は{0}です。",
                                        ➥s.First(c => char.IsPunctuation(c)));
        Console.WriteLine("この文字列に含まれる記号は{0}です。",
                                        ➥s.Single(c => char.IsPunctuation(c)));
    }
}
```

実行結果

```
この文字列に含まれる記号は!です。
この文字列に含まれる記号は!です。
```

ドビン 確かにどちらを使っても同じ結果になるね。

グラマーちゃん でしょでしょ？
ド ビ ン でもさ。機能が違うじゃないか。

- **First メソッド**：条件に合致する最初の 1 つを得る
- **Single メソッド**：条件に合致する値が 1 つしか存在しないことを確認してその値を得る

グラマーちゃん もちろんよ。問題は目的の値が 1 つしかないとわかっているときよ。その場合はどっちを使えばいいの？
ド ビ ン ええと……助けてバッドマン！
グラマーちゃん (♪♪♪～) あ、クラリネットの音よ。

First派の言い分

グッドマン 遅刻魔のバッドマンなどほうっておけ。ちゃんとグッドマンが解決してあげよう。
グラマーちゃん 解決してください。
グッドマン 結果は同じだと思うのは大間違いだ。実は**実行時間が大違い**だ。
ド ビ ン 本当ですか？
グッドマン 次の例をみたまえ。

```
using System;
using System.Linq;

class Program
{
    static void Main(string[] args)
    {
        var enumObj = Enumerable.Range(0, 1000000000);
        var start1 = DateTime.Now;
        var a = enumObj.First(c => c == 1);
        Console.WriteLine(DateTime.Now - start1);
        var start2 = DateTime.Now;
        var b = enumObj.Single(c => c == 1);
        Console.WriteLine(DateTime.Now - start2);
    }
}
```

実行結果（実行するごとに変化する。環境によっても変化する）

```
00:00:00
00:00:15.8904326
```

グッドマン このとおり、First を使うと実行時間はほとんど数字に出てこないほど短いが、Single を使うと 15 秒もかかっている。

グラマーちゃん この差は歴然ですね。

ドビン これは勝負が付いちゃった感じがありますね。

Single派の言い分

バッドマン ちょっと待った！

グッドマン 出たな遅刻魔。

バッドマン 君たちは「バリデーション」という言葉の意味を知っているかね？

グラマーちゃん 辞書を引いてみます。「確認、承認、妥当性確認」ですか？

バッドマン そうだね。世の中には**バリデータ**という種類のプログラムが存在する。**ファイルの中身を検証して妥当か否かをチェックする。**

ドビン でも、あらかじめ正しいデータが来るとわかっている場合には意味がありませんよね？

バッドマン それは認識違いだぞ。人は間違う。それに、隙があれば犯罪者が異常データを挿入しようとする。そもそも通信回線でデータが化けることもある。ファイルシステムもデータが化けるケースがある。正しいデータを作成して送り込むことを前提として開発していることと、プログラムが受け取るデータが正しいことはイコールではない。

グラマーちゃん じゃあ、検証は必要なのですか？

バッドマン そうだ。データが 1 つしかないことがわかっている状況で Single メソッドを使うメリットは何か？　それは、**データが 1 つしか存在しないことを検証してくれる**からだ。

ドビン 具体例を見せてください。

バッドマン 次の例は、係員が間違って同じ番号を発行してしまった場合だ。ID が 3 の人が当選者なのだが、2 人出現してしまっている。このときの挙動の差を見てくれ。

```
using System;
using System.Linq;
```

```
class Program
{
    class Person
    {
        internal int Id;
        internal string Name;
    }
    static void Main(string[] args)
    {
        Person[] ar =
        {
            new Person(){ Id =1 , Name = "たろう" },
            new Person(){ Id =2 , Name = "はなこ" },
            new Person(){ Id =3 , Name = "じろう" },
            new Person(){ Id =3 , Name = "さぶろう" },
        };
        int 当選者Id = 3;
        Console.WriteLine("{0}さんの当選です!",
                                          ➥ar.First(c => c.Id == 当選者Id).Name);
    }
}
```

実行結果

```
じろうさんの当選です!
```

グラマーちゃん あ、First メソッドだとさぶろうさんの当選が無効になっている。

バッドマン そのとおり。First メソッドは最初の 1 つを発見した時点で処理を終えてしまうからだ。その後に何があっても無視する。

ド ビ ン Single メソッドに置き換えても例外ですよ。

バッドマン そのとおり。だが、この場合はそもそもデータが間違っているので例外になるのが妥当だ。例外になれば何かが間違っていることになるので調べることになるだろう。そこで、本来 1 人にだけ出すべき当選を 2 人に出してしまったことがわかれば、あとは対処可能だ。

グラマーちゃん わかりました。First メソッドだと間違ったままエラーも出ないで進行するが、Single メソッドだと少なくとも間違ったままの進行は抑えられるわけですね。

正しいのはどっちだ？

グッドマンとバッドマン、正しいのはどちらだろうか？
スピード重視ならグッドマンが正しい。
安全性重視ならバッドマンが正しい。
そういう意味で両者は引き分けだ。
場合によっては次のように書いてしまうのもありだろう。

```
#if DEBUG
        Console.WriteLine("{0}さんの当選です!",
                              ➥ar.Single(c => c.Id == 当選者Id).Name);
#else
        Console.WriteLine("{0}さんの当選です!",
                              ➥ar.First(c => c.Id == 当選者Id).Name);
#endif
```

なぜこうするのかといえば、デバッグ中は誤ったデータを受け取りやすくして検証したほうがバグを発見しやすいが、実運用時は速いほうが喜ばれるからだ。

しかし、ネットワークや人力による作業が介在すると、誤ったデータ、壊れたデータを受け取る機会は増えるので、実運用であってもやはり検証はあったほうが安全だろう。致命的な問題を発生させたまま進行させなくて済む。

問題

怪人バグールがまたバグを仕込んできたぞ。グッドマン、バッドマンに成り代わり、君がバグを探してくれたまえ。

このプログラムでは例外は嫌なので、Single メソッドの代わりに型のデフォルト値を返す SingleOrDefault メソッドを使ってみたにもかかわらず例外が起きる。

```
using System;
using System.Linq;

class Program
{
    static void Main(string[] args)
    {
```

```
        var s = "Hello";
        int ch = s.SingleOrDefault(c=>c == 'l');
        Console.WriteLine(ch);
    }
}
```

意図した結果

```
0
```

実際の実行結果

```
（実行時例外）
```

The SPECIAL …… 1人で何でも抱え込まない

簡単にできそうな問題なら、つい**すぐできますよ**といってしまうかもしれない。君に向いた作業があれば、**これをやるゆとりある？**と質問されて、つい**はい**と答えてしまうこともあるだろう。

しかし、1人で抱え込むことはよくない。

ならば、数人のチームでなら抱え込んでもよいのだろうか？

それなら、ずっとマシだ。

なぜなら、チーム内の手空きの人が残された問題に挑戦できるからだ。

The Adventures of GOODMAN + BADMAN with Dobin + Glamour in Zero-Sum City

Episode 3

OrderByとSort どっちを使う？

グラマーちゃん　たいへんよ。
ドビン　どうしたんだい？
グラマーちゃん　開発チームが **Sort** 派と **OrderBy** 派に分かれて大喧嘩よ。
ドビン　またかよ。宗教戦争かよ。
グラマーちゃん　ソートしてくれるのはどちらも同じでしょ？
ドビン　また怪人バグールに狙われるぞ。
グラマーちゃん　そういわないで、この２つのソースコードのどちらがいいか判定してよ。

Sort版

```
using System;
using System.Linq;

class Program
{
    private static void sortAndOutput(int [] ar)
    {
        Array.Sort(ar);
        foreach (var item in ar) Console.Write(item);
    }

    static void Main(string[] args)
    {
        int[] ar = { 3, 1, 2 };
        sortAndOutput(ar);
    }
}
```

OrderBy版（sortAndOutputメソッドのみ差し替え）

```
private static void sortAndOutput(int [] ar)
{
    foreach (var item in ar.OrderBy(c=>c)) Console.Write(item);
}
```

実行結果

```
123
```

遅延実行の罠

ドビン　たまには遅刻しないで来てよ、バッドマン。
バッドマン　そういわれると思って天井裏で寝ていたよ。とう！ Whomp!（ドタ！）
ドビン　ならば話はすべて聞きましたね？
バッドマン　いや。寝てた。
グラマーちゃん　クラリネットの音はまだかしら？
バッドマン　わかったわかった。説明しよう。
ドビン　答えはあるのですか？
バッドマン　あるとも。それは**遅延実行のリスク**だ。ソースコードをこう直すとよくわかる。

```
private static void sortAndOutput(int[] ar)
{
    var q = ar.OrderBy(c => c);
    foreach (var item in q) Console.Write(item);
    Console.WriteLine();
    Console.WriteLine("{0}個の項目がありました。", q.Count());
}
```

実行結果

```
123
3個の項目がありました。
```

ドビン　単に個数を報告する機能が増えただけに見えますが。

バッドマン いいや違うね。実は**ソートが2回実行されている**のだ。
グラマーちゃん OrderByは1つしか書いていませんよ。
バッドマン そこが罠だ。実は、クエリは遅延実行されるので、すぐには実行されない。
ドビン いつ実行されるのですか？
バッドマン このサンプルソースの場合、foreach文とCountメソッドの実行時だ。
グラマーちゃん それに意味があるの？
バッドマン ソートは重い処理だからね。データ量が増えるとかなり待たされる可能性がある。**ソートの回数は減らせるなら減らしたほうがいい**よ。
ドビン じゃあどう書けばいいのですか？
バッドマン Sortメソッドを利用してこう書くのさ。

```
private static void sortAndOutput(int[] ar)
{
    Array.Sort(ar);
    foreach (var item in ar) Console.Write(item);
    Console.WriteLine();
    Console.WriteLine("{0}個の項目がありました。", ar.Count());
}
```

バッドマン これで、確実にソート処理は1回だけしか実行されない。
ドビン データ量が多いときはこれで軽くなりますね。
グラマーちゃん (♪♪♩〜) あ、この音はクラリネット。
グッドマン ちょっと待て。人がいい気持ちで昼寝していれば好き放題してくれるな。
ドビン あんたも寝てたのか。

破壊的変更処理の罠

グッドマン Sortメソッドはもとのデータを破壊して入れ替える。しかし、OrderByメソッドは破壊しない。そのため、このようなソースコードは問題を起こしやすい。後から使おうと思ったら並び順が変わってしまうのだ。これを見たまえ。

```
using System;
using System.Linq;
```

```
class Program
{
    private static void sortAndOutput(int[] ar)
    {
        Array.Sort(ar);
        foreach (var item in ar) Console.Write(item);
    }

    static void Main(string[] args)
    {
        int[] ar = { 3, 1, 2 };
        sortAndOutput(ar);
        Console.WriteLine();
        Console.WriteLine("元データは:");
        foreach (var item in ar) Console.Write(item);
    }
}
```

意図した結果

```
123
元データは:
312
```

実際の実行結果

```
123
元データは:
123
```

グッドマン もし、Sort版ではなくOrderBy版を利用すれば、このような意図と実際の食い違いは起こらない。もとのデータを書き換えるわけではないからだ。

グラマーちゃん 後のことまで考えれば、OrderBy版のほうがいいわけですね。

正しいのはどっちだ？

グッドマンとバッドマン、正しいのはどちらだろうか？

結論からいえばどちらにも理がある。

グッドマンの意見は、**影響範囲を限定することで、意図しない挙動を抑止するために有効**だ。

一方で、バッドマンの意見は**実行速度に影響を与える**。

つまり、安全重視かスピード重視かだ。

一見安全重視のほうがよいように見えるが、限られた資源で可能なかぎり多くのリクエストをさばくには、速度重視のチューニングが要求されることもある。

結局、グッドマンの意見がやや優勢だが、大筋では甲乙を付けがたく、ここは引き分けにしておこう。

問題

怪人バグールがまたバグを仕込んできたぞ。グッドマン、バッドマンに成り代わり、君がバグを探してくれたまえ。書き換えてよいのは※の行のみとする。

```
using System;
using System.Collections.Generic;
using System.Linq;

class Program
{
    static void Main(string[] args)
    {
        List<int> ar = new List<int>() { 3, 1, 2 };
        ar.Sort();  // ※
        ar.Add(0);
        foreach (var item in ar) Console.Write(item);   // ※
    }
}
```

意図した結果

```
0123
```

実際の実行結果

```
1230
```

The Adventures of GOODMAN + BADMAN with Dobin + Glamour in Zero-Sum City

Episode 4

配列とIEnumerable<T>どっちを使う?

グラマーちゃん たいへんよ。

ド ビ ン どうしたんだい?

グラマーちゃん 開発チームが**配列**派と **IEnumerable<T>** 派に分かれて大喧嘩よ。

ド ビ ン そういう宗教戦争の話はやめないか? それはもう終わった話だよ。

グラマーちゃん どう終わっているの?

ド ビ ン データを配列で受け渡すのは古いスタイル。いまは IEnumerable<T> のような**列挙インターフェース**で渡すべきなんだよ。

グッドマン ちょっと待った!

グラマーちゃん あなたは呼んでもいないのに来るグッドマン!

グッドマン これでも正義のヒーローなんだから喜べよ。

ランダムアクセス性という問題

グッドマン **列挙インターフェースにはランダムアクセス性がない。**シーケンシャルアクセスオンリー。しかも**後退ができない。**

グラマーちゃん ランダムアクセス性って何ですか? シーケンシャルアクセスって何ですか? 後退って何ですか?

グッドマン こういうことだ。

- **ランダムアクセス**:順番に関係なくすぐ利用できる。いきなり最後の1つをくれといってもすぐに得られる
- **シーケンシャルアクセス**:先頭から順番に利用する。いきなり最後の1つは得られない。最初から順番で並び、列は乱さない
- **後退**:シーケンシャルアクセスをしていると**あ、行き過ぎちゃった**という場合がある。そのときは巻き戻しできる

ド ビ ン 分類するとどうなりますか?

グッドマン うむ。データの塊を利用する方法は主に次の３つに分類できる。

- **ランダムアクセス**
- **後退可能なシーケンシャルアクセス**
- **後退不可能なシーケンシャルアクセス**

ドビン つまり、**順番に関係なく利用したい場面では、ランダムアクセスが最も使いやすい**わけですね？

グッドマン そうだ。しかし、列挙インターフェースは**後退不可能なシーケンシャルアクセス**であって、使い勝手があまりよろしくない。

グラマーちゃん でも、ElementAtとかElementAtDefaultのようなメソッドで、インデックス番号を指定できますよ。

グッドマン それが罠なのだ。それらは、あくまで**シーケンシャルアクセスを利用してランダムアクセスに見せかけているだけなので、処理時間に無駄が多い**のだ。逆に、**配列は本物のランダムアクセスが可能**だ。両者の処理時間を比較してみよう。

```
using System;
using System.Collections.Generic;
using System.Linq;

class Program
{
    static void Main(string[] args)
    {
        const int size = 1000000;
        const int count = 100000000;
        var ar = new int[size];
        ar[size- 1] = 999;
        var start1 = DateTime.Now;
        for (int i = 0; i < count; i++)
        {
            var n = ar.ElementAtOrDefault(size - 1);
        }
        Console.WriteLine(DateTime.Now-start1);
        var start2 = DateTime.Now;
        for (int i = 0; i < count; i++)
        {
            var n = ar[size - 1];
```

```
        }
        Console.WriteLine(DateTime.Now - start2);
    }
}
```

実行結果（数字は環境やタイミングで変化する）

```
00:00:04.7818471
00:00:00.2020118
```

グラマーちゃん スピードは配列の圧勝ですね。
グッドマン そうだ。シーケンシャルに使うときはいいが、ランダムアクセス性が要求されるときは、配列を渡したほうがいい場合もあるのだぞ。時代遅れといわず、配列の良さも見直そう。

無駄と自由度

バッドマン ちょっと待て。バッドマンがいま遅刻の底から舞い戻ったぞ。
ドビン それをいうなら地獄の底でしょう？
グラマーちゃん もしや、遅刻してもいいたいことがあるのですか？
バッドマン そうだっ！
グラマーちゃん 何をいいたいわけですか？
バッドマン 配列を使ったほうが速いケースがあるというのはそのとおりだ。しかし、**配列化するためのコスト**をきちんと考えていない。次は配列化に時間を使われすぎて配列の利用が遅くなるケースだ。

```
using System;
using System.Collections.Generic;
using System.Linq;
using System.Threading.Tasks;

class Program
{
    private static IEnumerable<int> enumSample()
    {
        yield return 1;
        Task.Delay(1000).Wait();
```

```
        yield return 2;
    }
    static void Main(string[] args)
    {
        var start1 = DateTime.Now;
        var q = enumSample();
        var r1 = q.First();
        Console.WriteLine(DateTime.Now - start1);
        var start2 = DateTime.Now;
        var ar = enumSample().ToArray();
        var r2 = ar[0];
        Console.WriteLine(DateTime.Now - start2);
    }
}
```

実行結果

```
00:00:00
00:00:01.0312839
```

ドビン なぜ遅くなるのですか？

バッドマン それはバッド クエスチョンだ。

グラマーちゃん グッドクエスチョンのバッドマン流の言い換えね。

バッドマン おほん。この場合、重要なのは**列挙インターフェースを使用すると列挙の打ち切りが可能だ**という特徴が効いている点だ。

グラマーちゃん 具体的にはどこですか？

バッドマン ToArrayメソッドだ。このメソッドは配列化する機能を持っているが、すべてのデータが揃わなければ配列は完成しない。だから、そこで時間がかかる列挙オブジェクトを経由して時間がかかる処理を行って配列を完成させている。しかし、列挙インターフェースを経由して最初の1つを取得すると、2つ目以降を取得する意味がないので、そこで列挙を打ち切ってしまう。時間のかかる列挙は実行されない。

ドビン これは列挙インターフェースのほうが速い事例ですね。

正しいのはどっちだ？

グッドマンとバッドマン、正しいのはどちらだろうか？

配列と列挙インターフェースはどちらがよいのだろうか？
これはもう、**時と場合によりけり**としかいえない。
大ざっぱな傾向は次のようになる。

配列

- メモリは大量に消費する
- アクセスは速い
- 大きなメモリに適切な値を設定するには時間がかかるかもしれない

列挙インターフェース

- 少ないメモリで済む
- 利用には時間がかかる

結局、**どちらを使っても時間はかかるときにはかかる**。
ただ、**列挙インターフェースを使ったほうがマシ**という状況のほうが多いだろう。
そのような意味でバッドマンに軍配が上がるのだが、グッドマンも間違っているわけではないので、7対3でバッドマンやや優位ぐらいだろう。

問題

怪人バグールがまたバグを仕込んできたぞ。グッドマン、バッドマンに成り代わり、君がバグを探してくれたまえ。

```
using System;
using System.Collections.Generic;
using System.Linq;

class Program
{
    private static void enumSample(IEnumerable<int> e)
    {
        var ar = e.ToArray();
        ar[0] = 123;
    }
    static void Main(string[] args)
    {
        int[] ar = { 456 };
```

```
        enumSample(ar);
        Console.WriteLine(ar[0]);
    }
}
```

意図した結果

```
123
```

実際の実行結果

```
456
```

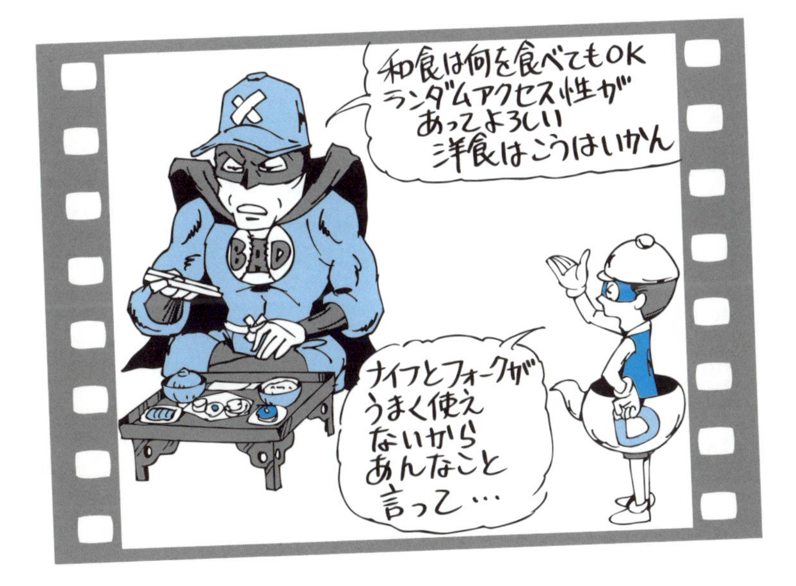

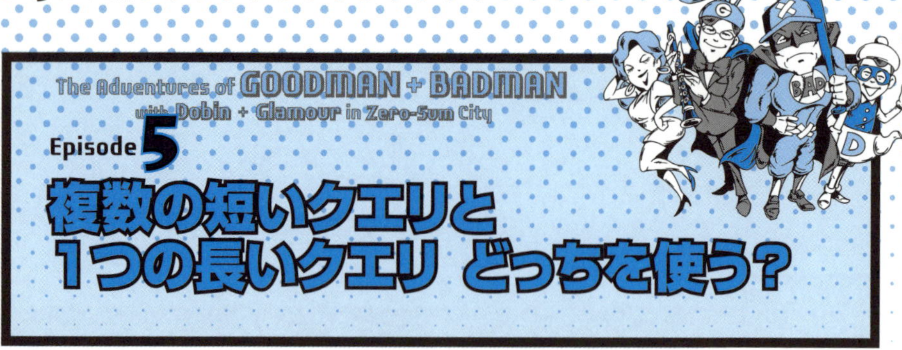

The Adventures of GOODMAN + BADMAN
with Dobin + Glamour in Zero-Sum City
Episode 5
複数の短いクエリと
1つの長いクエリ どっちを使う？

グラマーちゃん 助けてドビン。また怪人バグールにバグを仕込まれたの！

ドビン 今度は何だい？

グラマーちゃん 長いクエリ式よ！　会社の秘密に関係するからイメージをつかんでもらうために意味のない式を書いてみたわ。

ドビン うっ。これは読みたくなくなるほど長いね。

```
using System;
using System.Linq;

class Program
{
    static void Main(string[] args)
    {
        object[] ar = { 5, 3, 2, 4, 1, "Hello!" };
        var ar2 = ar.OfType<int>().Where(c => c >= 2).OrderBy(c => c).Skip(1).
                ➡Take(2).Select(c => c.ToString("C")).Reverse().ToArray();
        foreach (var item in ar2)
        {
            Console.WriteLine(item);
        }
    }
}
```

意図した結果

```
¥5
¥4
```

実際の実行結果

```
¥4
¥3
```

グラマーちゃん 助けてよドビン。バグはどこなの？
ドビン 読みたくないよ……こんな長い式。
グッドマン そうだろう。その問題をわたしが解決しよう。♪♪♪～
ドビン クラリネットの音が！

式を分割しよう

グッドマン 長いクラスは不許可である。長いメソッドは不許可である。当然長すぎる式も不許可である。
グラマーちゃん どうすればいいんですか？
グッドマン **式を分割する**のである。
ドビン 分割すると何がいいのですか？
グッドマン **計算の途中結果をチェック可能になる**のである。まずはこんなふうに長い式を分割する。

```
using System;
using System.Linq;

class Program
{
    static void Main(string[] args)
    {
        object[] ar = { 5, 3, 2, 4, 1, "Hello!" };
        var q1 = ar.OfType<int>();
        var q2 = q1.Where(c => c >= 2);
        var q3 = q2.OrderBy(c => c);
        var q4 = q3.Skip(1);
        var q5 = q4.Take(2);
        var q6 = q5.Select(c => c.ToString("C"));
        var q7 = q6.Reverse();
        var q8 = q7.ToArray();
        foreach (var item in q8)
        {
            Console.WriteLine(item);
```

```
        }
    }
}
```

ドビン それで？
グッドマン 次はこのように途中経過を見えるようにするのである。

```
using System;
using System.Linq;
using System.Collections.Generic;

class Program
{
    private static void dump<T>(string label, IEnumerable<T> en)
    {
        Console.Write(label + ": ");
        foreach (var item in en) Console.Write(item);
        Console.WriteLine();
    }
    static void Main(string[] args)
    {
        object[] ar = { 5, 3, 2, 4, 1, "Hello!" };
        IEnumerable<int> q1 = ar.OfType<int>();
        dump("q1",q1);
        var q2 = q1.Where(c => c >= 2);
        dump("q2", q2);
        var q3 = q2.OrderBy(c => c);
        dump("q3", q3);
        var q4 = q3.Skip(1);
        dump("q4", q4);
        var q5 = q4.Take(2);
        dump("q5", q5);
        var q6 = q5.Select(c => c.ToString("C"));
        dump("q6", q6);
        var q7 = q6.Reverse();
        dump("q7", q7);
        var q8 = q7.ToArray();
        foreach (var item in q8)
        {
            Console.WriteLine(item);
```

```
        }
    }
}
```

実行結果

```
q1: 53241
q2: 5324
q3: 2345
q4: 345
q5: 34
q6: ¥3¥4
q7: ¥4¥3
¥4
¥3
```

グッドマン この場合、結果にほしいのは5と4なのに、4と3になっていた。5と4ではなく4と3になった瞬間にこそバグールが潜んでいる。

グラマーちゃん あっ！ q4まではいいですがq5からおかしいんですね。

グッドマン そうだ。そこにバグールがいるぞ！

式を整理しよう

バッドマン ちょっと待った！

ドビン 毎度毎度遅刻ですよ。

バッドマン それは横に置こう。この場合、var q5 = q4.Take(2); という計算式にバグールは潜伏していないぞ。

ドビン バッドマンならどうやってバグールを探しますか？

バッドマン うむ。まずは次のように長い式の途中に改行を入れ、**行を複数で記述するように直す**。これで読みにくさは軽減される。

```
using System;
using System.Linq;

class Program
{
```

```
    static void Main(string[] args)
    {
        object[] ar = { 5, 3, 2, 4, 1, "Hello!" };
        var ar2 = ar.OfType<int>()
            .Where(c => c >= 2)
            .OrderBy(c => c)
            .Skip(1)
            .Take(2)
            .Select(c => c.ToString("C"))
            .Reverse()
            .ToArray();
        foreach (var item in ar2)
        {
            Console.WriteLine(item);
        }
    }
}
```

ドビン　でも、やはり全体として長いままですよ。

バッドマン　そうだ。そこで式を整理するのだ。この場合選ばれた値がおかしいのだから、**値の選択に関連するものと、関係しないものに分けていく。**

```
using System;
using System.Linq;

class Program
{
    static void Main(string[] args)
    {
        object[] ar = { 5, 3, 2, 4, 1, "Hello!" };
        var q = ar.OfType<int>()
            .Where(c => c >= 2)
            .OrderBy(c => c)
            .Skip(1)
            .Take(2);
        var ar2 = q.Select(c => c.ToString("C"))
            .Reverse()
            .ToArray();
        foreach (var item in ar2)
```

```
        {
            Console.WriteLine(item);
        }
    }
}
```

バッドマン この場合、ar2の計算式はおそらくバグールとは関係しない。忘れてもかまわない。

ドビン 狙いは変数qの計算式ですね。

バッドマン そうだ。さらにこの式を分割しよう。実は型変換を行うOfTypeメソッドなども数字の違いは影響しないのだ。さらに、Whereメソッドも2以上を通しているだけで、問題になっている数字は3、4と4、5ですべて2以上。結果に関係しないから取っても平気だ。さらに、OrderByは並び替えるだけで数字を選択することはないので、除外してかまわない。

```
using System;
using System.Linq;

class Program
{
    static void Main(string[] args)
    {
        object[] ar = { 5, 3, 2, 4, 1, "Hello!" };
        var q = ar.OfType<int>()
            .Where(c => c >= 2)
            .OrderBy(c => c);
        var q2 = q.Skip(1)
            .Take(2);
        var ar2 = q2.Select(c => c.ToString("C"))
            .Reverse()
            .ToArray();
        foreach (var item in ar2)
        {
            Console.WriteLine(item);
        }
    }
}
```

グラマーちゃん この書き換えにどういう意味があるのですか？

バッドマン バグの原因は q2 の式にのみありうるのだよ。ここに書かれているのは Skip と Take のメソッド２つきり。もはや長くはないぞ。

ド ビ ン でも、これだけでは何がバグなのか……。

バッドマン q2 の入力と出力を比較するだけでいい。デバッガで q2 を定義する行にブレークポイントを仕掛けて実行してみよう。

グラマーちゃん 止まりました。

バッドマン そこで、イミディエイトウィンドウを使う。

グラマーちゃん わたしの Visual Studio にはありません。

バッドマン メニューを使って、[デバッグ] → [ウィンドウ] → [イミディエイト] で表示させるんだ。

ド ビ ン それを使うと何ができるのですか？

バッドマン 直接式を評価できる。q.ToArray(); [←Enter] と打ち込んで、この式を評価させてみよう。

```
q.ToArray();
{int[4]}
    [0]: 2
    [1]: 3
    [2]: 4
    [3]: 5
```

グラマーちゃん 列挙される内容が見えました。

バッドマン この数字の列を .Skip(1).Take(2) している。つまり、１つ読み飛ばして２つ取っているのだ。

ド ビ ン あれ。4 と 5 がほしいのに、3 と 4 を選んでいますよ。2 だけでなく 3 も読み飛ばしたいのに１つ足りません。

グラマーちゃん わかりました。Skip(1) がバグです。本当は Skip(2) です。

バッドマン 正解だ。

ド ビ ン スマートな解決方法ですね。グッドマンのように大量に書き換えていないし、値をダンプするコードも埋め込んでいません。

バッドマン そうだろうそうだろう。あいつとは、頭の出来が違うのだ。

正しいのはどっちだ？

グッドマンとバッドマン、正しいのはどちらだろうか？

一般論からいえば、バッドマンのやり方のほうがベターだ。**ソースコードを書き換える量が少ないだけでなく、ソースコードの整理にもなっている**。読みやすさにも寄与しているのだ。グッドマンのやり方は力業でありすぎる。書き換えは多いし、式もバラバラにしすぎだ。確かに長すぎる式はNGだが、あまりにも短い式が大量に並んでも、やはり読みにくい。

ところが、**バッドマンのやり方は通用しない場合**がある。たとえば次のようなケースだ。

- **デバッガが使用できない**
- **デバッガの機能が十分ではない**
- **デバッグビルドを使用すると動作が変わってしまう**
- **デバッガを使用すると動作が変わってしまい、デバッガでは問題を把握できない**
- **イミディエイトウィンドウでラムダ式を含む式を評価したい**
- **ソースを整理してもまったく原因がわからない（根本的な勘違いをしている場合、整理したつもりでも整理になっていない）**
- **そもそも、動作が複雑すぎて整理できない**

その場合は、ソースコードを大幅に書き換えることになって、グッドマンのやり方を使用せざるをえないケースがある。

このように、ソースコードを書き換えても途中経過を報告させるデバッグ手法を、俗にprintfデバッグと呼ぶ。デバッガが使用できない場合の定番デバッグテクニックだ。printfとは、C言語の標準ライブラリが持つ機能の1つで、任意の値を出力する機能を持つ。C#でいえば、Console.Write();／Console.WriteLine();におおむね相当するものだ。ただし、C#でprintfデバッグを行う場合は、たいていConsole.Write／WriteLine();ではなく、**System.Diagnostics.Trace**／**Debug.Write**／**WriteLine**を使用することのほうが多い。

通常の出力とデバッグ情報の出力先は分離されているほうがベターだからだ。

さて、問題をややこしくするのが、宗教戦争だ。

またしても、**printfデバッグを許容するか否かで、プログラマーは割れる**。

そもそもソースコードの書き換えを必要とするprintfデバッグは**必要悪**だ。デバッガが使用できるなら、それを使ったほうがよいに決まっている。ソースコードを変更すると、つねにプログラムの振る舞いそのものが変化してしまうリスクがあるからだ。当然、printfデバッグはどうしてもデバッガでのデバッグができない場合に限られると思ってよいが、**意外とそれは多い**。たとえば、さるクラウドの環境の初期バージョンでは初期化コードにブレークポイントを仕掛けられないという制約があったし、某ゲーム機用の一般向け開発環境ではデバッグ機能そのものが提供されていなかった。そういう意味で、printfデバッグはやりたくないが、さまざまな理由でせざるをえない場合があり、**printfデバッグ廃絶**は現実には絵に描いた餅でしかない。可能だと思うのは、恵まれたデバッグ環境に生きていて、それが世界のすべてだと思い込んだ者たちだけだ。

仮にprintfデバッグを行うとすれば、**ソースコードの管理システムと一体で考えるべき**だろう。つねにデバッグのために追加したコードを差分として把握できるようにし、必要ならすべての変更をいつでも破棄して戻れることが重要だ。

だが、話はこれで終わらない。ここまでの話はすべてきれい事だ。

デバッガを使いこなせていない人たちが、**デバッガを使えば済む問題を解決するためにprintfデバッグを行うことはお勧めではない**。ソースコードを1文字でも書き換えることは、それだけでリスクがあることだからだ。書き換えないで解決できるなら書き換えるべきではない。やるならソースコード管理システムを利用して巻き戻し可能にしてから行うべきだが、巻き戻し可能なら100パーセント安全というわけでもない。可能なら書き換えないほうがよい。

たとえば、ここでのグラマーちゃんは、イミディエイトウィンドウの存在を知らなかった。ソースコード中に存在しない式でも手動で打ち込めば評価して結果を教えてくれる(ただし、式から参照できるリソースはその場のソースコードの文脈依存である)。これがあればブレークポイントで止めて、その時点での式の値を知ることができるが、知らないと式をソースコード中に埋め込まなければならないと錯覚するかもしれない。そのような書き換えは混乱を助長する可能性があり、好ましいものではない。

グッドマンの振る舞いはそのような意味で好ましいものではない。彼はデバッガが十分に機能する世界でprintfデバッグをやろうとした。ただし、デバッガがあっても十分に機能しない場合もあり、グッドマン風のprintfデバッグの価値はゼロではないので、完全な間違いとまでは言い切れないところが残る。

この場は、バッドマンが優位の引き分けとしておこう。

問題

怪人バグールがまたバグを仕込んできたぞ。グッドマン、バッドマンに成り代わり、君がバグを探してくれたまえ。

このソースコードは列挙の最初の要素と最後の要素を取り除くことを意図している。アイデアは**逆順に並べて最初の1つを除去してまた順番を並べ替えれば、最後の要素を除去したことになるはずだ**というものだ。君のデバッグ技術を駆使して何が悪いのかを明快にしてほしい。

```
using System;
using System.Linq;

class Program
{
    static void Main(string[] args)
    {
        int[] ar = { 1, 2, 4, 3 };
        var q = ar.Skip(1).OrderByDescending(c=>c).Skip(1).OrderBy(c=>c);
        foreach (var item in q)
        {
            Console.WriteLine(item);
        }
    }
}
```

意図した結果

```
2
4
```

実際の実行結果

```
2
3
```

The Adventures of GOODMAN + BADMAN with Dobin + Glamour in Zero-Sum City

Episode 6

ローカルクエリとリモートクエリどっちを使う？

グラマーちゃん たいへんよ、ドビン。また怪人バグールにバグを仕込まれたわ。

ドビン 何があったんだい？

グラマーちゃん これまで使ってきた実績のある**クエリ式**なのに、Azureのストレージに使ったら使えないのよ！

ドビン クエリ式は正しいの？

グラマーちゃん 利用実績があるものよ。

ドビン おかしいね。

グラマーちゃん (♪♪～) あ、クラリネットの音が。

グッドマン おかしいことなどないぞ。実は大きく分けて**クエリ式には2種類がある**。細かく分けるともっと多くだ。

ドビン どういうことですか！

本当は怖いクエリ式

グッドマン クエリ式、より厳密にいえば**ラムダ式には2種類がある**。1つは**匿名のメソッドに似た存在**、もう1つは**式ツリー**だ。

ドビン どこで見分ければいいのですか？

グッドマン 式だけ見てもわからないよ。たとえば、こういう式があったとするね。

```
Where(c=> c > 0);
```

ドビン はい。よく見ますね。

グッドマン これは、配列に対して使ったときは前者。でも、データベースのクエリで使ったときは後者なのだ。

ドビン 見た目はまったく同じでもですか？

グッドマン そのとおり。これが罠だな。

グラマーちゃん でも、見た目が同じでよければ、実績のある式は通るはずですよね？

グッドマン そうではないのだ。使える機能が制限される。

ドビン なぜですか？

グッドマン よく考えてみたまえ。たとえば、式にメソッド呼び出しがあったとする。式ツリーを他のマシンに送信して式の値を計算してもらうなら、そのメソッドは呼び出せないのだ（☛図1）。

図1：クエリの分類

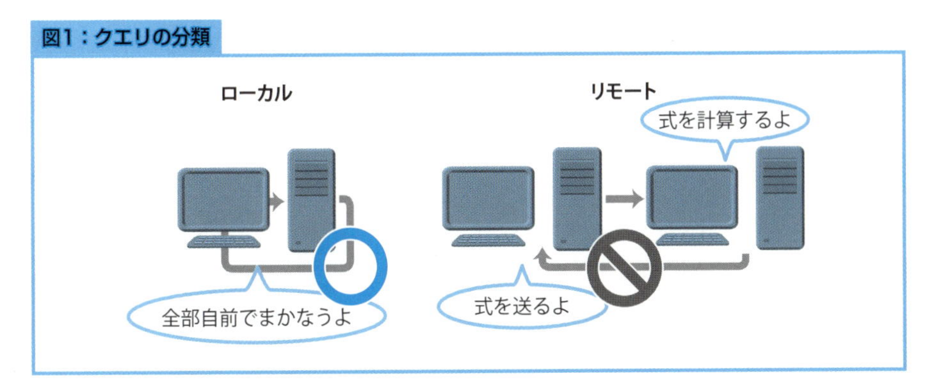

ドビン あ……。

グッドマン 場合によっては、リモート側でサポートする機能が少ないので、Takeメソッドは使えるのにSkipメソッドは使えないなどの制限が発生する場合もある。

グラマーちゃん どうすればいいのですか？

グッドマン どうにもならないぞ。

バッドマン ちょっと待った！

ドビン 遅刻魔が来た。

バッドマン そんなネガティブな発想でどうする！　もっと楽しむことを考えろよ！

逆に考える

バッドマン 悪いほうにばかり考えるな。式ツリーなら、ラムダ式ではなくAPIで動的に構築することもできるぞ。

ドビン 動的に構築って何ですか？

バッドマン **条件次第で変化する式**というものがある。比較対象の数値が増えたり減ったりするような式だな。そういう場合は**APIを使って式を動的に構築してしまったほうが楽**だ。

ドビン APIってどんな感じですか？

バッドマン たとえば、こんな感じだよ。Expression.Equal は等価演算子を動的に得るのだ。

```
BinaryExpression newFilterClause = Expression.Equal(column,
                                    ➡Expression.Constant(columnValue));
```

バッドマン これで**クエリの柔軟性が格段に広がる**ぞ。嫌がってばかりいないで式ツリーの式ツリーならではの機能を活用しよう。

グラマーちゃん 具体的な使い方が想像できません。

バッドマン たとえば、あるフィールドの値が配列のいずれかに一致するか判定したいが Contains メソッドは機能しないとき、1回のクエリで済ませたければ等価演算子を複数並べるしかない。しかし、配列の長さが不定なら、等価演算子を何個並べればいいのか一定しない。つまり、これではラムダ式で条件を書けないのだ。しかし、動的に式を構築してしまえば実現可能だ。

ドビン 書けないものが書けるようになるなら、便利そうですね。

正しいのはどっちだ？

グッドマンとバッドマン、正しいのはどちらだろうか？

これは、どちらも正しいといわなければならない。

リモート実行されるクエリ式（厳密にはラムダ式）は、ローカルで実行できるものとの互換性を失う場合がある。ローカルで実行できる式がリモートでは実行できない場合があるのだ。これは真実だ。

しかし、マイナス面ばかりではない。**式ツリーを動的に構築することで、式のバリエーションを豊かにできるのも事実**だ。

つまり、ソースコードを無修正で再利用できる範囲は限定的だが、新規に書く気なら表現力はアップする。メリットとデメリットが同居している。それをプラスに判断するかマイナスに判断するかは人それぞれだろう。

ここでの判定は、読者の個々人が自分で下した判断次第としておこう。

問題

怪人バグールがまたバグを仕込んできたぞ。グッドマン、バッドマンに成り代わり、君がバグを探してくれたまえ。

配列に対してクエリしていたコードをデータベースをクエリするように変更したところ、極端にスローダウンした。想定可能な理由はどれだろう？

(1)サーバーから利用できないメソッドを呼び出した
(2)クエリ回数が多かった
(3)式が複雑すぎた
(4)ネットワーク回線がたまたま混雑していた
(5)CPU のキャッシュメモリが溢れた

The SPECIAL …… ハッピーになれないキーボードの罠

プログラマーは一般の人とは違うキーボードやディスプレイを使いがちだ。このうちディスプレイはやむをえない面がある。デバッグのためには、デバッグ対象のプログラムと統合開発環境の両方を見えるようにしたほうが有利であり、そのためにより広い画面、マルチディスプレイに走るのは合理的だからだ。

しかし、キーボードはどうだろうか？

こちらのほうが優秀だといって、キーが少なかったり、配列が違っていたりするキーボードを愛用する者は多いが、これはあまりお勧めではない。利用者とあまりにも掛け離れたキーボードを使っていると、**利用者の気持ち**から離れてしまうからだ。プロなら自分の都合よりも利用者の都合を優先しなければならない。

The Adventures of GOODMAN + BADMAN with Dobin + Glamour in Zero-Sum City

Episode 7

CastとOfType どっちを使う?

グラマーちゃん 助けてドビン。社内の「いらないキャストは外そう運動」で、わたしも指名されちゃったのよ。このソースでobject型は変更できない前提で、(int)をなくすにはどうしたらいいのかですって。

```
using System;
using System.Linq;

class Program
{
    static void Main(string[] args)
    {
        object[] ar = { 1, 2, 3 };
        Console.WriteLine(ar.Select(c => (int)c).Sum());
    }
}
```

ドビン objectをintに書き換えれば一発なのに。

グラマーちゃん 今回の課題ではそれが禁じ手。実際のソースでは別の個所の定義があって変更できないのよ。

ドビン そろそろ呼びもしないのに来るおっさんが出現する予感。

グラマーちゃん (♪♪♩〜) クラリネットの音よ。

グッドマン ここはわたしの出番だな。

Castを使え!

グッドマン こんな課題、Castメソッド一発ではないか。

グラマーちゃん キャストを取るのが課題なんです。

グッドマン キャストではない。Cast メソッド。**コレクションの型変換をしてくれるメソッド**だ。

グラマーちゃん そんな便利なものがあるのですか？

グッドマン LINQ の標準メソッドだ。こう使えばいいのさ。

```
using System;
using System.Linq;

class Program
{
    static void Main(string[] args)
    {
        object[] ar = { 1, 2, 3 };
        var q = ar.Cast<int>();
        Console.WriteLine(q.Sum());
    }
}
```

ド ビ ン ソースコードがすっきりしましたね。

グラマーちゃん あ、これ便利そう。

バッドマン ちょっと待った！

ド ビ ン 遅刻魔がやっと来た。

バッドマン 課題の趣旨を考えてみたまえ。本来はキャストを取りたいのではなく、**例外を発生させる可能性のある不安要素を除去したい**はずだ。しかし、Cast メソッドを使っても結局型が合わないと例外を出すだけだ。要するに、この解決策では条件は満たすが趣旨にはそぐわない。

OfTypeを使え！

ド ビ ン バッドマンならどう書きますか？

バッドマン こう書き換える。

```
        var q = ar.Cast<int>();
```

↓

```
        var q = ar.OfType<int>();
```

グラマーちゃん OfType って何ですか？
バッドマン **コレクションの型を変換するが、変換できない要素は無視する LINQ のメソッドだ。**
ド　ビ　ン つまり、型の不一致で例外は起きないわけですね。
バッドマン そのことは配列をこう書き換えるとすぐに確認できるぞ。

```
object[] ar = { 1, 2, 3, "bad case" };
```

ド　ビ　ン 例外を起こさず扱えるのは OfType メソッドを使った場合だけですね。
グラマーちゃん 例外を起こさないメソッドは例外なく大好きよ！

正しいのはどっちだ？

グッドマンとバッドマン、正しいのはどちらだろうか？
そもそも、Cast と OfType の差は何だろうか？
その差は、要するに**型を変換できない要素が含まれたときの振る舞い**だ。

- **Cast**：例外を発生させる
- **OfType**：なかったことにする（例外は出さない）

つまり、**Cast は単なる型変換だが、OfType は型変換と型に合致するデータの抽出機能を持っている**と思えばわかりやすい。
通常は OfType のほうが使い勝手がよいと思うが、**変換できないときは警告してほしい**と思うなら Cast のほうが使い勝手がよい。
ここは、バッドマン 7 割、グッドマン 3 割の割合で引き分けとしよう。

問題

怪人バグールがまたバグを仕込んできたぞ。グッドマン、バッドマンに成り代わり、君がバグを探してくれたまえ。
OfType は例外を起こさないと聞いたのに次は例外を起こす。

```
using System;
using System.Linq;
```

```
class Program
{
    static void Main(string[] args)
    {
        object[] ar = null;
        var q = ar.OfType<int>();
        Console.WriteLine(q.Sum());
    }
}
```

意図した結果

0

実際の実行結果

（例外）

The Adventures of GOODMAN + BADMAN with Dobin + Glamour in Zero-Sum City

Episode 8

ToArrayとToList どっちを使う?

グラマーちゃん ToList メソッドなんか使うなって怒られたの。
ド　ビ　ン なぜだい？
グラマーちゃん 簡単にいえば、こういうバグがあったのよ。

```
using System;
using System.Linq;

class Program
{
    static void Main(string[] args)
    {
        var list = Enumerable.Range(0, 10).ToList();
        list.RemoveAt(0);   // 紛れ込んだ誤った行
        Console.WriteLine(list.Count());
    }
}
```

意図した結果

```
10
```

実際の実行結果

```
9
```

ド　ビ　ン 普通、こんなコードは書かないよね。
グラマーちゃん バグールの仕業よ。本当は他の場所にあるべき行が、気がつかないうちに手がキーボードに触れて移動してしまったの。
ド　ビ　ン それは不可抗力だね。

グラマーちゃん (♪♪♩～) あ、クラリネットの音……じゃなくて下手な歌声が。
グッドマン ToArray メソッドだけでも悪いアイデアなのに、ましてToList メソッドはNGさ～♪。
ドビン なぜクラリネットを吹かないのですか？
グッドマン いつも同じだと飽きられると思って。それより、**ToArrayだけでもバッドなのに、ToListまで使ったら超バッド**さ。

ToListがいけないワケ

グラマーちゃん なぜ ToArray はバッドなのですか？
グッドマン それはね。それを使うと**データを全部揃えないかぎり次に進めない**からさ。メモリは消費するし、全部揃うまで処理は開始できないし、悪いことばかりなのさ。
グラマーちゃん なぜ、ToList はもっとバッドなのですか？
グッドマン **配列よりもリストはよりメモリを消費して、処理時間も増えてしまう**からさ。しかも、書き換え可能なのでトラブルももっと起きやすくなるのさ。
ドビン トラブルって何ですか？
グッドマン 列挙中にこれから列挙しようとするデータを抜いてしまったらどうなると思う？ 列挙は継続不能だよ。
グラマーちゃん では、どう解決すればいいのですか？
グッドマン **変更不可能な型を経由してデータを扱う**。だから、ToList なんて使っちゃダメ。
ドビン 変更可能なコレクションを返すからですね。
グッドマン そう。ToList はいけない。ToArray も好ましくないが、ToList はもっといけない。
ドビン せめて ToArray なら被害は少なかったわけですね。
グッドマン そのとおり。せめて ToArray 使おうよ。
バッドマン 待て待て。それでは濡れ衣だ。
ドビン 遅刻した男が偉そうですよ。

ToListが必要とされるワケ

バッドマン **過剰な表現力は間違いが入り込みやすく、それは悪**だ。
グラマーちゃん 過剰な表現力って何ですか？
バッドマン たとえば、値を伝達するだけのプロパティは get アクセサだけあればいいことも多い。書き込み機能はいらないからだ。むしろないほうがいい。間違って値を書き換えてしまうと結果が狂うからだ。

ドビン　必要ない機能が利用可能になっているのはよくないわけですね。

バッドマン　そうだ。だから、単なる列挙オブジェクトでよければ、配列は要素に書き込める分だけ表現力が過剰。配列でよければ、リストはメンバーを増減できる分だけ表現力が過剰なのだ。使うべきではない理由は明白だ。

ドビン　待ってください。それではグッドマンと結論が同じです。

バッドマン　問題はそこからだ。もしも表現力が過剰ではなかったら？

グラマーちゃん　でも、いま過剰だといったばかりです。

バッドマン　列挙オブジェクトで十分、あるいは配列で十分なら過剰なのだ。

ドビン　何か例を見せてくださいよ。

バッドマン　では、次の事例を自分で書いてみたまえ。

グラマーちゃん　わたしがやってみます。

【問題】

ここにList<string>クラスのコレクションがある。このコレクションの先頭に開始マーカーとしてstartを、最後にエンドマーカーとしてendを追加するメソッドを書け。

```
using System;
using System.Collections.Generic;

class Program
{
    private static void addStartEndMarker(List<string> list)
    {
        ここを書いてね!
    }

    static void Main(string[] args)
    {
        var list = new List<string>() { "one", "two", "three" };
        addStartEndMarker(list);
        foreach (var item in list) Console.WriteLine(item);
    }
}
```

グラマーちゃんの答え

```
private static void addStartEndMarker(List<string> list)
{
    list.Insert(0, "start");
    list.Add("end");
}
```

バッドマン 上出来だ。
グラマーちゃん でも、これではToListの出番はありません。
バッドマン そのとおりだ。だが、元データを配列に変えるとどうなるかな？

```
static void Main(string[] args)
{
    string[] array = { "one", "two", "three" };
    addStartEndMarker(array);
    foreach (var item in array) Console.WriteLine(item);
}
```

ドビン 型が合ってないからコンパイルエラーですよ。
バッドマン では、可能なかぎり少ない手間で型のミスマッチを解消してくれたまえ。配列は変更しないとしよう。本来は他の場所から渡されるデータという前提だ。
グラマーちゃん こんな感じかしら？

```
static void Main(string[] args)
{
    string[] array = { "one", "two", "three" };
    var list = new List<string>();
    foreach (var item in array) list.Add(item);
    addStartEndMarker(list);
    foreach (var item in list) Console.WriteLine(item);
}
```

ドビン 1つ1つ登録しなくても、Listクラスのコンストラクタの引数にコレクションを渡せるから、これでいいんだよ。

```
static void Main(string[] args)
```

```
    {
        string[] array = { "one", "two", "three" };
        var list = new List<string>(array);
        addStartEndMarker(list);
        foreach (var item in list) Console.WriteLine(item);
    }
```

バッドマン その答えはバッド だぞ。バッドマンだけにバッドの一言はためらわないぞ。

ドビン どこがダメなんですか？

バッドマン 配列を含む列挙可能なオブジェクトをListクラスに置き換えるのは、ToListメソッド一発でオッケーなのだ。

グラマーちゃん バッドマンの答えを見せて！

```
using System;
using System.Collections.Generic;
using System.Linq;

class Program
{
    private static void addStartEndMarker(List<string> list)
    {
        list.Insert(0, "start");
        list.Add("end");
    }

    static void Main(string[] args)
    {
        string[] array = { "one", "two", "three" };
        var list = array.ToList();
        addStartEndMarker(list);
        foreach (var item in list) Console.WriteLine(item);
    }
}
```

ドビン あれだけダメだといったToList使っちゃいましたよ。

バッドマン この場合はいいのだ。

ドビン なぜですか？

バッドマン **機能が過剰ではない**からだ。コレクションの中身が増減する前提なら、

列挙オブジェクトも配列も役には立たない。機能が不足してしまうのだ。
しかし、List クラスを使えば問題解決だ。

正しいのはどっちだ？

グッドマンとバッドマン、正しいのはどちらだろうか？

長いクエリ式の最後が ToArray や ToList だとなんとなく格好悪い気がする。

では、使わなければならないとしたらどちらを使うべきだろうか？

問題はどちらが格好悪いかだが、それは**どちらが、より機能が過剰か**と言い直せる。**不必要に過剰な機能を持ったオブジェクトを持ち出すほうがよくない問題を引き起こしかねない**からだ。

そういう意味では、**機能がより多い List クラスのオブジェクトを作成する ToList メソッドのほうがより格好悪い**。

たいていの場合、List クラスのパワフルさは必須とはいえないので、除去する方向で検討したほうがよい結果を得られるだろう。そのような意味でグッドマンは正しい。

しかし、もしも**機能が過剰ではない**ときは、ToList を使ってもかまわない。なにがなんでも除去しなければならないと思い込む必要はない。ToList を使ってソースコードがシンプルになるなら、どんどん使うべきだ。

使うべきケースがあるからクラスライブラリに追加されるのだから、使いどころは通常**ある**はずなのだ。しかし、使いどころを間違えた ToList はみっともないことも確かだ。

そのような意味で、グッドマンの意見にも一理はあるが、バッドマンの言い分ももっともだ。ここは引き分けにしておこう。

問題

怪人バグールがまたバグを仕込んできたぞ。グッドマン、バッドマンに成り代わり、君がバグを探してくれたまえ。

さて、まず最初に次のようなコードを書いた。

```
using System;
using System.Collections.Generic;
using System.Linq;
```

```
class Program
{

    static void Main(string[] args)
    {
        var list1 = new List<int>() { 1, 2 };
        var list2 = new List<int>() { 3, 4 };
        list1.AddRange(list2);
        foreach (var item in list1) Console.Write(item);
    }
}
```

これを実行すると2つのリストが合体して1234という結果が得られた。

そこで、今度は配列を使用して書き換えてみたが、意図どおりに動かなかった。どうすれば意図どおりの答えになるか、考えてみよう。

```
using System;
using System.Linq;

class Program
{

    static void Main(string[] args)
    {
        int[] array1 = { 1, 2 };
        int[] array2 = { 3, 4 };
        array1.Concat(array2);
        foreach (var item in array1) Console.Write(item);
    }
}
```

意図した結果

```
1234
```

実際の実行結果

```
12
```

The Adventures of GOODMAN + BADMAN with Dobin + Glamour in Zero-Sum City

Episode 9

Length/CountとCount() どっちを使う？

グラマーちゃん 助けてドビン、バグールが出たわ。
ドビン どうしたんだよ、そんなに真っ青になって。
グラマーちゃん ソースを読んでいたら、コレクションの数を調べるのに、**Length** プロパティを使っているものと **Count** プロパティを使っているものがあったのよ。2種類あるのかと思ったら、実は Count プロパティと似て非なる **Count** メソッドまであったのよ。なんでこんなにいっぱいあるの？
ドビン 落ち着いて。**Length** は配列のプロパティ、**Count** は **List<T>** クラスのプロパティだよ。別のクラスに別の名前のプロパティ。別に2つあるわけではないんだ。
グラマーちゃん でも Count メソッドはどちらでも使えるわよ。
ドビン えーと。助けてバッドマン！

Length/Count派の言い分

グッドマン バッドマンなど呼ばずとも答えてあげよう。
ドビン あ、クラリネット吹かないで出てきた。
グッドマン めんどくさいから省略。
グラマーちゃん 答えはあるんですか？
グッドマン そのとおり。まず Count メソッドを使った例。

Countメソッドを使った例

```
using System;
using System.Collections.Generic;
using System.Linq;

class Program
```

```
{

    static void Main(string[] args)
    {
        var list = new List<int> { 1, 2, 3 };
        Console.WriteLine(list.Count());
    }
}
```

実行結果

```
3
```

グッドマン　では Count プロパティを使うとどうなるか？　Count() の括弧を取ることができて、using System.Linq; も取れる。

Countプロパティを使った例

```
using System;
using System.Collections.Generic;

class Program
{

    static void Main(string[] args)
    {
        var list = new List<int> { 1, 2, 3 };
        Console.WriteLine(list.Count);
    }
}
```

グラマーちゃん　あ、短くなった。

グッドマン　同じことは、Length プロパティと Count メソッドの間でもいえる。

ドビン　Count メソッドは使わないほうが有利ですね。それならなぜ Count メソッドがあるのでしょう？

グッドマン　それはだね。たまたま配列や List<T> クラスには便利な機能があるからいいが、**IEnumerable<T> インターフェースには Count メソッドを使うしか方法がないから**さ。

ドビン　なるほど。もっと便利な機能がなければ Count メソッドの出番ですね。

バッドマン　ちょっと待った！

Countメソッド派の言い分

バッドマン 配列やList<T>を使うときだって、Countメソッドのほうが便利だぞ。
ドビン 遅刻の罰です。具体的に説明してください。
バッドマン いいとも。たとえばこのソースコードだ。これはあくまで配列とList<T>しか使っていないが、Countメソッドを使ったほうが有利だ。そのままLength / Countプロパティに書き換えはできんぞ。

```
using System;
using System.Collections.Generic;
using System.Linq;

class Program
{
    private static void sub<T>(IEnumerable<T> en)
    {
        Console.WriteLine(en.Count());
    }
    static void Main(string[] args)
    {
        int[] array = { 1, 2, 3 };
        var list = new List<int> { 1, 2, 3 };
        sub(array);
        sub(list);
    }
}
```

グラマーちゃん もし書き換えるとどうなりますか？
バッドマン subメソッドがこんなにふくらんでしまうぞ。

```
    private static void sub<T>(IEnumerable<T> en)
    {
        if (en is T[])
        {
            Console.WriteLine(((T[])en).Length);
        }
        else if (en is List<T>)
        {
            Console.WriteLine(((List<T>)en).Count);
```

```
        }
        else
        {
            // ? (意図せざる条件なので何をしてよいか……)
        }
    }
```

グラマーちゃん 短くて済むのですね。
ドビン これは簡潔に書けていいですね。
バッドマン そうだ。Count メソッドは配列や List<T> でも役立つぞ。

正しいのはどっちだ?

グッドマンとバッドマン、正しいのはどちらだろうか?

実は**どちらの言い分にも一理ある**。

この勝負、引き分けだ。

グッドマンのいうとおり、Length / Count プロパティを使えば簡潔に記述できる。しかし、配列と List<T> のどちらでも使える抽象的な機能を書こうとすると、急に使えなくなる。どちらからでも利用可能な単一のプロパティが存在しないからだ。しかし、Count メソッドはどちらであっても使用できる便利な存在だ。

当然、Count メソッドはこの2つ以外にも使用できる非常に多彩な汎用性を持っている。その威力は、多少の文字数の増加を打ち消すほど強力だ。

しかし、単機能の短いソースを書くとき、Count メソッドの威力は過剰すぎて、Length / Count プロパティのほうが簡潔で便利ということもあるだろう。

要はその場に応じた使い分けである。

問題

怪人バグールがまたバグを仕込んできたぞ。グッドマン、バッドマンに成り代わり、君がバグを探してくれたまえ。

さて、次のようなコードがある。

```
using System;
using System.Linq;
```

```
class Program
{

    static void Main(string[] args)
    {
        int[] array = { 1, 2, 3 };
        var x = array.ToArray();
        foreach (var item in x)
        {
            Console.WriteLine(item);
        }
    }
}
```

この中の ToArray を ToList に書き換えても動作した。
そこで foreach 文を for 文に置き換えてみた。

```
using System;
using System.Linq;

class Program
{

    static void Main(string[] args)
    {
        int[] array = { 1, 2, 3 };
        var x = array.ToArray();
        for (int i = 0; i < x.Length; i++)
        {
            Console.WriteLine(x[i]);
        }
    }
}
```

この中の ToArray を ToList に書き換えたらコンパイルエラーが出てしまった。
どうすれば実行可能になるだろうか？

Episode 10 Azureクライシス——Takeはあっても Skipできない!?

グラマーちゃん 助けてドビン。またバグールよ。

ドビン 詳しく説明してくれよ。

グラマーちゃん Azureのストレージにクエリを発行するプログラムの手伝いに入ったのよ。そこで、**Takeメソッド**を使ったクエリをやっていたので**Skip**を書き足したら、例外が起きて動かないのよ。Takeはいいのに Skipはダメなんでおかしいでしょ？

ドビン そうだね。**指定個数のデータを読み取る**Takeメソッドが使用できるのに、**指定個数のデータを読み飛ばす**Skipメソッドが使えないとは思えないね。

グッドマン そうではないぞ！

ドビン 何が違うんですか！

グッドマン LINQでクエリできる対象は非常に多いが、**すべての対象ですべてのメソッドが利用可能というわけではない**のだ。

グラマーちゃん 機能しないメソッドがあるのですか？

グッドマン そのとおり！

Azureで使えない機能

グッドマン Azureのストレージの Tableに対してサポートされている機能は次のとおりだ。

- **Where**
- **Take**
- **First、FirstOrDefault**
- **Select**

グッドマン ただし全機能ではないぞ。制限事項は次のページなどで調べてくれ。

クエリ演算子（テーブルサービスのサポート）

http://msdn.microsoft.com/ja-jp/library/azure/dd135725.aspx

グラマーちゃん　あ、Take は書いてあるけど Skip は書いていないわ！

グッドマン　そうだ。First はあるのに Last はないし、**非対称きわまりない実装になっているが**、理由がわかるかね？

ド　ビ　ン　わかりません。

グッドマン　REST で利用する API がもともとあって、それを利用するための LINQ の実装が用意されているからだ。

グラマーちゃん　LINQ 専用として設計されていないから、実装された内容が LINQ と一致していないわけですね。

グッドマン　そのとおり。

グラマーちゃん　なら、上司には**できません**って返事をしておきます。

グッドマン　いやいや。できる機能だけで完結するように設計をするのが重要。

ド　ビ　ン　対象の機能を理解して、無理なことは要求しなければいいわけですね。

バッドマン　ちょっと待った。

サポートされない機能を使う方法

ド　ビ　ン　何が違うんですか？

バッドマン　できないと決め付けるものではないぞ。

グラマーちゃん　まさか？　何か裏技で利用可能になるのですか？

バッドマン　いや、それは無理。

ド　ビ　ン　ダメじゃん。

バッドマン　しかし、**データの総量が小さいときは、丸ごと配列に受け取ってから配列をクエリするという手がある。**

ド　ビ　ン　でも、サポートされない機能はサポートされないままでしょ？

バッドマン　そうではない。配列になってしまえば、クエリの対象は Azure のストレージの Table から配列に変化するので、もう制約はないぞ。

グラマーちゃん　ホントですか！

バッドマン　数万件もあるような巨大データを全部読み込むとかなりのオーバーヘッドになるが、少数のデータならそれほど大きなインパクトにはならない。その場合は、クエリできないとなげくよりも、配列に受け取ってからクエリしてもいいと思うぞ。

ド　ビ　ン　巨大データのときはどうすればいいのですか？

バッドマン 2段クエリだよ。第1段クエリで対象を絞り込んで、配列に読み込む数を減らしてしまうのだ。

- 第1段クエリ：ストレージサーバーにクエリを発行し、データの候補を減らす。Azureのストレージでサポートされている機能だけで行う
- 第2段クエリ：第1段クエリの結果を配列に受け取り、配列のクエリを行う。Azureのストレージでサポートされていない機能も使用でき、きめ細かい処理ができる

ドビン なるほど。なにも1回のクエリで全部行う必要はないわけですね。

正しいのはどっちだ？

グッドマンとバッドマン、正しいのはどちらだろうか？

どちらの言い分にも一理ある。

グッドマンのやり方は、これから設計していこうという段階では有意義だろう。最初から無理を要求しなければ実装段階で苦しまないで済む。

しかし、ある程度進行してしまったプロジェクトや、他の用途のソースコードを借りてきて利用する場合は、設計を大幅に改められないこともあるだろう。その場合は、バッドマン流に2段検索するのもよいかもしれない。

ほかにもやり方がある。**独自設計のキャッシュを用意する**ことだ。登録されたデータがあったとき、そのデータ本体だけでなく、検索しやすいように加工したデータも一緒に登録するのだ。結果を素早く得られるように用意した加工済みデータがあれば、システムはスムーズに動くかもしれない。

いずれにしても、すべては状況次第で変化する。

今回もグッドマンとバッドマンは引き分けだ。

問題

Azureのストレージを使用している。最新のデータ10件をつねに取得可能なTableを設計したいが、可能だろうか？　当然、ソート機能は使用できない。

ちなみに、TableのPartitionKeyは必ず同じ値を使用する。

The Adventures of GOODMAN + BADMAN with Robin + Glamour in Zero-Sum City

Episode 11 式の動的構築で限界突破

グラマーちゃん Part 3 Episode 6で式を動的に組み立てるって話が出ましたけど、具体的にはどう書くのですか？

グッドマン こらバッドマン。おまえが言い出したのだからおまえがなんとかしろ。

バッドマン しかたがないなあ。これはYamatoDriveというソフトのソースコードの一部を切り出したものだ。Whereの代わりにこのWhereContainメソッドを使うと、指定した項目の値が、指定した列挙オブジェクトのどれかに合致するとヒットする。

```
public static class LinqBuilder
{
    private static Expression<Func<RowType, bool>> buildListFilter
                                ➡<RowType, ColumnType>(string filterColumnName,
                ➡IEnumerable<ColumnType> columnValues, Func<BinaryExpression,
                                    ➡BinaryExpression> addExtraCondition = null)
    {
        ParameterExpression rowParam = Expression.Parameter(typeof(RowType),
                                                                        ➡"r");
        MemberExpression column = Expression.Property(rowParam,
                                                        ➡filterColumnName);
        BinaryExpression filter = null;
        foreach (ColumnType columnValue in columnValues)
        {
            BinaryExpression newFilterClause = Expression.Equal(column,
                                            ➡Expression.Constant(columnValue));
            if (filter != null) filter = Expression.OrElse(filter,
                                                        ➡newFilterClause);
            else filter = newFilterClause;
        }
        if (addExtraCondition != null) filter = addExtraCondition(filter);
```

```
        if (filter == null) return null;
        return Expression.Lambda<Func<RowType, bool>>(filter, rowParam);
    }
    public static Expression<Func<RowType, bool>>
        ➡BuildComparisonFilter<RowType, ColumnType>(string filterColumnName,
                ➡Func<MemberExpression, BinaryExpression> buildComparison)
    {
        ParameterExpression rowParam = Expression.Parameter(typeof(RowType),
                                                                        ➡"r");
        MemberExpression column = Expression.Property(rowParam,
                                                        ➡filterColumnName);
        BinaryExpression filter = buildComparison(column);
        return Expression.Lambda<Func<RowType, bool>>(filter, rowParam);
    }
    public static IEnumerable<IQueryable<RowType>> WhereContain<RowType,
            ➡ColumnType>(this IQueryable<RowType> source, object context,
            ➡string filterColumnName, IEnumerable<ColumnType> columnValues,
        ➡Func<BinaryExpression, BinaryExpression> addExtraCondition = null)
    {
        const int unit = 8;
        for (int from = 0; ; from += unit)
        {
            var range = columnValues.Skip(from).Take(unit).ToArray();
            var result = buildListFilter<RowType, ColumnType>(filterColumnName,
                                            ➡range, addExtraCondition);
            addExtraCondition = null;   // call once
            if (result == null) break;
            yield return source.Where(result);
        }
    }
}
```

グラマーちゃん これ、戻って来た値が変ですよ。

バッドマン 複数回のクエリに分割するので、実はクエリ結果の列挙が返ってくる。クエリ結果も列挙だから、列挙の列挙だ。

ド ビ ン 複雑ですね。

バッドマン こんな感じで結果を受け取ることもできるわけだ。

```
var qq = Query.Where(c => c.PartitionKey == pkey).WhereContain(null, "RowKey",
                                                                    ➡r);
```

```
var list = new List<T>();
foreach (var q in qq) list.AddRange(q);
```

グラマーちゃん 変数名のqqって何ですか？
バッドマン クエリに対するクエリなので、Query for QueryでQが2個。だから qq。
グラマーちゃん それなら変数qは？
バッドマン 単発の1つのクエリ。

問題

上記のサンプルソースはクエリを分割して複数のクエリを発行している。なぜ1回のクエリで済ませていないのだろうか？ 理由を考えてみよう。

The SPECIAL ›››› たった1つの正義の不在は悪の不在ではない

本書の正義のヒーロー、グッドマンとバッドマンの意見はどこまで行っても一致しない。つまり、ある場所での正義は他の場所に持って行くと正義ではないのだ。それを理解せず、別の価値観の世界にいる者にまで硬直的な正義を説く者は、世界の広さを理解せず、オラがムラと世界を区別できない井の中の蛙（かわず）だ。だが、たった1つの正義の不在は悪の不在を意味しない。やはりバグを出すのは悪なのだ。嘘をつくのも悪なのだ。バグールや手下の猿と戦うのなら、どのような考え方を信じるとしても、君も正義のヒーローだ。

The Adventures of GOODMAN + BADMAN with Dobin + Glamour in Zero-Sum City

Episode 12 インスタンス化させる? させない?

グラマーちゃん ねえドビン。**First って最初の 1 つを取得する**メソッドよね？

ドビン そうだよ。

グラマーちゃん **Take(1) も最初の 1 つを取得する**のよね？

ドビン そうだよ。

グラマーちゃん なら、First っていらないメソッドじゃない？

ドビン えっ？

グラマーちゃん だって、First なら 5 文字。Take(1) は 7 文字。2 文字ぐらいなら増えても平気よ。

ドビン ともかく書いて比較してみよう。

First版

```
using System;
using System.Linq;

class Program
{
    static void Main(string[] args)
    {
        char[] a = { 'a', 'b', 'c' };
        var f = a.First();
        Console.WriteLine(f);
    }
}
```

Take(1)版

```
using System;
using System.Linq;
```

```
class Program
{
    static void Main(string[] args)
    {
        char[] a = { 'a', 'b', 'c' };
        var t = a.Take(1);
        Console.WriteLine(t.ElementAt(0));
    }
}
```

実行結果

```
a
```

ドビン わかったぞ。ElementAt(0) が増える分だけ Take(1) のほうが不利なんだ。First のほうが有利だぞ。

グラマーちゃん 納得したわ。今度から Take のことは忘れて First だけ使うわ。

グッドマン 待て待て待て。君たちは何か大きな勘違いをしているぞ！

実は違うインスタンス化のタイミング

グッドマン これだけでは違いが顕在化しない。少しいじろう。両方とも Console.WriteLine の行の前に 1 行挿入だ。

First版

```
using System;
using System.Linq;

class Program
{
    static void Main(string[] args)
    {
        char[] a = { 'a', 'b', 'c' };
        var f = a.First();
        a[0] = 'd';
        Console.WriteLine(f);
    }
}
```

実行結果

```
a
```

Take(1)版

```
using System;
using System.Linq;

class Program
{
    static void Main(string[] args)
    {
        char[] a = { 'a', 'b', 'c' };
        var t = a.Take(1);
        a[0] = 'd';
        Console.WriteLine(t.ElementAt(0));
    }
}
```

実行結果

```
d
```

グラマーちゃん　あ、結果が食い違った。

グッドマン　First 版は a なのに、Take(1) 版は d になってしまったぞ。なぜ結果が違うと思う？

グラマーちゃん　さあ。

グッドマン　**クエリの結果を得るタイミングが違う**からだ。

ド　ビ　ン　タイミングが違っても結果は同じはずですよね？

グッドマン　そうではないのだ。もう一度、First と Take(1) の機能の違いを明確にしておこう。

- **First**：最初の 1 つの値を得る
- **Take(1)**：最初の 1 つを含むシーケンスを得る

グッドマン　**First メソッドは最初の 1 つの値を得るので、その後で配列を書き換えても結果は変化しない。**だから a が得られる。ところが、**Take(1) は最初の 1 つを取得するシーケンスを得る。値を得るわけではない。**つまり、最初の1つのデータを取得する権利を得ただけで、実際には取得していないのだ。

グラマーちゃん じゃあ、誰が実際に取得するのですか？

グッドマン ElementAt だよ。

ドビン わかりました。配列を書き換える前に取得した First 版は a になるが、配列を書き換えた後で取得した Take(1) 版は d になるわけですね？

グッドマン そのとおりだ。**LINQ のメソッドにはそのものズバリの値を取得するものと、あくまで未来の行為を予約しているだけの機能があるので注意するのだぞ。**

ドビン 遅刻魔のバッドマンはとうとう最後まで来なかったな。

インスタンス化とは何か？

ドビン バッドマン。遅刻どころか欠席なので、何かいいことを1つぐらいってくださいよ。

バッドマン そうだな。**LINQ というのは基本的に遅延実行**だ。未来に実行してほしいクエリをオブジェクトとして得るための機能だ。しかし、**一部のメソッドは例外的に結果を直接得る機能を持っている**。Count メソッドや ToArray メソッドなどだね。

ドビン それがどうしたんですか？

バッドマン 結果を直接得る機能を**インスタンス化**という。つまり、**LINQ のメソッドには、遅延実行するものとインスタンス化するものが存在する**というわけだ。この違いを理解しないとバグが出やすくなる。LINQ の使いこなしは、この差を理解するところからだ。

ドビン 理解していないと、僕らのように First メソッドは Take(1) で代用可能と誤解するわけですね。

グラマーちゃん わかりました。遅れて来るバッドマンが遅延実行で、呼ばなくてもすぐ来るグッドマンはインスタンス化なんですね！

ドビン 間違ってるような間違ってないような……。

正しいのはどっちだ？

今回は、どちらの意見が正しいか考える意味はないだろう。

問題は、インスタンス化するタイミングなのだ。

ある瞬間のスナップショットを確定させたければインスタンス化させたほうがよ

い。しかし、つねに最新の値がほしいならインスタンス化させてはならない。インスタンス化は値を確定させてしまうからだ。

問題

怪人バグールがまたバグを仕込んできたぞ。グッドマン、バッドマンに成り代わり、君がバグを探してくれたまえ。

このプログラムには動作を決定的に阻害しているメソッドが1つある。その名前を指定してくれ。

```
using System;
using System.Linq;

class Program
{
    static void Main(string[] args)
    {
        var q = Enumerable.Repeat(0, 1).Select(c=> DateTime.Now).ToArray();
        for (; ; )
        {
            Console.WriteLine(q.First());
        }
    }
}
```

意図した結果

（現在時刻を無限に表示し続ける）

実際の実行結果

（起動時刻を無限に表示し続ける）

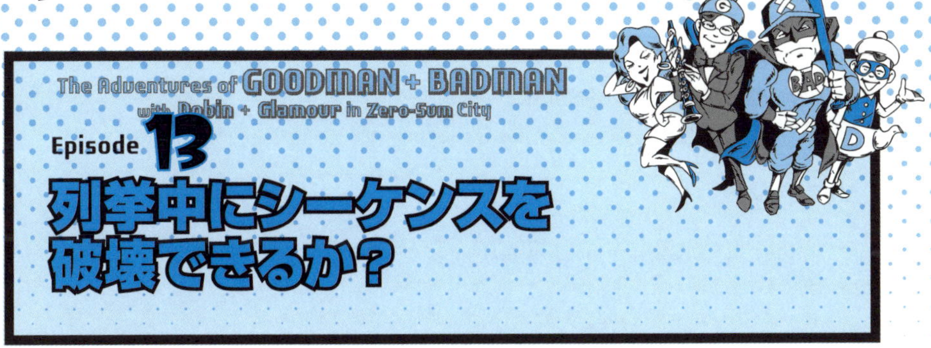

Episode 13 列挙中にシーケンスを破壊できるか？

グラマーちゃん こういうコードを書くとアウトなんですよね？

```
using System;
using System.Collections.Generic;
using System.Linq;

class Program
{
    static void Main(string[] args)
    {
        var list = new List<int>() { 1, 2, 3 };
        foreach (var item in list.Where(c => c > 1))
        {
            list.Remove(item);
        }
    }
}
```

実行結果

（例外）

ドビン そうだね。**列挙中に削除は禁物**だ。例外になってしまう。例外が起きないように改良することもできない。列挙対象が消えてしまったらどう続ければいいか確定できない場合がある。

グラマーちゃん でもね、これはオッケーなのよ。なぜ？

ドビン 列挙中に列挙中のデータを書き換えてしまったのだね。しかも、それを根拠に判定までしているわけだね。

```
using System;
using System.Collections.Generic;
using System.Linq;

class Program
{
    static void Main(string[] args)
    {
        int[] ar = { 1, 2, 3 };
        foreach (var item in ar.Where(c => c > 1))
        {
            Console.WriteLine(item);
            ar[2] = 1;
        }
    }
}
```

実行結果

```
2
```

破壊できるシーケンスとできないシーケンス

グッドマン クラリネットばかりだと飽きられるので、今回はクラリファイアの音を出してみた。ひゅい〜〜〜 whew〜。

ドビン クラリファイアって何ですか？

グッドマン アマチュア無線の無線機に付いてるつまみの1つ。送信周波数は固定して受信周波数だけ移動させるの。

ドビン アマチュア無線って、いまじゃ流行ってませんよ。みんなネット使ってますよ。グッドマンさんって何年生まれですか！

グッドマン 1909年、シカゴ生まれ。

ドビン ホントかよー。

グッドマン ともかくだ。シーケンスを列挙中にシーケンスが壊れると例外が起きるわけだが、実は厳密にいうと、**例外が起きる壊し方と起きない壊し方がある。**

グラマーちゃん どこが違うんですか？

グッドマン **コレクションの要素が増減するとアウト。**繰り返しが継続できなくなってしまう。ところが、**列挙するオブジェクトが変化せず、オブジェクトの中身だけが変わるのならばOK**。グラマーちゃんの２つ目の例はこれに該当するからいくら書き換えてもオッケーなのだ。

グラマーちゃん もともと３が入っていた要素を１に書き換えたら、ちゃんとWhereメソッドも１として処理するのですか？

グッドマン いい質問だ。Whereメソッドは先取りして中を開けたりはしない。途中で列挙する値を書き換えても、書き換えてしまった値をちゃんと取り出してくれる。混乱はない。

ドビン つまり、こういうことですね。

増減など対象オブジェクトの並び順位に影響する変更 ➡ 列挙中に変更不可
オブジェクトの中身の書き換え ➡ 列挙中に変更可

グッドマン いい要約だ。

バッドマン ちょっと待った！

バッドマン 確かに列挙中の変更が可能になる場合もあるが、**できればそれはやらないほうがいい**と思うよ。

ドビン なぜですか？

バッドマン **動作がわかりにくくなる**からだ。

グラマーちゃん 確かに簡単なプログラムなのに、動作を理解するのに苦労しました。

バッドマン やらなくて済むなら、列挙中のコレクション加工は全部禁止にしたほうがいいぞ。

ドビン コレクションを加工することが最終目的ならどうすればいいですか？

バッドマン **ToArrayメソッドなどで複製を作り、列挙するオブジェクトと加工するオブジェクトを分ける**こと。これで混乱はかなり避けられるぞ。

正しいのはどっちだ？

グッドマンとバッドマン、正しいのはどちらだろうか？

これはもはや**流儀の問題なので一概にはいえない**。

しかし、この本の著者としては、列挙しつつ加工することを意図するならば、バッドマンがいうように複製を作って列挙と加工を分けるのはよいアイデアだと思う。列挙中のシーケンスはできれば破壊しないほうがよい。問題が起こりにくいし、わかりやすさも損なわないからだ。

怪人バグールがまたバグを仕込んできたぞ。グッドマン、バッドマンに成り代わり、君がバグを探してくれたまえ。

```
using System;
using System.Collections.Generic;
using System.Linq;

class Program
{
    static void Main(string[] args)
    {
        var list = new List<int>() { 1, 2, 3 };
        var en = list.ToArray();
        foreach (var item in en.Select((n, i) => new { n, i }))
        {
            if (item.i < 2) list.RemoveAt(item.i);
        }
        foreach (var item in list)
        {
            Console.WriteLine(item);
        }
    }
}
```

意図した結果

```
3
```

実際の実行結果

```
2
```

Part 4 コード例で違いを見てみよう編

The Adventures of GOODMAN + BADMAN with Dobin + Glamour in Zero-Sum City

Episode 1

object vs dynamic

グラマーちゃん 煮え切らない２人を対決させようと企画されたこのデスマッチ。解説のドビンさんはどう思われますか？

ドビン 正義のヒーローがつぶし合ったら怪人バグールの思うつぼではないでしょうか？　バグが増えたらグラマーちゃんも困りますよね？

グラマーちゃん おっと、両選手入場です。今回のお題は、**object** VS **dynamic**です。グッドマンとバッドマンにそれぞれの型を使ったサンプルソースを書いていただきましょう。

ドビン どちらもあらゆる型のオブジェクトを格納できる魔法の型だけに、楽しみな対決ですね。

先攻グッドマン ── objectは万物の源

グラマーちゃん それでは、先攻のグッドマンさん、どうぞ！

グッドマン 知っているか？　**すべてのオブジェクトには継承関係があり、祖先をたどっていくとすべてのオブジェクトはobject型を始祖に持つ**のだ。object型最強、object型最高！　万物の頂点、根っ子なのだ！

グラマーちゃん でも、継承元を指定しないクラス定義をいつもしてますよ。

グッドマン バカ者。書かないときは暗黙のうちにobject型を継承しているのだ！

グラマーちゃん 証拠は？

グッドマン overrideでToStringを実装できるだろう？　それはobject型を継承している証拠だ。

グラマーちゃん なるほど。では、object型を使ったサンプルをどうぞ。

```
using System;

class A
```

```
{
    public void SayIt()
    {
        Console.WriteLine("Hello!");
    }
}

class B
{
    public void SayIt()
    {
        Console.WriteLine("Welcome!");
    }
}

class Program
{
    static void Main(string[] args)
    {
        object[] ar = { new A(), new B() };
        foreach (object item in ar)
        {
            if (item is A) ((A)item).SayIt();
            else if (item is B) ((B)item).SayIt();
            else throw new NotSupportedException();
        }
    }
}
```

実行結果

```
Hello!
Welcome!
```

グラマーちゃん ポイントはどこですか？

グッドマン **object 型から利用できる機能はほぼないに等しい。あらゆる型に共通する機能などほとんどないからだ**。だから、**「その型は何ですか？」という問いかけを行い、その型ならキャストか as 演算子で型を変換して扱う**。何でもガバガバ扱えるが、結局実行時に例外を投げてしまう dynamic よりも優れたポイントだ。

グラマーちゃん 解説のドビンさん、どうですか？
ドビン 型を確認するまで使わせない。グッドマンらしいストイックさですね。

後攻バッドマン——dynamicでダックタイピング

グラマーちゃん それでは、後攻のバッドマンさん、どうぞ！
バッドマン グッドマンのサンプルソースは長すぎる。dynamic を使えばほらこのとおり。ずっと短くできるぞ。

```
(Mainメソッドのみ変更)
    static void Main(string[] args)
    {
        dynamic[] ar = { new A(), new B() };
        foreach (dynamic item in ar)
        {
            item.SayIt();
        }
    }
```

実行結果

```
Hello!
Welcome!
```

グラマーちゃん おっと、foreach ループの中身がたった 1 行に短くなった！　解説のドビンさん、どうですか？
ドビン さすがは無駄が嫌いなバッドマンです。短いいいソースです。
グラマーちゃん その割に時間を無駄にして遅刻することが多いですが。
バッドマン ほっとけ。それより解説するぞ。
グラマーちゃん どこがポイントですか？
バッドマン ダックタイピングだ。これは**アヒルのように鳴くならアヒルに違いない**という考え方によるものだ。継承関係がなくても、同じ名前、同じ引数、同じ戻り値ならば、同じに扱おうというものだ。型システムを経由するとこういうことはできない。定義を共有していないものは、どれだけ似ていても同じには扱えないのだ。強引に扱おうとすれば、リフレクション経由で面倒なコーディングを求められる。

グラマーちゃん 解説のドビンさん。dynamic とはかくもすばらしいものなのですね？

ドビン **実際に使うと問題の発覚が実行時まで遅れてバグが見つかりにくいの**も事実ですね。

グラマーちゃん コンパイル段階ではわからないわけですね。

ドビン それに**インテリセンスも候補を出せません。コーディングも面倒**です。

判定は？

グラマーちゃん それでは審査員の怪人バグールさん、判定をお願いします。

バグール バグ仕込みやすいから dynamic 派の勝ち。

グラマーちゃん この勝負は object 派のグッドマンの勝ちです。

バグール なんでやねん。

問題

怪人バグールがまたバグを仕込んできたぞ。グッドマン、バッドマンに成り代わり、君がバグを探してくれたまえ。ただし、修正してよいのは a + b の計算式だけとする。

```
using System;

class Program
{

    static void Main(string[] args)
    {
        dynamic a = 1;
        dynamic b = "1";
        Console.WriteLine(a + b);
    }
}
```

意図した結果

```
2
```

実際の実行結果

```
11
```

Episode 2 小学生でも書けるプログラムvs小学生では書けないプログラム

グラマーちゃん 煮え切らない２人を対決させようと企画されたこのデスマッチ。今回のお題は、**小学生でも書けるプログラム vs 小学生では書けないプログラム**です。グッドマンとバッドマンにそれぞれのサンプルソースを持ち寄っていただきました。

ドビン 今回は代理戦争ですね。

先攻グッドマン ―― 小学生でも書けるプログラム

グッドマン では、知り合いの優秀な小学生のショークンが書いてくれたソースコードだ。学校のパソコン仲良しクラブで作成したソースコードだそうだ。

【問題】

次の３つの土地の面積の合計値と平均値を知りたい。ただし、型は int を使用し、小数点以下は無視してよい。

- １メートル×２メートルの長方形の土地
- ３メートル×５メートルの長方形の土地
- ４メートル×11メートルの長方形の土地

```
using System;

class Program
{

    static void Main(string[] args)
    {
```

```
        int 長方形1縦 = 1;
        int 長方形1横 = 2;
        int 長方形2縦 = 3;
        int 長方形2横 = 5;
        int 長方形3縦 = 4;
        int 長方形3横 = 11;
        int 長方形1面積 = 長方形1縦 * 長方形1横;
        int 長方形2面積 = 長方形2縦 * 長方形2横;
        int 長方形3面積 = 長方形3縦 * 長方形3横;
        int 合計面積 = 長方形1面積 + 長方形2面積 + 長方形3面積;
        Console.WriteLine("合計値={0}", 合計面積);
        Console.WriteLine("平均値={0}", 合計面積 / 3);
    }
}
```

実行結果

```
合計値=61
平均値=20
```

グラマーちゃん いきなり小学生がこんなソースコードを書いてしまいますか？　末恐ろしいですね。

グッドマン 誤解している人も多いが、プログラミングは小学生でもできることなのだ。要するに、1つ1つ順番に処理していく**逐次実行**の概念さえわかれば、あとは小学生でも習う算数の知識で対処できる。

グラマーちゃん 解説のドビンさん。逐次実行って何ですか？

ドビン 要するに、演劇の舞台のプログラムと同じですよ。舞台は1つしかないから、一度に複数の出し物は演じられないので、1つ1つ順番にやっていくわけです。プログラムの基本も同じことです。並列実行の技術を使わないなら、1つ1つ実行。これが基本です。

グラマーちゃん なるほど。計算のほうはどうですか？

グッドマン 面積の計算も、平均値の計算も小学校で習うことだ。低学年では苦しいかもしれないが、高学年なら苦もなく計算してしまうだろう。

グラマーちゃん では、四則計算とか合計値とか平均値なんていうわたしたちがよく書いているプログラムは小学生でも書けるってことですか？

グッドマン たぶん書けるぞ。

後攻バッドマン——小学生では書けないプログラム

バッドマン では、知り合いの大学生のダイクンが書いてくれたソースコードだ。大学のサークルで腕試しとして出題された問題への答えだそうだ。

【問題】

ここに3、45、678、9012という数がある。それぞれの桁数を数値計算で簡潔に求めたい。つまり、1、2、3、4という数値を計算で得たい。どう書けばよいだろうか？

```
using System;

class Program
{

    static void Main(string[] args)
    {
        int[] ar = { 3, 45, 678, 9012 };
```

```
            foreach (var item in ar)
            {
                Console.WriteLine("{0}の桁数は{1}桁です", item,
                                                ➡Math.Ceiling(Math.Log10(item)));
            }
        }
}
```

実行結果

```
3の桁数は1桁です
45の桁数は2桁です
678の桁数は3桁です
9012の桁数は4桁です
```

グラマーちゃん　ちょちょちょ、ちょっと待ってください。全然ソースコードの意味がわかりません。解説のドビンさんはわかりますか？

ドビン　わかります。**常用対数**で桁数を得ているのです。考えましたね。これでオッケーです。**文字列に直して桁数を得るよりもエレガント**です。そもそも文字列に直したら数値計算で得てはいませんから、解答としては認められないかもしれない。

グラマーちゃん　常用対数って何ですか？

ドビン　10を底とする対数だよ。

グラマーちゃん　そもそも対数って何ですか？

ドビン　大人になればわかるよ。

グラマーちゃん　わたしは大人です。

ドビン　大人でも使わない人、知らない人は多いものね。まあ、常用対数を使うと桁数がわかると思えばいいよ。ただし小数で返ってくる。桁数が小数というのはおかしいから切り上げる必要がある。Math.Ceilingは切り上げのために入っている。そうしないと意味のない小数が出てしまうからね。

判定は？

グラマーちゃん　それでは審査員の怪人バグールさん、判定をお願いします。

バグール　小学生と大学生では大人と子供ほども違うし、そもそも同じ問題を解いていないのに判定なんか付けられるか！

グラマーちゃん なら、バグールさんはどっちが好きですか？
バグール 小学生のソースが大好き。バグを仕込む隙が山ほどあるからな。
グラマーちゃん どのへんですか？
バグール 同じようなことを繰り返し書いているこことか、1つぐらい数字が縦横間違っていてもすぐわからないぞ。オレ様の天下だ！

```
int 長方形1面積 = 長方形1縦 * 長方形1横;
int 長方形2面積 = 長方形2縦 * 長方形2横;
int 長方形3面積 = 長方形3縦 * 長方形3横;
```

グラマーちゃん 解説のドビンさん。これはどういうことでしょう？
ドビン 小学生でも書けるソースはいくらでもあるが、小学生は脇が甘いからバグールに入られやすいのですよ。もっとも脇が甘い大人はいくらでもいますが。
グラマーちゃん 天狗になっていると大人でも危険ですね。では、大学生のソースのほうがベターでしょうか？
ドビン 絞り込まれたタイトなコードを書いているので、**同じような行が並んでいるからバグが目立たない**ということもないので、ベターだと思います。
グラマーちゃん では、この勝負は大学生の勝利です！
ドビン あたりまえですけどね。もし大学生が負けたら学費泥棒です。

問題

突然、見たことも聞いたこともない公式で計算するプログラムを依頼された。勉強不足の**僕**はプログラマー失格だろうか？ **僕**の資質を考えてみよう。はたして、彼はプロのプログラマーを名乗ってよいのだろうか？ それともダメなのだろうか？

The Adventures of GOODMAN + BADMAN
with Dobin + Glamour in Zero-Sum City
Episode 3
文系でも書けるプログラムvs
文系では書けないプログラム

グラマーちゃん 煮え切らない２人を対決させようと企画されたこのデスマッチ。今回の対決は、**文系でも書けるプログラム** vs **文系では書けないプログラム**です。グッドマンとバッドマンにそれぞれのサンプルソースを持ち寄っていただきました。

ド　ビ　ン 今回もまた代理戦争ですね。

先攻グッドマン──文系の答え

グッドマン では、知り合いの優秀な文系学生のブンちゃんが書いてくれたソースコードだ。文学作品で特定単語の出現をカウントするための専用プログラムだそうだ。

```
using System;
using System.IO;

class Program
{

    static void Main(string[] args)
    {
        int count = 0;
        var file = File.OpenText(args[0]);
        for (; ; )
        {
            var line = file.ReadLine();
            if (line == null) break;
            if (line.Contains("ハンドレペイジ")) count++;
        }
```

```
        file.Close();
        Console.WriteLine("出現行数は{0}です。", count);
    }
}
```

実行結果（コマンドラインに青空文庫の浮かぶ飛行島のファイルを指定した場合。ただしテキストのエンコーディングはUTF-8とする）

出現行数は2です。

後攻バッドマン——理系の答え

バッドマン では、知り合いの優秀な理系学生のリカちゃんが書いてくれたソースコード……と思ったら、蹴られた。"grep" 一発で終わるのにわざわざソース書くの無駄といわれてしまった。

ドビン Windows だと findstr ですね。

バッドマン OS に標準付属のコマンドラインツール一発だ。

ドビン では、理系はゼロ行で終わりということで。

バッドマン まだ続きがある。

ドビン えっ？　でもゼロ行でしょ？

バッドマン 文系君のソースコードを見て苦情満載になったぞ。

- 1 行に 2 回以上出てきても 1 回としてカウントされてしまう
- 検索対象語句がソースコードに埋め込まれていて汎用性が低い
- 何か問題があって例外が起きたときのエラー報告が不親切。生の例外で止まるだけ
- 確実にファイルを閉じる配慮に欠けている。たまたま動いているだけで、問題発生時に適切に対応できていない

ドビン なんだか……。文系君は一生懸命書きました的な微笑ましさがあるのに、理系君の態度は結末まで見通したうえで戻って来た感じの意見ですね。

バッドマン 文字列検索など、初級か中級で扱った例題で、いまさら新味はないのだろう。

判定は？

グラマーちゃん それでは審査員の怪人バグールさん、判定をお願いします。

バグール　理系のほうが長くて複雑なソースを書くのかと思ったらゼロ行かよ。これは予想外の結末だぜ。

グラマーちゃん　むしろ、文系のほうが長々とソースコードを書く場合がありますね。

バグール　でもさ。俺理系君のソース嫌い。

グラマーちゃん　なぜですか？

バグール　だって0行ってことは、俺がバグをこっそり入れる余地がないんだぜ。文系君の勝利ってことにしようよ。

グラマーちゃん　わかりました。この勝負、理系学生のリカちゃんの勝ちです。

バグール　なんでそうなるの！

バッドマン　**書かなくてもいいソースは書かない。**これが品質を上げるためのポイントだぞ。**テスト済みで実績のあるプログラムがあるならそっちを使うと、ずっと短時間でいい成果が得られるぞ。**

問題

文系学生のブンちゃんが書いたソースコードには、バグールがこっそり**1行に2回以上同じキーワードがあっても1回とカウントしてしまう**というバグを仕込んでいた。グッドマン、バッドマンに成り代わり、君がバグを探してくれたまえ。

とりあえず、**クリスと一緒にクリスマス**という文章を検索し、**クリス**が2回出現することを確認するように記述を修正してほしい。ただし、煩雑になるので「クリス」はソースコードに埋め込まれていてもよいとする。

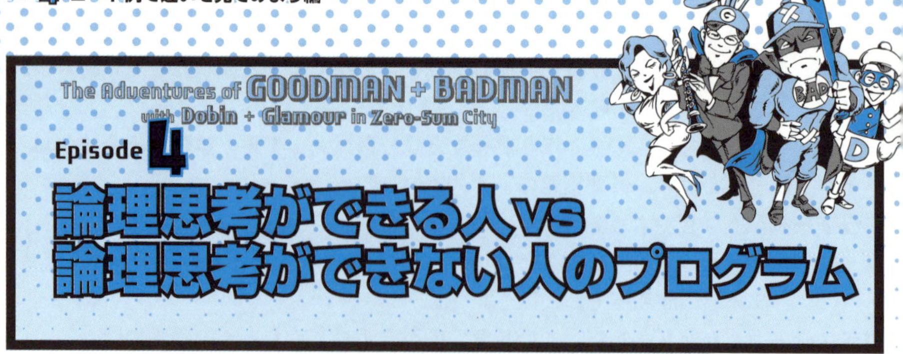

Episode 4 論理思考ができる人vs論理思考ができない人のプログラム

グラマーちゃん 煮え切らない２人を対決させようと企画されたこのデスマッチ。今回の対決は、**論理思考ができる人** vs **論理思考ができない人**のプログラムです。グッドマンとバッドマンにそれぞれのサンプルソースを持ち寄っていただきます。

ドビン 今回もまた代理戦争ですね。新しい趣向はないんですか？

グラマーちゃん あります。今回はこちらからお題を出します。

【お題】

整数の任意の列挙（値の重複はない）を受け取り、その中から偶数かつ素数の値だけを抜き出して配列として返すメソッドを記述せよ。

先攻グッドマン ―― 論理思考ができない人の答え

グッドマン では、知り合いの理屈大嫌いのきらりちゃんが書いてくれたソースコードだ。とりあえず、正しい結果が出てるからそれでいいでしょ、といわれたぞ。

```
using System;
using System.IO;
using System.Linq;
using System.Collections.Generic;

class Program
{
    private static bool isPrime(int n)
    {
```

```
        for (int i = 2; i < n; i++)
        {
            if (n / i * i != n) return false;
        }
        return true;
    }
    private static int[] evenPrime(IEnumerable<int> en)
    {
        var list = new List<int>();
        foreach (var item in en)
        {
            if (item % 2 == 0 && isPrime(item)) list.Add(item);
        }
        return list.ToArray();
    }

    static void Main(string[] args)
    {
        int[] ar = Enumerable.Range(1, 100).ToArray();
        var r = evenPrime(ar);
        foreach (var item in r)
        {
            Console.WriteLine(item);
        }
    }
}
```

実行結果

```
2
```

ドビン　長いので解説してください。

グッドマン　isPrimeは素数かどうかの判定。item % 2 == 0は偶数かどうかの判定。この２つは問題の意図からどうしても必要だそうだ。結果は配列が要求されていて、複数ありうるので、１回Listクラスで受けてからToArrayメソッドで配列化しているそうだ。

ドビン　解説どうも。

後攻バッドマン──論理思考ができる人の答え

バッドマン では、知り合いの理屈が服を着て歩いているといわれるあゆみちゃんが書いてくれたソースコードだ。これで最短だと思うが、もっと効率化ができるなら教えてくれ、だそうだ。

```
using System;
using System.Linq;
using System.Collections.Generic;

class Program
{
    private static int[] evenPrime(IEnumerable<int> en)
    {
        return en.Any(c => c == 2) ? new int[] { 2 } : new int[0];
    }

    static void Main(string[] args)
    {
        int[] ar = Enumerable.Range(1, 100).ToArray();
        var r = evenPrime(ar);
        foreach (var item in r)
        {
            Console.WriteLine(item);
        }
    }
}
```

実行結果

```
2
```

ドビン あ。evenPrimeメソッドがたった1行に。isPrimeメソッドに至ってはなくなってしまいましたよ。

グラマーちゃん あの……。数値が2かどうかしか判定していないように見えますけど。しかも、結果が可変長になる可能性を配慮していません。

バッドマン ええと。あゆみちゃんの言い分によると、素数かつ偶数になる値は2しかありえないので、事実上結果の候補は2だけ。値の重複はないことが前提なので、結果はサイズ0の配列かサイズ1で要素の値が2の配列しかありえないそうだ。

グラマーちゃん それは、素数の判定はいらないってことですか？

バッドマン 候補は2しかないので、2を含むか判定するだけでいいわけだ。

判定は？

グラマーちゃん それでは審査員の怪人バグールさん、判定をお願いします。

バグール おいら、長いソース大好き。バグを入れる付け入る隙が多いから。論理思考できない人のソースはご馳走。理屈大嫌いのきらりちゃんを勝ちにしようぜ。

グラマーちゃん 審査員の評価が出たので、勝者は理屈が服を着て歩いているといわれるあゆみちゃんに決定です。

バグール またかよ。なんでやねん。

バッドマン **絶対に答えに含まれることがありえない数を判定するために長いコードを書くのは無駄であるばかりか、怪人バグールに利するぞ。**注意してコードを書いていこう。

グッドマン そうだぞ。ちょっと頭を使うだけで、バグールの跳梁跋扈（ちょうりょうばっこ）は大幅に減らせるのだ。

問題

理屈大嫌いのきらりちゃんが書いた次のソースコードには、バグールがこっそりバグを仕込んでいた。グッドマン、バッドマンに成り代わり、君がバグを探してくれたまえ。

```
using System;

class Program
{
    static void Main(string[] args)
    {
        uint c = 0;
        if (c++ < 0)
            Console.WriteLine("Red");
```

```
        if (c == 0)
            Console.WriteLine("Green");
        else
            Console.WriteLine("Yellow");
    }
}
```

意図した結果

```
Green
```

実際の実行結果

```
Yellow
```

出典：Wikipedia「ロジックパズル」

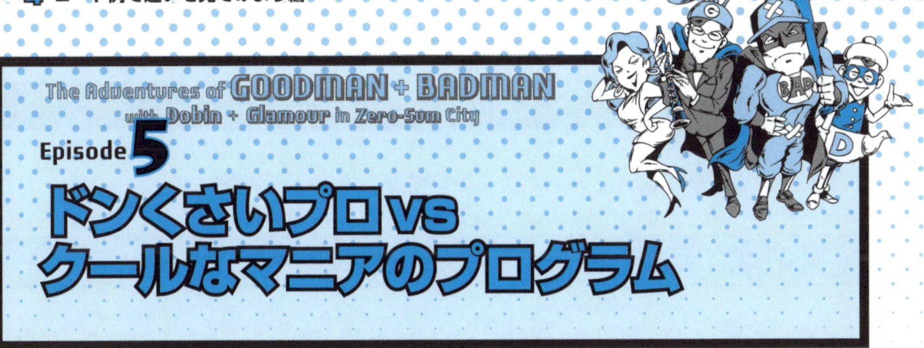

ドンくさいプロvs クールなマニアのプログラム

グラマーちゃん 煮え切らない２人を対決させようと企画されたこのデスマッチ。今回の対決は、**ドンくさいプロ** vs **クールなマニア**のプログラムです。グッドマンとバッドマンにそれぞれのサンプルソースを持ち寄っていただきました。

ドビン 今回のお題は何ですか？

グラマーちゃん これです。

【お題】

1、2、3、4、5、6、7、8、9、10を足し合わせた値を知りたい。

ドビン では、グッドマンからどうぞ。

先攻グッドマン ―― ドンくさいプロの答え

グッドマン では、知り合いのプロのドンちゃんが書いてくれたソースコードだ。金をしっかり取られたぞ。

ドビン プロならしょうがないですね。

```
using System;

class Program
{
    static void Main(string[] args)
    {
        Console.WriteLine(1+2+3+4+5+6+7+8+9+10);
    }
}
```

実行結果

```
55
```

ドビン　数え切れない＋が並んでいて美しくないですね。

後攻バッドマン ―― クールなマニアの答え

バッドマン　では、知り合いのマニアのクルー君が書いてくれたソースコードだ。タダで書いてくれたぞ。

```
using System;

class Program
{
    static void Main(string[] args)
    {
        Console.WriteLine((1 + 10) * 5);
    }
}
```

実行結果

```
55
```

グラマーちゃん　＋が１個、＊が１個しかありません。エレガントですね。
バッドマン　彼も洗練度合いで胸を張っていたぞ。ドンくさいプロになんか負けないって。

判定は？

グラマーちゃん　それでは審査員の怪人バグールさん、判定をお願いします。
バグール　ドンくさいプロのコードはみっともないですねぇ。でも大好きですよ。長々と式を書くとバグを入れる場所が増えるから。
グラマーちゃん　では、クールなマニアの勝ちということで。
バグール　またそれかよ。
ドビン　ちょっと待った！　客先からの仕様変更要求だ。

グラマーちゃん おっと。ここでどんでん返しか？
ドビン これが以前の要求。

1、2、3、4、5、6、7、8、9、10を足し合わせた値を知りたい。

ドビン そして、これが新しい要求。

1、2、3、4、5、7、9、11、13、15を足し合わせた値を知りたい。

グラマーちゃん さっそくドンくさいプロのドンちゃんとクールなマニアのクルー君がソースの修正に入った。
グッドマン ドンくさいプロのドンちゃん、一瞬で修正が終わった。数字を直すだけでおしまい。
バッドマン なんてことだ。クールなマニアのクルー君はまだ直せないぞ。数値に規則性を見出せなくて苦しんでいる。
バグール 面白いことになってきた。
グラマーちゃん では、クールなマニアのクルー君は時間内に書けなかったということで失格。ドンくさいプロのドンちゃんの勝利です！
グッドマン プロの書くコードはドンくさく見えても、実は**将来を見越した配慮やバグ回避などのさまざまなノウハウが生きていることがある**ので、考え無しにバカにすると痛い目を見るぞ。
バッドマン こいつは一本取られたな。

問題

ドンくさいプロのドンちゃんは次のソースコードを書いた。

```
using System;

class Program
{
    static void Main(string[] args)
    {
        float pi = 3.14f;
        float r = 1.0f;
        Console.WriteLine(2*pi*r);
    }
```

```
}
```

クールなマニアのクルー君はMainメソッドの中身を次のように書き換えると短くなると思った。

```
        float pi = 6.28f;
        float r = 1.0f;
        Console.WriteLine(pi*r);
```

はたしてこの書き換えは実行したほうがよいだろうか？　ダメだろうか？

The SPECiAL ⋯⋯ 永遠なんて存在しない

未来永劫使えるすばらしいソフトは書けるだろうか？

時代の変化は社会環境の変化をもたらし、ソフトにも時代に対応する変化の要求が突き付けられる。その要求に対応できない場合、ソフトは徐々に滅んでいく。

たまたま深刻な要求が突き付けられなかった場合のみ、無修正で生き残る場合があるかもしれないが、それはただの偶然によるものだろう。結果的に100年後にも動いているソフトはありうるが、それは狙って作れるものではない。

それゆえに、あるソフトが賞味期限を迎えバージョンアップも見込めないときに、より古いソフトを持ち出して置き換え用とする行為はあまりお勧めできない。それほど長期間もたず、そちらも同様に賞味期限が切れる可能性が高い。

重要なことは、どんなソフトにも変化への要求がありうることを前提とすることだ。そして、いまあなたの作ったソフトを使っている人たちは、今年はどのような変化を求めているかに耳を傾けることだ。あくまで利用者に奉仕してこそのソフトだ。ソフトは作ったあなたのためにあるわけではない。利用者のためにあるのだ。そして利用者は変化するから、ソフトもそれに対応して変化すべきだ。永遠に変化しないソフトなどありえない。

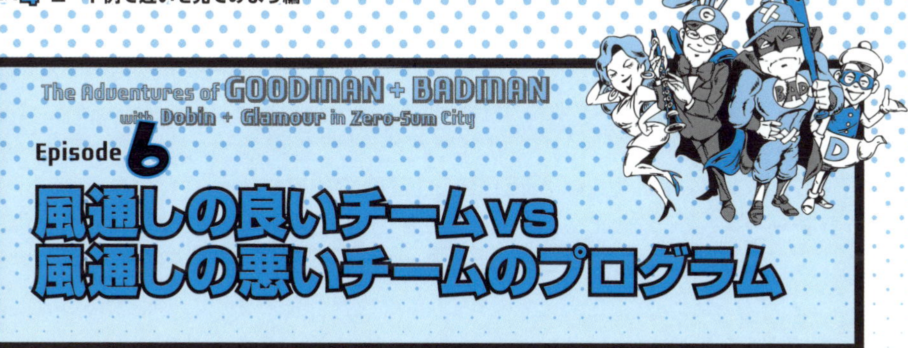

風通しの良いチームvs 風通しの悪いチームのプログラム

グラマーちゃん 煮え切らない２人を対決させようと企画されたこのデスマッチ。今回の対決は、**風通しの良いチーム** vs **風通しの悪いチーム**のプログラムです。グッドマンとバッドマンにそれぞれのサンプルソースを持ち寄っていただきました。

ドビン 今回も何かお題を出しましたか？

グラマーちゃん 今回はこういうお題でいきましょう。

【お題】

次の３つの機能を別々の担当者に分割して３人チームで記述せよ。ただし、偶数奇数の判定は独立したメソッドとして記述すること。

チームメンバー１
　与えられた配列を偶数と奇数で分割する

チームメンバー２
　２つの配列を奇数偶数の順に結合して、１つの配列に戻す

チームメンバー３
　与えられた配列のうち、奇数だけを抜き出し、ソートして出力する

グラマーちゃん 順番に処理を適用すると次のようになるわ。

```
{1,2,3}
  ↓
{1,3}  {2}
  ↓
{1,3,2}
```

↓

{1,3}

ドビン でも、個人のクセが出ると客観的な比較にならないよ。

グラマーちゃん そう思ってスケルトンを用意したわ。空いた場所を埋めるようにすればチームの違いが出てくるはずよ。

```
using System;
using System.Linq;

class Program
{
    private static void sub1(int[] p, out int[] outOdd, out int[] outEven)
    {
        (チームメンバー 1がここを書く)
    }

    private static int[] sub2(int[] outOdd, int[] outEven)
    {
        (チームメンバー 2がここを書く)
    }

    private static void sub3(int[] ar)
    {
        (チームメンバー 3がここを書く)
    }

    static void Main(string[] args)
    {
        int[] a1 = { 1, 2, 3 };
        int[] odd, even;
        sub1(a1, out odd, out even);
        int[] a2 = sub2(odd, even);
        sub3(a2);
    }
}
```

※ただし新規メソッドの追加に制限はない。必要と思った数だけメソッドを追加してよい。

先攻グッドマン ―― 風通しの良いチームの答え

グッドマン では、知り合いの風通しの良いチーム、チームナカヨシが書いてくれたソースコードだ。

```
using System;
using System.Linq;

class Program
{
    // チーム全体の共有ソース
    private static bool isEven(int n)
    {
        return n % 2 == 0;
    }

    // チームメンバー 1の担当分
    private static void sub1(int[] p, out int[] outOdd, out int[] outEven)
    {
        outOdd = p.Where(c => !isEven(c)).ToArray();
        outEven = p.Where(c => isEven(c)).ToArray();
    }

    // チームメンバー 2の担当分
    private static int[] sub2(int[] outOdd, int[] outEven)
    {
        return outOdd.Concat(outEven).ToArray();
    }

    // チームメンバー 3の担当分
    private static void sub3(int[] ar)
    {
        foreach (var item in ar.Where(c => !isEven(c)).OrderBy(c => c))
        {
            Console.WriteLine(item);
        }
    }

    static void Main(string[] args)
    {
        int[] a1 = { 1, 2, 3 };
```

```
        int[] odd, even;
        sub1(a1, out odd, out even);
        int[] a2 = sub2(odd, even);
        sub3(a2);
    }
}
```

グラマーちゃん ポイントはどこですか？

グッドマン 本来なら、偶数か、奇数かという２つの判定メソッドが必要だが、偶数ではないときは自動的に奇数になるので、奇数かの判定は外した。

後攻バッドマン――風通しの悪いチームの答え

バッドマン では、知り合いの風通しの悪いチーム、チームウチワモメが書いてくれたソースコードだ。

```
using System;
using System.Linq;

class Program
{
    // チームメンバー 1の担当分
    private static bool isOdd(int n)
    {
        return n % 2 != 0;
    }

    // チームメンバー 1の担当分
    private static void sub1(int[] p, out int[] outOdd, out int[] outEven)
    {
        outOdd = p.Where(c => isOdd(c)).ToArray();
        outEven = p.Where(c => !isOdd(c)).ToArray();
    }

    // チームメンバー 2の担当分
    private static int[] sub2(int[] outOdd, int[] outEven)
    {
        return outOdd.Concat(outEven).ToArray();
    }
```

```
    // チームメンバー3の担当分
    private static bool 奇数ですか(int n)
    {
        return (n & 1) == 1;
    }

    // チームメンバー3の担当分
    private static void sub3(int[] ar)
    {
        foreach (var item in ar.Where(c => 奇数ですか(c)).OrderBy(c => c))
        {
            Console.WriteLine(item);
        }
    }

    static void Main(string[] args)
    {
        int[] a1 = { 1, 2, 3 };
        int[] odd, even;
        sub1(a1, out odd, out even);
        int[] a2 = sub2(odd, even);
        sub3(a2);
    }
}
```

グラマーちゃん あれ？　メソッドが１つ多いですよ。

ドビン チームナカヨシのisEvenがなくなって、isOddと**奇数ですか**が増えているね。

グラマーちゃん でも、isOddと**奇数ですか**は実装がまるで別物だから、統合できそうにもないわ。

バッドマン はたしてそうだろうか？

ドビン まさか？

バッドマン 実は、isOddと**奇数ですか**の機能は同じ。奇数か否かを判定しているのだ。

ドビン でも、実装がまるで違います。

バッドマン isOddは２で割った余りが１か０かで、奇数と偶数を判定している。一方、**奇数ですか**は、&演算子と１で論理積を演算して結果が１か０かで奇数と偶数を判定できる。１で論理積を演算することは、実際には２

で割った余りを得ることと同じような結果になる。

ドビン 100パーセント無駄ではないですか！

バッドマン いや。無駄ではないのだ。

グラマーちゃん 何か秘密があるんですか？

バッドマン チームウチワモメは、全員がバラバラに作業していて互いに連絡が取れない。だから、自分の担当分を完了させるためには、共有されるメソッドなどを用意しないで自分で専用メソッドを書いてしまったほうが早くて確実なのだ。

ドビン それを全員がやると、同じ機能を持ったメソッドが複数生まれてしまうわけですね？

バッドマン そうだ。しかし、それを間違いとまでは言い切れない。共有されるメソッドを論じ始めるときりがないからだ。

判定は？

グラマーちゃん それでは審査員の怪人バグールさん、判定をお願いします。

バグール チームウチワモメのソースがいいね。冗長だってことは、バグが入りやすいのだ。

グラマーちゃん では、勝者はチームナカヨシ！

バグール 俺、審査員だよね？

ドビン チームウチワモメ、負けちゃいましたよ？

バッドマン 確かにチームウチワモメにも理はあるのだが、それよりも仲間内の連絡を密にするほうが得策だからだ。

問題

とある巨大プロジェクトで開発中、別のチームが担当しているモジュールにほしかった機能を持ったメソッドが含まれているのを発見した。しかし、ドキュメント化はされていない。このメソッドを呼び出せば短時間で担当分の開発が完了してしまいそうだ。このメソッドを呼び出してもよいのだろうか？

短いコードvs長いコード

グラマーちゃん 煮え切らない２人を対決させようと企画されたこのデスマッチ。今回の対決は、**長いコード大好き人間** vs **短いコード大好き人間**のプログラムです。グッドマンとバッドマンにそれぞれのサンプルソースを持ち寄っていただきました。

ドビン 今回も何かお題を出しましたか？

グラマーちゃん 今回はこういうお題でした。

【お題】

0から100までの数値をランダムに記述したデータがある。このデータから、16で割り切れる値だけを抜き出すメソッドを書け。

先攻グッドマン――長いコード

グッドマン では、知り合いの長いソースコード大好きロングホーン君が書いてくれたソースコードだ。

グラマーちゃん ポイントはどこですか？

グッドマン **このメソッドが扱うのは0から100までの数値**だ。**その中で16で割り切れる数は非常に少ない**。全部個別に書いてもすぐ書ける。そこに気づいたところがロングホーン君の冴えたところだ。

グラマーちゃん 全部 else if 構文で列挙していますね。

```
using System;
using System.Collections.Generic;

class Program
```

```
{
    private static IEnumerable<int> filter(IEnumerable<int> en)
    {
        var list = new List<int>();
        foreach (var item in en)
        {
            if (item == 16) list.Add(item);
            else if (item == 32) list.Add(item);
            else if (item == 48) list.Add(item);
            else if (item == 64) list.Add(item);
            else if (item == 80) list.Add(item);
            else if (item == 96) list.Add(item);
        }
        return list;
    }

    static void Main(string[] args)
    {
        int[] ar = { 1, 4, 3, 25, 28, 32, 77, 64 };
        foreach (var item in filter(ar))
        {
            Console.WriteLine(item);
        }
    }
}
```

後攻バッドマン——短いコード

バッドマン では、知り合いの短いソース大好きなショートランド君が書いてくれたソースコードだ。

ドビン ポイントはどこですか？

バッドマン **16で割り切れるか否かの判定は (c & 0xf) == 0 という判定式で十分と見切った点だ。2のべき乗数の処理は数の性質を把握すると簡単になることが多い。**

ドビン 2のべき乗数とは、2、4、8、16、32……ですね？

バッドマン そのとおりだ。それらは**2進数表記にすると非常にシンプルな表記になる。**

ドビン 10、100、1000、10000、100000……ですね？

バッドマン そのとおりだ。ある数が16で割り切れるとは、2進数表現で下4桁がすべてゼロだと判定するのに等しい。論理積演算子（&）は下4桁だけを切り出すために使用されている。

ドビン あんなに長かったfilterメソッドがたった1行ですね。

```
using System;
using System.Collections.Generic;
using System.Linq;

class Program
{
    private static IEnumerable<int> filter(IEnumerable<int> en)
    {
        return en.Where(c => (c & 0xf) == 0);
    }

    static void Main(string[] args)
    {
        int[] ar = { 1, 4, 3, 25, 28, 32, 77, 64 };
        foreach (var item in filter(ar))
        {
            Console.WriteLine(item);
        }
    }
}
```

判定は？

グラマーちゃん それでは審査員の怪人バグールさん、判定をお願いします。

バグール ロングホーン君のソースコードはいいね。**長いからバグを仕込みやすいよ。**みんなが注意をそらした瞬間にズボッとバグを仕込んであげられる。

グラマーちゃん では、ロングホーン君の勝ちですか？

バグール いやいや。ショートランド君のソースもいいね。**誰も理解できない高度なテクニックは意識せずキーボードに触れて書き換えてしまっても誰も理解できないからバグだとわからない。**実はこれはこれでバグを入れやすいよ。大好きだ。

グラマーちゃん では、勝者はどっち？

バグール 両方勝利！
グラマーちゃん 残念、今回は両者とも敗北。引き分けでした。
バグール こらこら、両方勝利っていってるだろ！

問題

ロングホーン君の答えもショートランド君の答えも失格だった。

好ましい模範解答を君が考えてくれ。

条件は、**長くなりすぎない**、**複雑なテクニックを使わない**の2つだ。この条件でfilterメソッドを書き換えてみよう。

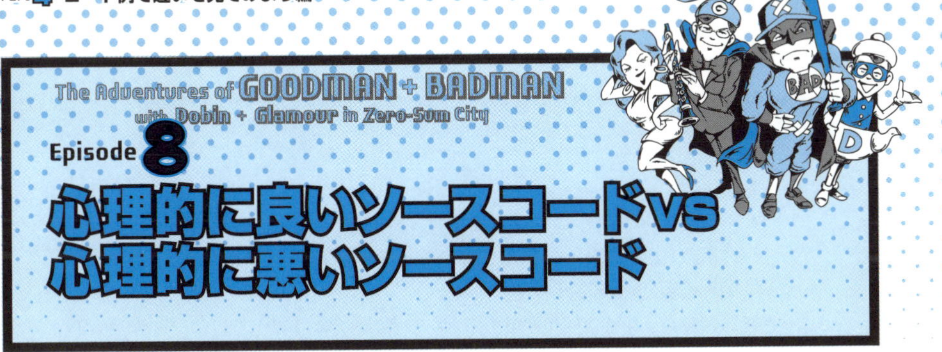

Episode 8 心理的に良いソースコードvs心理的に悪いソースコード

グラマーちゃん　煮え切らない２人を対決させようと企画されたこのデスマッチ。今回の対決は、**心理的に良いソースコード**vs**心理的に悪いソースコード**です。グッドマンとバッドマンにそれぞれのサンプルソースを持ち寄っていただきました。

ドビン　今回も何かお題を出しましたか？

グラマーちゃん　今回はこういうお題でいきましょう。

【お題】

複数の実数のデータがある。正の整数だけ抜き出すメソッドを書いてほしい。ただし、例外として２と３は除去したいが、円周率は抜き出してほしい。

先攻グッドマン ── 心理的に良いソースコード

グッドマン　では、知り合いのきれいなソース大好きなビューティー君が書いてくれたソースコードだ。

グラマーちゃん　ポイントはどこですか？

グッドマン　**１つの式が長くなりすぎると読みにくいのでクエリを分割した点**だ。それからコメントも充実している。

グラマーちゃん　きれいなソースですね。意味もわかりやすいです。

```
using System;
using System.Collections.Generic;
using System.Linq;

class Program
```

```
{
    private static IEnumerable<double> filter(IEnumerable<double> en)
    {
        // 正の数か判定
        var query1 = en.Where(c => c > 0);
        // 小数点以下を切り捨てても同じ数かを判定
        // (つまり小数点以下が存在しないことを判定)
        // 例外的に円周率は許可する
        var query2 = query1.Where(c => c == Math.Ceiling(c) || c == Math.PI);
        // 2以外
        var query3 = query2.Where(c => c != 2);
        // 3以外
        var query4 = query3.Where(c => c != 3);
        // クエリを返す
        return query4;
    }

    static void Main(string[] args)
    {
        // テストデータ。負数の場合(該当しない)、
        // 結果に含まれる典型的な数、
        // 小数部を含み該当しない数
        // 以上3つの数を用意
        double[] ar = { -1.0, 1.0, 1.1, 2, 3, Math.PI };
        foreach (var item in filter(ar))
        {
            Console.WriteLine(item);
        }
    }
}
```

実行結果

```
1
3.14159265358979
```

後攻バッドマン ── 心理的に悪いソースコード

バッドマン では、知り合いのダーティー君が書いてくれた心理的に悪いソース

コードだ。

ドビン やたら長い式も含まれていますね。

バッドマン しかし、filter はたった1行で済んでいるぞ。

ドビン そこがポイントですね。

バッドマン いや。そうじゃないぞ。真のポイントはそこにはない。

ドビン どこですか？

バッドマン 要求には、**円周率は抜き出してほしい**と書いてあるが一言も Math.PI の値とは書いていない。**Math.PI とは違う有効桁数の数字を書かれると単純一致では絶対に捕まえられないし、10進数を2進数に直す際の誤差でずれる可能性もある。**実はビューティー君のソースはそこに欠陥がある。うかつすぎるのだ。

ドビン ソースコードはきれいですよ？

バッドマン だが、欠陥品なのだ。

```
using System;
using System.Collections.Generic;
using System.Linq;

class Program
{
    private static IEnumerable<double> filter(IEnumerable<double> en)
    {
        return en.Where(c => c > 0 && (c == Math.Ceiling(c) ||
                        ➥Math.Abs(c - Math.PI) < 0.01) && c != 2 && c != 3);
    }

    static void Main(string[] args)
    {
        double[] ar = { -1.0, 1.0, 1.1, 2, 3, 3.14 };
        foreach (var item in filter(ar))
        {
            Console.WriteLine(item);
        }
    }
}
```

判定は？

グラマーちゃん それでは審査員の怪人バグールさん、判定をお願いします。

バグール 実はね。**読みやすいソースにすることは重要**って言葉を勘違いした読みやすいソースは大好物なんだ。

グラマーちゃん どういう意味でしょう？

バグール ソースが読みやすいとバグを発見しやすいのも真理だけど、正常に動いているかチェックするよりも、**読みやすく仕上げるほうに夢中になっちゃう人がいる**の。

グラマーちゃん つまり、バグがあっても読みやすいソースのできあがりというわけですね？

バグール そうそう。たとえるなら、頑丈な鍵を作るのに夢中になって、鍵をかけ忘れて泥棒に入られる感じ。だからビューティー君のソースは大歓迎。

グラマーちゃん では、ダーティー君はどうでしょう？

バグール 1行が無駄に長くて読みにくいから、こっちも好きだよ。一度バグが入ると探しにくい。

グラマーちゃん おっと。ビューティー君、ダーティー君、まさかの共倒れ！　両者失格の引き分けです。

バグール なんでやねん。

問題

ビューティー君、ダーティー君のどちらもダメだった。ならばどういうソースコードを書けばよいのだろうか？　読みやすさとバグがないことはどこで折り合いを付ければよいのだろうか？

The Adventures of GOODMAN + BADMAN
with Dobin + Glamour in Zero-Sum City
Episode 9

依存性は分離する？ しない？

グラマーちゃん 煮え切らない２人を対決させようと企画されたこのデスマッチ。今回の対決は、**依存性は分離するプログラム** vs **依存性は分離しないプログラム**です。グッドマンとバッドマンにそれぞれのサンプルソースを持ち寄っていただきました。

ドビン 今回も何かお題を出しましたか？

グラマーちゃん 今回はこういうお題です。

【お題】

クラスAに含まれるメソッドHelloを呼び出すcallメソッドを記述する。ただし、将来多機能化する構想がある。つまり、メソッドHello以外を呼び出す可能性がある。

先攻グッドマン —— 依存性は分離するソースコード

グッドマン では、知り合いの抽象化大好きアブさんが書いてくれたソースコードだ。

グラマーちゃん ポイントはどこですか？

グッドマン 将来の拡張があったとき。インターフェースIAさえ実装していれば、callメソッドは無修正で使える。

グラマーちゃん なるほど、修正点が少ないのは楽ですね。

グッドマン そうだ。クラスAとメソッドcallの間に**依存性が発生しない**。そのため**分離して扱いやすい**のだ。

```
using System;
```

```
interface IA
{
    void Hello();
}

class A : IA
{
    public void Hello()
    {
        Console.WriteLine("Hello");
    }
}

class Program
{
    private static void call(IA a)
    {
        a.Hello();
    }

    static void Main(string[] args)
    {
        call(new A());
    }
}
```

実行結果

```
Hello
```

後攻バッドマン —— 依存性を分離しないソースコード

バッドマン では、知り合いの依存性ドンと来いのディペン君が書いてくれたソースコードだ。

```
using System;

class A
```

```
{
    public void Hello()
    {
        Console.WriteLine("Hello");
    }
}

class Program
{
    private static void call(A a)
    {
        a.Hello();
    }

    static void Main(string[] args)
    {
        call(new A());
    }
}
```

ドビン　見事に、call メソッドに直接 A というクラス名が書いてありますね。呼び出し先を変えるときは、call メソッドの修正が不可避だ。

バッドマン　そのとおり。しかし、それはディペン君としてもわかったうえでの選択なのだ。

ドビン　といいますと？

バッドマン　**未知の未来は未知**なのだ。だから、**未知の未来に備えることはできない**。ただ単に当たれば効果がある準備はできるが、当たる確率はそれほど高くない。徒労に終わることのほうが多い。この場合、IA の実装が致命的に変更されることはないという前提で構えているが本当にそうだろうか？　実は、ほとんどの場合、IA の致命的な変更が不可避ではないだろうか？　変更されるとすれば、あらかじめ使用されない定義を書いておくのは無駄ではないだろうか？　仕様が明確化してから書いたほうが効率がいいのではないだろうか？　そういう考えに立って、とりあえず**今必要とされている機能**だけを書いてある。

ドビン　でも、**将来多機能化する構想がある**と断言されていますよ。

バッドマン　そうだ。変更は不可避だが、実際に変更が行われるときに要求される機能はまだ未知なのだ。はたしてインターフェース IA がこのままでいいのか、いまの段階ではまだ誰もわからないのだ。決定の段階までに何か致命的な問題が発覚して大幅な修正を余儀なくされるかもしれないが、それが何か、そういう事態があるのかないのかもまだわかっていないのだ。

ドビン うかつには未来のためのコードは書けないわけですね。

バッドマン そうだ。仕様が決まってから書いたほうが効率がいい。

判定は？

グラマーちゃん それでは審査員の怪人バグールさん、判定をお願いします。

バグール おいら、ディペン君のソース嫌い。

グラマーちゃん なぜですか？

バグール 未来に備えたソースってね。**実行されなかったり意味を持たない定義が多いからバグを仕込みやすい**の。

グラマーちゃん 走らなければ間違っていても異常を察知できないわけですね。

バグール そうそう。でも､そういうソースを排斥されてしまうと居心地が悪い。やっぱり、アブさんの依存性を分離したソースが大好き。

グラマーちゃん 大好きって、そこまでいう理由はありますか？

バグール あるある。依存性の分離といっても、どうせ**機能追加すると定義が不十分で大工事が強要されちゃう**の。**大工事になれば、またバグを仕込める**ものね。

グラマーちゃん 依存性のあるディペン君のソースでも、はやり大工事が必要ですよね？

バグール そうだけど、ディペン君って**無駄なコード書かない**だろう？　俺がバグを仕込む余地が少ないから嫌いだよ。この勝負はアブさんの勝ちで。

グラマーちゃん 判定出ました。この勝負はディペン君の依存性のあるコードの勝ちです。

バグール なんでいつも逆を宣言するの！

問 題

ウィンドウに出力するHelloメソッド、コンソールに出力するHelloメソッド、ログファイルに出力するHelloメソッドを持つソースコードがある。このソースコードの扱いを簡素化するために、インターフェースを1つ定義して呼び出し側から具体的な出力メソッドの依存性を取り除いた。どの出力メソッドもインターフェース経由で呼び出せるようにしたのだ。この選択は正しいだろうか？　間違いだろうか？　ちなみに、上で、インターフェースを追加したアブさんは負けをジャッジされてしまった。アブさんと同じくインターフェースの追加は間違った選択なのだろうか？

The SPECIAL …… わかりやすいことは本当によいことか？

IT業界はこれまで**よりわかりやすく**を目指して進んできた。

筆者もその例外ではなく、技術をよりわかりやすく解説するために仕事をしてきた。

だが、それは本当に正しいことなのだろうか？

最近はそれに疑問を持っている。

むしろ、**過剰にわかりやすすぎることは悪**だと考えるようになってきた。

それはなぜか？

わかっていないのにわかってしまうことを可能にするからだ。

より正確に言い直そう。

本質的に重要な問題についての理解が十分ではないにもかかわらず、**理解した**という手ごたえを与えてしまうことがよくないのだ。

その結果何か起こるのだろうか？

より深く勉強しようという意欲が消える。なにしろすでに**理解した**と思っているのだ。それ以上の勉強など必要であるはずがない。実際には学ぶべきことは残っているが、それは彼の視界からは消えてしまう。

それが進行すると何が起きるのだろうか？

技術の魔法化だ。

わかっていないのにわかった気になるが、実際はわかっていないので何も説明できない。その結果、プログラムを1行1行書いた結果として何かが起きているわけではなく、**高名な魔法使いが呪文を唱えて命じたから結果がある**と理解してしまいがちだ。その結果、マイクロソフト製品に問題があれば「ビルが悪い」といい、アップル製品が悪いと「ジョブズがいないせいだ」というような人が増えた。当然、マイクロソフトもアップルも大企業であり、無数の従業員が働いて製品を作っているが、その人たちの存在は彼らの意識から消えている。わかった気になっているだけで実際は何もわかっていないからだ。

いまや、アーサー・C・クラークの第3法則「**十分に発達した科学技術は、魔法と見分けがつかない**」は冴えた洞察ではなく、つまらない現実でしかない。

だが、プログラマーが同じであってはならない。技術を魔法扱いしても思いどおりにプログラムが動かないだけだからだ。もし、冴えたすばらしいプログラムがあるとしたら、それはビルやジョブズのような高名な魔法使いが作ったからではない。地道に勉強をしてスキルを磨いてきた君たちのようなスペシャリストが作ったからだ。

The Adventures of GOODMAN + BADMAN with Dobin + Glamour in Zero-Sum City

Episode 10

おっと、キャプチャミス！

グラマーちゃん 煮え切らない２人を対決させようと企画されたこのデスマッチ。今回の対決は、**変数のキャプチャはそのまま使う派** vs **変数のキャプチャはコピーする派**です。グッドマンとバッドマンにそれぞれのサンプルソースを持ち寄っていただきました。

ドビン 今回も何かお題を出していますか？

グラマーちゃん 今回はこういうお題でいきました。

ドビン for ループの内側に、コメントで書かれたコードを実装してほしいわけだね。

```
using System;

class Program
{
    static void Main(string[] args)
    {
        var array = new Action[3];
        for (int i = 0; i < array.Length; i++)
        {
            //ここに答えを書いてほしい
            //array[i]に変数iの値を出力するラムダ式を代入する
        }
        foreach (var item in array)
        {
            item();
        }
    }
}
```

先攻グッドマン――変数のキャプチャはそのまま使う派の答え

グッドマン では、知り合いのキャプチャ・ツバサが書いてくれたソースコードだ。

```
array[i] = () => { Console.WriteLine(i); };
```

実行結果

```
3
3
3
```

グラマーちゃん ポイントはどこですか？

グッドマン ポイントはない。単に変数を出力するラムダ式を書いているだけだ。コメントには **array[i] に変数 i の値を出力するラムダ式を代入する**と書いてあるからそのとおり実装してある。

グラマーちゃん 何のひねりもないですね。

グッドマン おひねりなら歓迎だ。

後攻バッドマン――変数のキャプチャはコピーする派の答え

バッドマン では、知り合いのキャプチャ・タニグチが書いてくれたソースコードだ。

```
var iCopy = i;
array[i] = () => { Console.WriteLine(iCopy); };
```

実行結果

```
0
1
2
```

ドビン ポイントはどこですか？

バッドマン 一度変数に値をコピーしてからラムダ式で使っている点だな。iCopy という変数だ。

ドビン コピーすると何かいいことがあるのですか？

バッドマン 結果が違うだろう？
ドビン あ、あっちは3、3、3なのに、こっちは0、1、2で違う。
バッドマン そうだろう？
ドビン でもおかしいです。変数に数値をコピーしたぐらいで結果が変化するワケがありません。
バッドマン キャプチャ・タニグチによれば、キャプチャする変数の寿命の違いが原因だそうだ。
ドビン どこが違うのですか？

- 変数 i：1 回誕生したらそれっきり。再誕生などはしない
- 変数 iCopy：for ループが 1 回回るごとに新しい変数が生まれる

バッドマン つまりだね。for ループが終わった時点で変数 i は 3 という値が入った変数が 1 つだけ。しかし、iCopy はラムダ式からキャプチャされているのでまだ寿命は尽きていない。結果として、iCopy はなんと 3 個存在している。0 が入った iCopy、1 が入った iCopy、2 が入った iCopy で 3 つだ。
ドビン だから、キャプチャ・ツバサのプログラムは 3 を 3 回報告するのに、キャプチャ・タニグチのプログラムは 1、2、3 を報告するわけですね。

判定は？

グラマーちゃん それでは審査員の怪人バグールさん、判定をお願いします。
バグール キャプチャ・ツバサのプログラムがいいぞ。
グラマーちゃん なぜですか？
バグール これは 100 パーセント バグだからだ。
グラマーちゃん なぜバグと断定できるのですか？
バグール 固定値を 3 回出力するためにわざわざラムダ式なんか持ち出すものか？　ここでほしかった答えは、変化する値のほうだ。つまり、3、3、3ではなく 0、1、2 が本当にほしかった値だろう。そういう意味で、そもそも出題のコメントが曖昧だし、キャプチャ・ツバサのプログラムもバグっているぞ。
グラマーちゃん バグールさん大活躍ですね。
バグール えっへん。では、変数のキャプチャはそのまま使う派のキャプチャ・ツバサを優勝にしてくれ。
グラマーちゃん 変数のキャプチャはコピーする派のキャプチャ・タニグチの勝ちです！

バグール こら。たまには審査員のいうことを聞け！

問題

怪人バグールがまたバグを仕込んできたぞ。グッドマン、バッドマンに成り代わり、君がバグを探してくれたまえ。

ループの中でコピーしているから結果は0、1、2になるのではないだろうか？　バグったとしても結果は3、3、3にならないのだろうか？　意図した動作をするように修正してほしい。

```
using System;

class Program
{
    static void Main(string[] args)
    {
        var array = new Action[3];
        int iCopy;
        for (int i = 0; i < array.Length; i++)
        {
            iCopy = i;
            array[i] = () => { Console.WriteLine(iCopy); };
        }
        foreach (var item in array)
        {
            item();
        }
    }
}
```

意図した結果

```
0
1
2
```

実際の実行結果

```
2
2
2
```

The SPECIAL »»» サンプルソースを探せ！

サンプルソースを探す方法はいろいろある。

- 公式のサンプルコード集
- MSDN のマニュアル中のサンプル
- All-In-One Code Framework Sample Browser で検索する（☞ 図）
- コードレシピ
- MS 公式の各種ブログ
- 利用者が個人的に公開しているブログや Web サイト
- Stack Overflow などの技術情報サイトの回答欄

Stack Overflow の回答欄は意外と穴場だ。Stack Overflow は技術 Q&A のサイトで、日本語版もできつつあるが、圧倒的に英語主体だ。そこでの質問には「動かない」といってソースコードが書かれているものが多いが、これはあまり参考にならない。動かないからだ。ところが、回答欄には動くかもしれない情報が多く載っているので参考になることが多い。英語の回答はあまり読めないかもしれないが、C# は世界のどこに行っても C# だ。ソースコードを抜き出して利用するのは簡単だろう。

図：All-In-One Code Framework Sample Browser

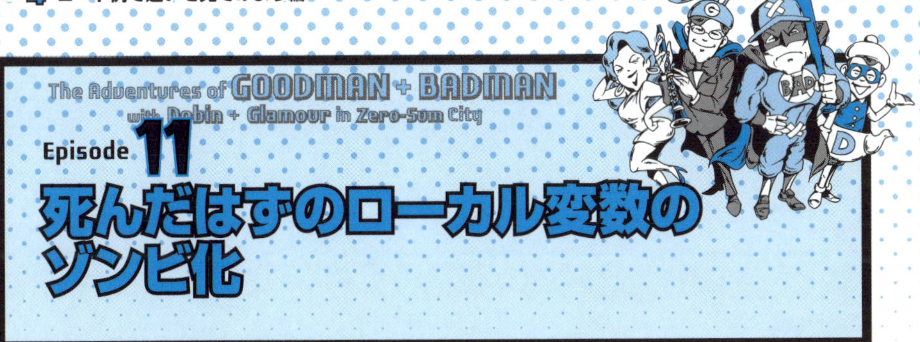

Episode 11 死んだはずのローカル変数のゾンビ化

グラマーちゃん 煮え切らない２人を対決させようと企画されたこのデスマッチ。今回の対決は、**変数はキャプチャする派** vs **変数は引数で渡す派**です。グッドマンとバッドマンにそれぞれのサンプルソースを持ち寄っていただきました。

ドビン 今回も何かお題を出しましたか？

グラマーちゃん 今回はこういうお題でいきます。

【お題】

整数の配列をラムダ式に渡して処理したい。

先攻グッドマン ── 変数をキャプチャする派の答え

グッドマン では、知り合いのキャプチャ・ダンが書いてくれたソースコードだ。

```
using System;

class Program
{
    static void Main(string[] args)
    {
        const int size = 100;
        var array = new Action[size];
        for (int i = 0; i < array.Length; i++)
        {
            int[] n = new int[size];
            array[i] = () =>
            {
```

```
                n[0] = n[1];
            };
            array[i]();
        }
    }
}
```

実行結果

```
(特に何も出力しない)
```

ドビン ポイントは何ですか？

グッドマン **変数のキャプチャ**だ。ラムダ式内部で実行される n[0] = n[1]; は、**いつ実行されるかわからないので、そこで参照されている変数 n の寿命はメソッドが終わっても終わらず延命される**。まあ、この場合は Main メソッドだから終了即プログラムそのものの終了だけれどもね。

後攻バッドマン——変数は引数で渡す派の答え

バッドマン では、知り合いのキャプチャ・ハードロックが書いてくれたソースコードだ。

```
using System;

class Program
{
    static void Main(string[] args)
    {
        const int size = 100;
        var array = new Action<int[]>[size];
        for (int i = 0; i < array.Length; i++)
        {
            int[] n = new int[size];
            array[i] = (p) =>
            {
                p[0] = p[1];
            };
            array[i](n);
```

```
        }
    }
}
```

実行結果

（特に何も出力しない）

グラマーちゃん ポイントはどこですか？

バッドマン **ラムダ式が引数を持つ**ようになっている。この引数を経由して配列を渡すようにしている。変数のキャプチャは発生していない。

判定は？

グラマーちゃん それでは審査員の怪人バグールさん、判定をお願いします。

バグール ずばり、変数をキャプチャする派のキャプチャ・ダンの勝ち。

グラマーちゃん なぜですか？

バグール 実はこれバグってるの。次の数字を大きくするとすぐわかるよ。

```
        const int size = 100;
```

```
        const int size = 10000000;
```

グラマーちゃん あ、数字を大きくしたら、変数をキャプチャする派のキャプチャ・ダンのプログラムだけOut of Memory例外で止まってしまいました。

バグール **もう必要としていない配列をゾンビとして持ち続けているから**さ。解放してやれば次の配列をすぐ確保できるものを、抱え込むからどんどんメモリを圧迫して最後はメモリが尽きるわけだ。大好きだぜ、そういうプログラム。

グラマーちゃん なぜ引数で渡す派のキャプチャ・ハードロックのプログラムは平気なんですか？

バグール キャプチャしてないから。そうすれば、延命されることもないからゾンビ化もしない。つまらないことだ。早く、変数をキャプチャする派のキャプチャ・ダンの勝ちを宣言してくれ。

グラマーちゃん では、引数で渡す派のキャプチャ・ハードロックの勝ち！

バグール いいんだいいんだ。僕なんて相手にされていないんだ。

問題

変数をキャプチャする派のキャプチャ・ダンのソースコード、巨大配列のゾンビ化を防ぐにはどうしたらよいだろうか？ つまり、Out of Memory 例外を回避したい。

The SPECIAL ･････ サンプルが長すぎる！

サンプルソースで困るのは未知のAPIが山ほど使われた長いものの場合だ。自分が知りたい答えがどこにあるのかわからなければ、途方に暮れてしまう。

そういう意味で、サンプルソースは短いほうがよい。最小限の機能に絞り込んでくれるからよいのだ。

その点で、「10行でズバリ !!」シリーズ（☛図）は簡潔で好ましいといえる。

それ以外でも、質問の回答欄などにコンパクトに書かれたコード例は好ましい。

図：「10行でズバリ !!」の例

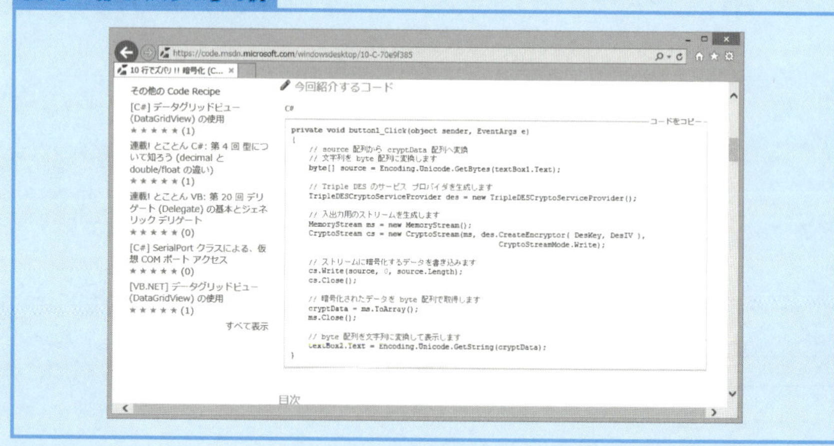

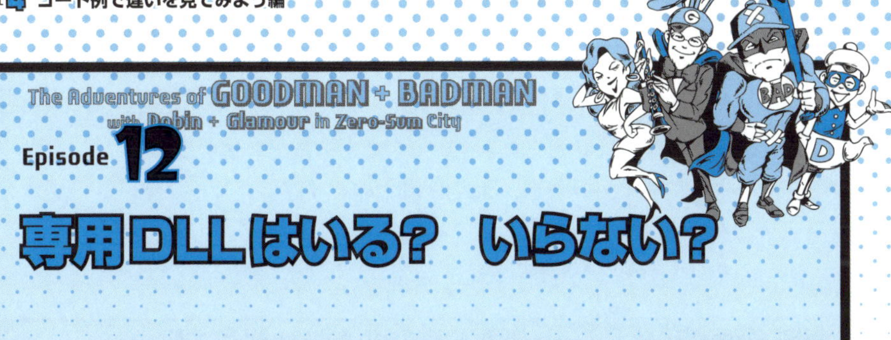

Episode 12 専用DLLはいる? いらない?

グラマーちゃん 煮え切らない２人を対決させようと企画されたこのデスマッチ。今回の対決は、**専用 DLL はいる派** vs **専用 DLL はいらない派**です。

ドビン それはどういう主旨なのですか？

グラマーちゃん たとえば次のようなソースコードがあったとしますね。

```
using System;

class A
{
    public static void Hello()
    {
        Console.WriteLine("Hello");
    }
}

class Program
{
    static void Main(string[] args)
    {
        A.Hello();
    }
}
```

ドビン 単純化していますね。

グラマーちゃん このとき、次の２つの選択肢があるのですよ。

- 全部１本の実行ファイルにまとめる（ファイル１本）
- クラス A は DLL に入れ、クラス Program は実行ファイルに入れて DLL を参

照して呼び出す（ファイル２本）

ドビン　実際には２本といわずいくらでも分割できますね。

グラマーちゃん　はい。そのとき、DLL は汎用のライブラリではなく、そのプログラム専用で使い回しできないとします。それでも DLL に一部を分割する意味ってあるのでしょうか？

先攻グッドマン——専用DLLはいらない派の答え

グッドマン　**専用 DLL は作らないほうがいい**と思う。

グラマーちゃん　理由は？

グッドマン　実行ファイルをコピーするだけで動作可能にするオプションもある世界だ。これを **xcopy 配置**という。それを考えると、無駄に DLL が増えるとトラブルのもとだ。ファイルが１つ足りないから起動できないということも起こりうる。１本の実行ファイルにまとまっていれば、問題は起きにくい。

後攻バッドマン——専用DLLはいる派の答え

バッドマン　**専用 DLL は作ったほうがいい**と思う。

ドビン　理由は？

バッドマン　**internal が使える**からだ。**private では狭すぎるが public では広すぎる場合**は、これが使えると便利だ。たとえば、特定の機能でのみ使用されるが、全体で使われるわけではない機能は、１つの DLL にまとめて internal を指定しておくと便利だ。他のファイルからは見られないシンボルになるが、DLL 内部からは使いたい放題だ。

判定は？

グラマーちゃん　それでは審査員の怪人バグールさん、判定をお願いします。

バグール　どちらもミスを減らす手段として有効なので、嫌い！

グラマーちゃん　どちらが負けですか？

バグール　引き分け。両方とも負け。

グラマーちゃん　今回は引き分け、両者共に勝ち！　ケースバイケースで、グッドマンの言い分とバッドマンの言い分をうまく使い分けてコーディングしていきましょう！

バグール いいもんいいもん。グラマーちゃんは僕の言い分なんか聞いてくれないってわかっているもん。

問題

バッドマンの意見もグッドマンの意見ももっともだ。しかし、両方を尊重すると、DLL に分割することも分割しないことも選べない。君はどうしたらいいのだろう？何か基準はないだろうか？

The SPECiAL »»» 本当は少ないコーディングというお仕事？

プログラムを作成するために IT 企業に就職するというと、出社から退社まで PC に向かってコーディングしているような印象を持つ人は多いだろう。

ところが、実際にやってみるとコーディングという仕事の割合はそれほど多くない。理由は次のとおりだ。

- 書いたコードはテストしなければならない。本職のテスターがほかにいるとしても、まったく動かないコードをチェックインはできない
- バグがあれば調べなければならない
- 共同して作業する相手と意思疎通するための会議やメールの読み書きなどの時間も必要だ
- スキャフォールディングなど、自動的にソースコードを生成してくれる機能も多い

だから、コーディングの効率化に関する主張はあまり効果をもたらさない。それよりも、バグを出さない、バグが出てもすぐに解消できる技術のほうが有益だ。C# の長所は素早くコーディングできることよりも、バグが出にくく、出てもすぐに突き止められる部分にある。

Episode 13

動かないクエリ式vs動くクエリ式

グラマーちゃん 煮え切らない２人を対決させようと企画されたこのデスマッチ。今回の対決は、**動かないクエリ式派** vs **動くクエリ式派**です。グッドマンとバッドマンにそれぞれのサンプルソースを持ち寄っていただきました。

ド ビ ン 今回も何かお題を出しましたか？

グラマーちゃん 今回はこういうお題でいきます。

【お題】

変数 flag が true なら要素が１以上の要素を抽出するが、false のときは変数が偶数の要素を抽出する。

先攻グッドマン ―― 動かないクエリ式派の答え

グッドマン では、知り合いのスタティッ君が書いてくれたソースコードだ。

```
using System;
using System.Linq;

class Program
{
    static void Main(string[] args)
    {
        bool[] ar = { true, false };
        int[] data = { 0, 1, 2 };
        foreach (var flag in ar)
        {
            int[] r;
            if (flag)
```

```
                r = data.Where(c => c >= 1).ToArray();
            else
                r = data.Where(c => c % 2 == 0).ToArray();
            Console.WriteLine("flag={0}",flag);
            foreach (int item in r)
            {
                Console.WriteLine(item);
            }
        }
    }
}
```

実行結果

```
flag=True
1
2
flag=False
0
2
```

グラマーちゃん ポイントはどこですか？

グッドマン クエリ式が２つあることだ。条件によって使い分ける。

後攻バッドマン――動くクエリ式派の答え

バッドマン では、知り合いのダイナ・みっ君が書いてくれたソースコードだ。

```
using System;
using System.Linq;
using System.Linq.Expressions;

class Program
{
    static void Main(string[] args)
    {
        bool[] ar = { true, false };
        int[] data = { 0, 1, 2 };
        foreach (var flag in ar)
```

```
        {
            ParameterExpression cParam = Expression.Parameter(typeof(int),
                                                                    ➥"c");
            BinaryExpression filter;
            if (flag)
                filter = Expression.GreaterThanOrEqual(cParam,
                                                    ➥Expression.Constant(1));
            else
            {
                var calc = Expression.Modulo(cParam, Expression.Constant(2));
                filter = Expression.Equal(calc, Expression.Constant(0));
            }
            var lambda =  Expression.Lambda<Func<int, bool>>(filter, cParam).
                                                                ➥Compile();
            int[] r;
            r = data.Where(lambda).ToArray();
            Console.WriteLine("flag={0}",flag);
            foreach (int item in r)
            {
                Console.WriteLine(item);
            }
        }
    }
}
```

実行結果

```
flag=True
1
2
flag=False
0
2
```

ドビン　わあ、面倒なソースですね。ポイントはどこですか？

バッドマン　Whereメソッドを２回書きたくないので、**式を動的に構築している。**

ドビン　Whereメソッドは２回しか書いていませんが、全体として複雑化していますよ。

バッドマン　**条件が複雑化するとこの方式のほうがソースコードを簡素化できる可能性がある**のだ。それを見据えた解決策というわけだ。

判定は？

グラマーちゃん それでは審査員の怪人バグールさん、判定をお願いします。
バグール 悩むね。
グラマーちゃん いつもなら長いほうを選ぶのに。
バグール 動くクエリ式派のソースコードは長いように見えるけれど、それはデフォルメした説明用のサンプルだからだ。**やり方次第ではこっちのほうがシンプルになる可能性があって、バグを入れにくい**のだ。
グラマーちゃん わかりました。今回は引き分けですね？
バグール そうだな、引き分けにしよう。
グラマーちゃん わかりました。
バグール 初めてグラマーちゃんがおいらの結論を認めてくれたよ。感動だな。では、両者負けで引き分け！
グラマーちゃん ジャッジ出ました。両者勝利で引き分けです。
バグール やっぱり結論正反対。
グラマーちゃん どちらの方式がよりシンプルになって好ましいかはケースバイケースですね！

問題

動くクエリ式派ダイナ・みっ君が書いてくれたサンプルソースにはCompileメソッドの呼び出しが含まれている。しかし、コンパイルとはソースコードをバイナリーのコードに変換する作業で、通常はビルドを実行した際に同時に実行されるはずではないか？　なぜ実行中にあらためてコンパイルを行う必要があるのだろうか？　理由を考えてみよう。

Episode 14 式は実行するまでわかりません

グラマーちゃん 煮え切らない2人を対決させようと企画されたこのデスマッチ。今回の対決は、**式はわかっているべき派** vs **実行するまでわからない派**です。グッドマンとバッドマンにそれぞれのサンプルソースを持ち寄っていただきました。

ドビン 今回も何かお題を出しましたか？

グラマーちゃん 今回はこういうお題でいきます。

【お題】

前提として次のようなクラスがあるとする。

```
class Triple
{
    public int x, y, z;
}
```

そして、次のような配列がある。

```
        Triple[] t =
        {
            new Triple(){x=0,y=1,z=2},
            new Triple(){x=1,y=0,z=2},
            new Triple(){x=2,y=1,z=0},
        };
```

このとき、xが0、yが0、xが0の3回のクエリを実行してヒットしたデータを出力してほしい。

先攻グッドマン──式はわかっているべき派の答え

グッドマン では、知り合いの式はわかっているべき派のドクター・ノウンが書いてくれたソースコードだ。

```
using System;
using System.Collections.Generic;
using System.Linq;

class Triple
{
    public int x, y, z;
}

class Program
{
    private static void sub1(IEnumerable<Triple> en)
    {
        foreach (var item in en.Where(c => c.x == 0))
        {
            Console.WriteLine("({0},{1},{2})", item.x, item.y, item.z);
        }
    }
    private static void sub2(IEnumerable<Triple> en)
    {
        foreach (var item in en.Where(c => c.y == 0))
        {
            Console.WriteLine("({0},{1},{2})", item.x, item.y, item.z);
        }
    }
    private static void sub3(IEnumerable<Triple> en)
    {
        foreach (var item in en.Where(c => c.z == 0))
        {
            Console.WriteLine("({0},{1},{2})", item.x, item.y, item.z);
        }
    }

    static void Main(string[] args)
    {
        Triple[] t =
```

```
        {
            new Triple(){x=0,y=1,z=2},
            new Triple(){x=1,y=0,z=2},
            new Triple(){x=2,y=1,z=0},
        };
        Console.WriteLine("Case1:");
        sub1(t);
        Console.WriteLine("Case2:");
        sub2(t);
        Console.WriteLine("Case3:");
        sub3(t);
    }
}
```

実行結果

```
Case1:
(0,1,2)
Case2:
(1,0,2)
Case3:
(2,1,0)
```

ド ビ ン　ポイントはどこですか？

グッドマン　**与えられたクエリ以外は絶対に実行できない安全性を考えて書かれている。**クエリが固定されていれば悪用される危険も少ないし、結果も容易に予測できるからテストもやりやすい。単純明快で変な悪用もされない。

ド ビ ン　いいことずくめですね。

後攻バッドマン ――実行するまでわからない派の答え

バッドマン　では、知り合いの実行するまでわからない派の赤毛のアンノウンが書いてくれたソースコードだ。

```
using System;
using System.Collections.Generic;
using System.Linq;
```

```
class Triple
{
    public int x, y, z;
}

class Program
{
    private static void sub(Func<Triple, bool> cond, IEnumerable<Triple> en)
    {
        foreach (var item in en.Where(c => cond(c)))
        {
            Console.WriteLine("({0},{1},{2})", item.x, item.y, item.z);
        }
    }

    static void Main(string[] args)
    {
        Triple[] t =
        {
            new Triple(){x=0,y=1,z=2},
            new Triple(){x=1,y=0,z=2},
            new Triple(){x=2,y=1,z=0},
        };
        Console.WriteLine("Case1:");
        sub((c) => c.x == 0, t);
        Console.WriteLine("Case2:");
        sub((c) => c.y == 0, t);
        Console.WriteLine("Case3:");
        sub((c) => c.z == 0, t);
    }
}
```

実行結果

```
Case1:
(0,1,2)
Case2:
(1,0,2)
Case3:
(2,1,0)
```

グラマーちゃん ポイントはどこですか？

バッドマン 判定式そのものを引数に渡すことで、クエリを行うメソッドを1個で済ませているところだ。Console.WriteLine("({0},{1},{2})", item.x, item.y, item.z); を3回書かなくていいので、**効率がいい**ぞ。

グラマーちゃん foreach ループも1個で済みますね。

バッドマン しかも、**変更に強い**。判定式は外部から与えられるので、いきなり x は 0 という条件はやめて x は 0 以上で判定しよう……といわれても、引数の値だけ書き換えればよい。つまり、メソッドは無修正でよい。

ドビン いいことずくめですね。

判定は？

グラマーちゃん それでは審査員の怪人バグールさん、判定をお願いします。

バグール 式はわかっているべき派のドクター・ノウンのソースコードは**無駄に長い**ので、バグを入れる隙が多い。そこはいいのだが、実行するまでわからない派の赤毛のアンノウンのソースコードも**とんでもない条件を強引に押し込める**という意味で、捨てがたい。どっちも好きかな。両方優勝の引き分けにしようぜ。

グラマーちゃん 判定でました。

バグール おっと、両方失格で引き分けというのは無しだぜ。

グラマーちゃん わかってます。わかってます。

バグール では、判定をコールしてくれ。

グラマーちゃん 両方失格で引き分け！

バグール やっぱりわかってない。おいら審査員だぞ！

問題

怪人バグールに成り代わり、君が悪さをするコードを仕込んでみてくれ。

このコードを実行すると Justice! と出力するが、これを Evil! と出力するように改変してほしい。ただし、書き換えが許されるのはラムダ式だけだ。

```
using System;
using System.Collections.Generic;
using System.Linq;
```

```
class Program
{
    private static string message;
    private static void sub(Func<int, bool> cond, IEnumerable<int> en)
    {
        message = "Justice!";
        foreach (var item in en.Where(c => cond(c)))
        {
            Console.WriteLine(item);
        }
        Console.WriteLine(message);
    }

    static void Main(string[] args)
    {
        int[] t = { 1 };
        sub(c => c == 0, t);
    }
}
```

The SPECIAL …… デバッグこそが見せ場

デバッグは見せ場だ。

なぜなら、能力の差が極端に出るからだ。

センスがないと、プログラムの先頭から末尾まですべてトレース実行しておかしい場所を探そうとする。

しかし、優秀な人間はプログラムの振る舞いからある程度バグの在処を頭の中で推定してしまう。いきなり、そこにブレークポイントを仕掛けて確認を取ってしまう。

たとえ推定が間違いでも、2～3回繰り返すうちに正しい場所にたどり着く。

効率がとても違うのである。

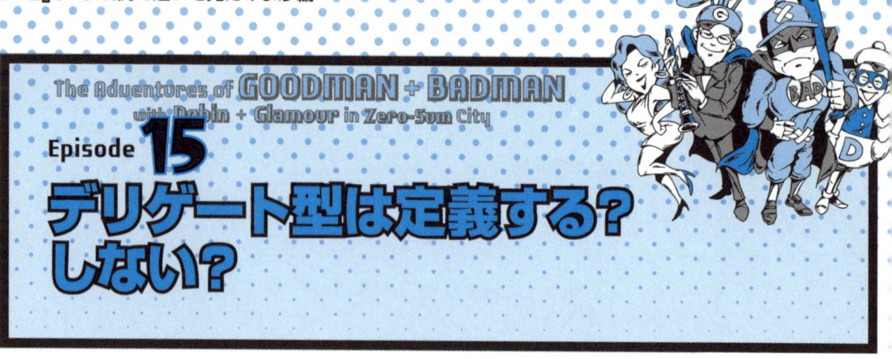

Episode 15 デリゲート型は定義する？しない？

グラマーちゃん 煮え切らない２人を対決させようと企画されたこのデスマッチ。今回の対決は、**デリゲート型は定義すべき派 vs デリゲート型は定義しない派**です。グッドマンとバッドマンにそれぞれのサンプルソースを持ち寄っていただきました。

ドビン 今回も何かお題を出しましたか？

グラマーちゃん 今回はこういうお題でいきます。

【お題】

デリゲート経由で、次の２つの機能を呼び出す。

Ⓐ指定ファイル名のファイルに指定文字列を書き込み、成功したか否かを bool 型で返す

Ⓑ２つの文字列を受け取り一致していたら bool 型で返す

先攻グッドマン――デリゲート型は定義する派

グッドマン では、知り合いのデリゲート型は定義する派の**定義の味方**君が書いてくれたソースコードだ。

グラマーちゃん ポイントはどこですか？

グッドマン **目的は違うがシグネチャは同じ２つのデリゲートは、別の型を定義しているから相互に間違えて代入できない**ことだ。

グラマーちゃん どういう意味ですか？

グッドマン 次のソースに `c = w;` という行を追加しても代入は成立しないのだよ。型が違うからね。

```
using System;
using System.IO;

delegate bool compare( string x,string y);
delegate bool writeFile( string filename,string message);

class Program
{
    static void Main(string[] args)
    {
        compare c = (x, y) => x == y;
        writeFile w = (filename, message) =>
        {
            try
            {
                File.WriteAllText(filename, message);
            }
            catch (Exception e)
            {
                Console.WriteLine(e);
                return false;
            }
            return true;
        };
        Console.WriteLine(c("a", "b"));
        Console.WriteLine(w("a.txt", "Hello!"));
    }
}
```

実行結果

```
False
True
```

後攻バッドマン——デリゲート型は定義しない派

バッドマン では、知り合いのデリゲート型は定義しない派の**あるものは使え**君が書いてくれたソースコードだ。

ド ビ ン ポイントはどこですか？

バッドマン デリゲートを定義していないから、その分だけ短い。
ド ビ ン 定義しないでいいのですか？
バッドマン 定義はクラスライブラリにある。
ド ビ ン Func デリゲートですね。

```
using System;
using System.IO;

class Program
{
    static void Main(string[] args)
    {
        Func<string,string,bool> c = (x, y) => x == y;
        Func<string, string, bool> w = (filename, message) =>
        {
            try
            {
                File.WriteAllText(filename, message);
            }
            catch (Exception e)
            {
                Console.WriteLine(e);
                return false;
            }
            return true;
        };
        Console.WriteLine(c("a", "b"));
        Console.WriteLine(w("a.txt", "Hello!"));
    }
}
```

判定は？

グラマーちゃん それでは審査員の怪人バグールさん、判定をお願いします。
バ グ ー ル **定義の見方**君のソースは、**デリゲートを定義している部分にバグを仕込めそう**なので好き。でもね、**あるものは使え**君が書いたソースも、c = w; がコンパイルエラーにならないので、**目的が違うデータの代入ミスというバグを誘発しそう**で好き。

グラマーちゃん　では、判定は？

バグール　両方合格の引き分け！

グラマーちゃん　両方失格の引き分け！

バッドマン　待ちたまえ。

グッドマン　そうそう。即断はいかん。

グラマーちゃん　でも、バグールが両方合格だって。それってどっちもバグが発生する余地があるからダメって意味ですよね？

バッドマン　そうではないんだ。まず**デリゲート型の出番は多くない**。しかも**シグネチャの型が重なって識別できない可能性は低い**。だから**別の機能のデリゲートを代入できてしまう**という事態は**起きにくい**。そういう事態がないのなら、別にActionデリゲートやFuncデリゲートを使って悪い理由はない。

ドビン　では、たまたま同じ型を使用するデリゲートが重なったら？

グッドマン　おほん。めったにミスなど起こらないと割り切ってActionデリゲートやFuncデリゲートを使ってしまうか、あるいは**定義の見方**君のように定義してしまうといいね。それで、相互に代入できなくなる。

グラマーちゃん　では、判定は？

バッドマン　両方合格の引き分けでいいと思うぞ。

グッドマン　適切な使い分けの条件は付くけどね。

バグール　やった。初めておいらのジャッジが採用された。

グラマーちゃん　今回が対決シリーズの最終回で、もうバグールさんに審査員を頼む予定はないんですけどね。

バグール　なんだってー。また、おまえらのプログラムにバグを仕込んでやる！

問題

怪人バグールがまたバグを仕込んできたぞ。グッドマン、バッドマンに成り代わり、君がバグを探してくれたまえ。

```
using System;
using System.IO;

delegate bool compare(string x, string y);
delegate bool writeFile(string filename, string message);

class Program
```

```
{
    static void Main(string[] args)
    {
        compare w = (x, y) => x == y;
        writeFile c = (filename, message) =>
        {
            try
            {
                File.WriteAllText(filename, message);
            }
            catch (Exception e)
            {
                Console.WriteLine(e);
                return false;
            }
            return true;
        };
        Console.WriteLine(c("a", "b"));
        Console.WriteLine(w("a.txt", "Hello!"));
    }
}
```

意図した結果

```
False
True
```

実際の実行結果

```
True
False
```

The Adventures of
GOODMAN + BADMAN
with Dobin + Glamour
BAD
CRAAASH!
in Zero-Sum City

Part 5
クラウド編

Episode 1 ストレージの2つのキーはこう使え

ラウド君 やあ、僕はラウド君。僕はつかまえどころのない雲さ。気の向くままにどこにでも行くよ。得意技はクラウドさ。

グラマーちゃん 変なのが出たわ！

ドビン グッドマンもバッドマンもバグール退治で留守にしているいま、僕らでゼロサムシティを守らないと！

ラウド君 やだなあ。僕はクラウドのポイントをみんなに伝える伝道師さ。悪者じゃないよ。

キーは2つもあるが、2つしかない

グラマーちゃん じゃあ、教えてよ。

ラウド君 なんでも教えてあげるよ。

グラマーちゃん Azure のストレージのテーブルを使っているのだけど、キーは 1 つでいいのに必ず 2 つ提供されるのよ。これってなぜ？ 無駄じゃないの？

ラウド君 無駄じゃないんだな。これからステキなストレージのパラダイスにご招待だ。

ドビン ストレージのテーブルの 2 つのキーってこれだろう？

- PartitionKey
- RowKey

ラウド君 そうさ。それらには特徴があって、役割が違うのさ。念のためにいうと、**ストレージのキーは 2 つ**。絶対に 2 つ。3 つ以上ほしいと思っても 2 つ。1 つでいい場合でも 2 つさ。

グラマーちゃん　それって不便じゃないですか？

ラウド君　**ストレージのキーはね、大容量 Key-Value ストアの都合で存在しているんだ。**けして、**データの都合で存在しているわけではないんだ**よ。

Key-Valueストア

グラマーちゃん　そもそも Key-Value ストアって何？

ラウド君　世の中の主流は SQL Server で、マイクロソフトもライバル他社もみんな SQL で問い合わせるデータベースを使っているのだけど、これには欠点も多い。構造が硬直的すぎるんだ。だから、他のやり方も見直されて **NoSQL** と呼ばれるデータベースも出てきた。Key-Value ストアはそのうちの 1 つだね。厳密なデータの定義はなく、キーと値のペアが記録されるんだ。

グラマーちゃん　ならばデータの数だけキーはあるのでしょう？　2個じゃないでしょ？

ラウド君　のんのん。そのキーとこのキーは別物さ。**値の数だけ存在するキーは 1 つのレコード内の値を取り出すためのキー。2 個しかないのはレコードを識別するためのキー**さ。

PartitionKeyの役割

グラマーちゃん　じゃあ、**PartitionKey の機能**って何？

ラウド君　**PartitionKey の値が違っていると違うデータベースに格納される可能性がある**んだ。そして、**PartitionKey の値が違うものは、1 つのバッチ処理で同時に処理できない**制約を持つんだよ。

グラマーちゃん　どういうこと？

ラウド君　つまりだね。**PartitionKey の値ごとに別々のテーブルが存在すると思ったほうがいい**んだ。

グラマーちゃん　具体的にいうと？

ラウド君　たとえば画像データベースならこんな感じで使うといいね。

テーブル全体　＝　全員の画像データベース
PartitionKey=A　A さんの画像データベース
PartitionKey=B　B さんの画像データベース
PartitionKey=C　C さんの画像データベース

⋮

ドビン そうか。Aさんとしてログインしているなら、BさんやCさんの画像データを扱う可能性はないから、バッチ処理でAさんのデータしか扱えないとしてもそれでいいのか。

ラウド君 そうさ。**一見テーブルが1つに見えるけれど、実際は複数のテーブルがある**と思うとわかりやすいと思うよ。

グラマーちゃん なぜそんな仕組みになっているのですか？

ラウド君 たぶんね、クラウドの世界はマルチユーザーが前提だからだよ。

グラマーちゃん 利用者ごとに対象を分類する仕掛けがあったほうが便利なんですね。

ラウド君 もちろん、PartitionKeyは何を指定してもいいので、別に利用者の名前やIDじゃなくてもオッケーさ。

RowKeyの役割

ラウド君 というわけで、PartitionKeyはデータの分類にはあまり使えないわけだ。

グラマーちゃん 利用者の分類に便利ってことですね。

ラウド君 そうさ。ではもう1つのキーである**RowKey**は何に使うのか？

グラマーちゃん 何？

ラウド君 それはもう、**100パーセント完全にデータの区別**。**PartitionKeyとRowKeyが完全に一致したデータは一組しか存在できない**からね。逆にいえば、この2つさえ確定すれば確実に目的のデータにアクセス可能さ。

グラマーちゃん つまり、RowKeyに人名を入れると、同姓同名の人は完全に区別不可能になるわけですね？

ラウド君 そう。同姓同名の人を書き込もうとしたら、上書きされちゃう。

グラマーちゃん 不便ですね。

ラウド君 **性能重視**なのさ。

RowKeyのもう1つの役割

ラウド君 もう1つ知っていると便利な特徴。実は、**RowKeyはつねにソートされているの**。だから、**文字列比較して小さいものから順にいつでも並んでいるの**。これが何を意味するかわかる？

グラマーちゃん わかりません。

ドビン　無駄なソート時間をいつも消費しているってこと？

ラウド君　2人ともダメだなあ。あのね、RowKeyの値を決定するときに、新しいものほど文字列比較して小さい値にする、と決めておくとね、**新着10件のような機能を実装する際に、先頭の10個を取得するだけで済む**の。

グラマーちゃん　そんなRowKeyの値は簡単に得られますか？

ラウド君　簡単さ。**日付時刻を逆転させて、新しいものほど小さい値にして、それを文字列化してしまえばいい**んだよ。

グラマーちゃん　なるほど……。

使い分けの基本

グラマーちゃん　だんだんわかってきました。確かに必要としているキーは1つですが、本当はそれに加えて利用者の区別用のキーも必要だったのですね？

ラウド君　そうそう。だからこんなふうに使い分けるとスムーズだと思うよ。

- PartitionKey ＝ 利用者のユニークID
- RowKey ＝ 個々のデータの重複しない識別ID

ドビン　でも、全利用者が1つのデータを共有する場合は？

ラウド君　利用者のユニークIDを固定値にしてしまってもいいと思うよ。

ドビン　1人の利用者が複数のデータを使うときは？

ラウド君　データごとにPartitionKeyに使う専用IDを発行してもいいと思うよ。いずれにしても、**PartitionKeyとRowKeyには機能はあっても定義はない**。どんな目的に使ってもオッケーだ。上の例はあくまで1つの提案であって、こう使わないとダメという話ではないからね。

グラマーちゃん　参考になりました！

問題

怪人バグールからの挑戦状だ。
ストレージのテーブルで、このデータは扱えるだろうか？
グッドマン、バッドマンに成り代わり、君が答えを探してくれたまえ。

```
PartitionKey=X001 RowKey=Y001 Message=Hello
PartitionKey=X002 RowKey=Y002 Message=Hello
```

```
PartitionKey=X003 RowKey=Y001 Message=Hello
PartitionKey=X001 RowKey=Y001 Message=World
```

The SPECiAL …… 雲のようにつかみどころがないクラウド界

ドビン　クラウド君。クラウドの定義を教えてください。

ラウド君　そんな定義は存在しないよ。雲のようにつかみどころがないのがクラウドさ。

ドビン　Azure や AWS のようなサービスはクラウドですか？

ラウド君　そのとおりさ。

ドビン　ネット上の仮想マシンホスティングはクラウドですか？

ラウド君　そういってる人もいるね。クラウドってことでいいんじゃない？

ドビン　DropBox のようなネット上のストレージはクラウドですか？

ラウド君　そういってる人もいるよね。

ドビン　ネットワークゲームで、サーバー側にデータを保存する場合、保存先をクラウドといっている人もいますがクラウドですか？

ラウド君　ネット上にあってローカルにないものは全部クラウドでもいいよ。

ドビン　でも、クラウドがブームになる前から存在するサービスも多いですよね。

ラウド君　クラウドは単なる流行言葉だからね。全然目新しくないサービスにクラウドって名付けるだけってことも多いよ。

ドビン　結局クラウドって何ですか？

ラウド君　定義は存在しないよ。

ドビン　つかみどころがない……。

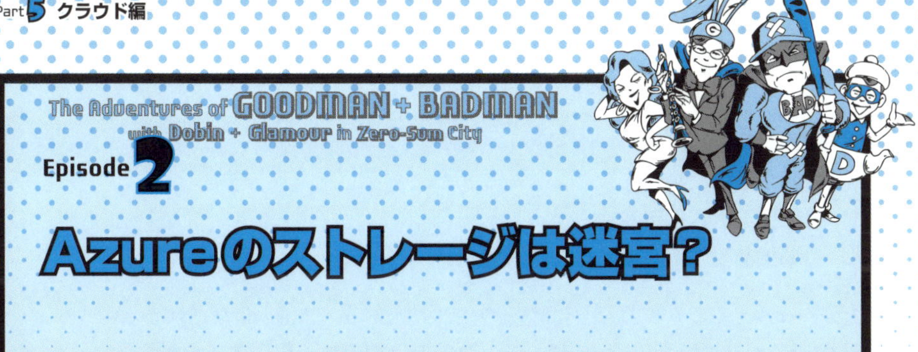

Episode 2

Azureのストレージは迷宮？

グラマーちゃん ウソつき！ Azureのストレージちっとも速くないわよ。
ラウド君 どれどれ、ソースを見せてごらん。

```
foreach( …… )
{
    var picsCount = table.tbl.CreateQuery<T>().Take(1).ToArray();
}
```

ラウド君 ははぁ。よくわかったよ。当ててみようか？　君はこういうコードをLINQ to Objectsでよく書いていて問題なかったからストレージのTableでもいけると思ったんだろう？
グラマーちゃん なんでわかったのよ。
ラウド君 このコードはすごくやばいのさ。その理由がわかるかい？
ドビン あ、わかったぞ。これはやばい。
グラマーちゃん もう。2人してわかったなんてずるい。早くわたしにも教えてよ。

クエリの発行回数は最少化せよ

ラウド君 別にストレージにはかぎらないのだけどね。実は**遠隔地で実行するクエリには通信のオーバーヘッドというものが付きまとう**のさ。
グラマーちゃん そのオーバーヘッドって何？
ラウド君 こういうことが毎回繰り返されるのさ。

❶クエリに必要な情報をまとめます
❷クエリをお願いします
❸承知しました。少々お待ちください

❹クエリを実行します
❺完了しました
❻結果をまとめます
❼結果を返送します
❽結果を受け取りました。ありがとう

グラマーちゃん　でも、わたしは最初の1つのデータをTakeしただけよ。
ラウド君　**オーバーヘッドはデータ量とは関係なく発生する**のさ。
ドビン　つまりね、このコードだと実際にクエリを発行するのはToArrayメソッドなんだ。それはループを1回回すごとに1回呼び出されるので、たとえばループを100回回すとクエリを100回も発行してかなり待たされてしまうんだ。
グラマーちゃん　じゃあ、ToArrayメソッドの呼び出しをループの外に出すだけでクエリ回数を減らせるの？
ラウド君　そうさ。試してごらん。
グラマーちゃん　あ、すぐ処理が終わった。
ラウド君　LINQ to ObjectsだとToArrayメソッドで1個だけ要素を持つ配列を作成するのは一瞬であまり時間を意識しないかもしれない。でも、クエリを遠隔地に投げる場合はバカにならない時間を必要とするので要注意さ。**クエリ回数は最少にするのが基本中の基本**さ。そのために、**1回のクエリでできるだけ多くの成果を出すように式を工夫する**といいね。

複数テーブルをまたがる検索の罠

グラマーちゃん　でもこっちはクエリ回数を減らせないわ。
ラウド君　どういうクエリだい？

- テーブルAから年齢が20の人を抽出したい
- テーブルBから性別が女性の人を抽出したい
- それぞれのテーブルに共通IDが入っているので、2つの条件を同時に満たすIDの一覧がほしい

ラウド君　これもよくある話だね。
グラマーちゃん　どうしたらいいのよ？　テーブルAから年齢が20の人を抽出することはできるわ。でも女性かどうかわからない。それを調べるにはテーブルBをクエリしなければならないの。それも、抽出した人数分だけ。もし

100人抽出したらクエリが100回増えるのよ。これは遅すぎだわ。

ラウド君　回答その1。これはテーブルの設計が悪いよ。一緒にクエリするデータは一緒に同じテーブルで管理したほうがいいよ。

グラマーちゃん　そんなことわかってるわよ。他のデータとの整合性の都合上、それはできない相談なの。

ラウド君　回答その2。テーブルのサイズが小さいときはまるごと取得し、メモリ上で共通IDを抽出してしまうといいよ。無駄に思えるけれど、結果として何回もクエリするよりも素早く終わるよ。

グラマーちゃん　テーブルが大きいから無理よ。

ラウド君　回答その3。テーブルAとテーブルBを合成したテーブルCをキャッシュとして作成しておき、それをクエリする。

グラマーちゃん　面倒だわ。

ラウド君　ストレージというのは、そういうものさ。

グラマーちゃん　どういうものよ？

ラウド君　**扱う者のセンスで良くも悪くもなる。**シンプルでパワフルだが気の利いた便利な機能は少ないからね。そこは自前で何かを付け足していかないと、なかなか納得のいく答えは得られない。しかし、うまくはまればすごいパワーを安価に発揮できるんだ。チャレンジのしがいがあるよ。

問題

怪人バグールからの挑戦状だ。

とあるプログラムから抜き出したソースコードの一部だが、ToArrayメソッドが2回出てくる。

バグールの主張は、ToArrayメソッドが2回出てくるからクエリが2回発行されて無駄だということだ。

```
var ar = query.Where(c => c.PartitionKey == containerId).ToArray().
                                        ➡OrderBy(c=>c.Number).ToArray();
```

はたして、バグールの主張は正しいだろうか？

グッドマン、バッドマンに成り代わり、君が答えを探してくれたまえ。

Episode 3

Azureのテーブルで前方一致する

グラマーちゃん なによこれ。前方一致で検索する方法がないじゃない。

ラウド君 何を怒っているんだい？

グラマーちゃん レコードを識別するのはPartitionKeyとRowKeyだけよね？

ラウド君 そうだよ。

グラマーちゃん だから、複数の情報を詰め込んだRowKeyの値を作成して記録したのよ。当然それを検索するんだから前方一致検索がほしいのよ。

ラウド君 なるほど。よくある質問だね。

ドビン できませんって答えはうれしくないよ。

ラウド君 ははは。できるよ。

前方一致検索機能はありません

ラウド君 実は前方一致検索機能はないんだ。

グラマーちゃん できるっていったじゃない。

ラウド君 実は機能はないけどできるんだ。他の機能を使ってね。

ドビン まさか？

ラウド君 これが実際に前方一致検索を実行するメソッドの例さ。

```
public static IQueryable<RowType> WhereForwardMatchInRowKey<RowType>
        ➥(this IQueryable<RowType> source, string forwardValue) where RowType :
                                                                    ➥TableEntity
{
    var lowerLimit = forwardValue;
    var upperLimit = lowerLimit + '¥uFFFF';
    return source.Where(c => c.RowKey.CompareTo(lowerLimit) >=
                                    ➥0 && c.RowKey.CompareTo(upperLimit) < 0);
}
```

グラマーちゃん ポイントは何ですか？

ラウド君 **文字列を不等号で絞り込む**のさ。実は文字列の不等号によるチェックは、前方から順にチェックするから、下限の判定は簡単なんだ。

ドビン 上限は？

ラウド君 実は**Unicodeの上限値となっている¥uFFFFを尻尾に付けると、上限のチェックも確定できる**のさ。

グラマーちゃん このテクニックって、Unicodeを文字コードに使用している場合にのみ使えるわけですか？

ラウド君 そういうことさ。**Unicodeの使用が言語仕様で規定されたモダンなプログラミング言語でのみ可能な技**さ。それが規定されていない古典的な言語ではうまく書けないかもしれないモダンな技さ。

ドビン 質問。Unicodeにはサロゲートペアがあって、U+10000みたいな¥uFFFF以上の番号を持つ文字がありますけど？

ラウド君 この場合の文字列比較は、サロゲートペアに分解されて処理されるから、2つの¥uFFFF以下の番号扱いされて安全なのさ。

ドビン なるほど。サロゲートペアだからペアに分解されて判定されるのか。

問題

怪人バグールからの挑戦状だ。
不等号の向きを逆転させれば後方一致検索もバッチリだという。
はたして、バグールの主張は正しいだろうか？
グッドマン、バッドマンに成り代わり、君が答えを探してくれたまえ。

Episode 4

Azureのテーブルで複数条件OR一致

グラマーちゃん クエリを発行する回数をできるだけ減らすのはいいのですが、1回に複雑な条件を指定するとうまくいきません。

ラウド君 1回のクエリで許される式の長さに制限があるからね。詰め込みすぎるとNGだよ。

グラマーちゃん でも、RowKeyがAの場合とBの場合とCの場合と……と列挙していくとどうしても長くなってしまいます。

ラウド君 よくある質問ってヤツだね。

ドビン 何か手があるのですか？

ラウド君 あるとも。

不等号を活用せよ

ラウド君 対象が本当にA、B、Cのようなデータなら不等号で解決できる可能性もあるね。

ドビン 最大値と最小値で挟めば短い式で全部包含できますね。

```
c >= 'A' && c <= 'C'
```

ラウド君 たとえ全部揃っていなくても、一部が揃っているだけで式は短く整理できるかもしれないね。

グラマーちゃん あくまでA、B、Cは例です！ 実際は揃ってません！

多少のゴミは後から取れ

ラウド君 たとえば、0から100までのデータだが50は除外したい場合、割合として微々たるものだから、先に0から100までのデータを取得して、後からローカルで50を抜くという手もあるね。**無駄な転送データが発生してしまうけれど、割合として少なければ後から除去してもいい**と思うよ。これでクエリを短くできる場合もある。

グラマーちゃん　それはちょっとダーティーですね。

ラウド君　パケット代を1パケット単位で気にする利用者には受けないかもしれないね。

式を動的に作れ

ラウド君　こういうときは、**式を最適化して動的に構築してしまうのが基本**だね。

グラマーちゃん　動的に式を構築するって話はもうありましたね（☞「Part 3 Episode 11：式の動的構築で限界突破」）。

ラウド君　では質問しよう。なぜ動的に構築するといいのだろう？

グラマーちゃん　えっ？　えっ？　コンパイル時に式を確定させないってことですよね？　何がいいのかな？

ラウド君　ドビン君ならもうわかってるよね。

ドビン　長くなりそうなら式を分割できるからです。短くて済む場合は分割しなくてもいいわけです。

ラウド君　ご名答。

式を分割せよ

ラウド君　つまりね。なぜ動的に式を作りたいのかといえば、**与えられたデータ次第で式が延びたり縮んだりするとき、そのデータ量の最適なクエリ回数で済ませたい**からなんだよね。

グラマーちゃん　データが少ないときは1回のクエリで済ませるけれど、増えてきたら2回、3回と増えていく可能性があるわけですね？

ラウド君　そうさ。ストレージ自身に限界がある以上、無限に複雑なクエリは要求できない。どうしてもクエリ回数は増えてしまう。けれど、1回で済むときは1回で済ませたほうがみんなハッピーだ。

グラマーちゃん　サンプルを見せてください。

ラウド君　**「Part 3 Episode 11：式の動的構築で限界突破」**でバッドマンがすでに提示しているからそれを見て参考にして。

問題

怪人バグールからの挑戦状だ。

バグールは、不定個数の条件判断を行う際は必ず動的に式を構築する必要があり、`Where`のようなLINQのメソッドは使用できないと主張している。

はたして、バグールの主張は正しいだろうか？

グッドマン、バッドマンに成り代わり、君が答えを探してくれたまえ。

The SPECIAL デザイナーとの戦争勃発。悪いのはどっちだ！

よくある事態だが、「これで最終ですね？」と念を押したはずなのに、デザイナーが「やっぱりこの入力欄をこっちの画面に移動させて」などといってくることがある。しかし、それはせっかく作ったプログラムの半分を白紙に戻し、データ構造から再設計するような重大な変更要求かもしれない。

だが、そこで「おまえは何の権利があって俺たちの数カ月分の仕事を巻き戻す気だ！」と怒ってはいけない。

それを要求したデザイナーは自分の要求が何をもたらすのかわかっていないだけなのだ。彼からすれば、入力欄を描いた絵をあっちの画像からこっちの画像に移動させるだけの一瞬で終わる作業なのだ。同じことをプログラマーに要求することに、なんら良心の呵責は感じていない。

必要なことは、その要求に対応した場合のスケジュールの遅延とアップするコストを提示し、それだけのダメージを背負ってまでやらなければいけないことか、確認をすることなのだ。

その際、それを「怠けたいプログラマーたちが、屁理屈で抵抗している」と見なすようなら戦争は避けられない。どのみち、プロジェクトはうまくいかない。お客様が待っているのはあくまで予算内でシステムが稼働することであるが、コスト意識がない人が混ざっていれば、それは達成が難しくなる。

ただし、これは重要なので強調しておこう。本当の敵はデザイナーではなく、客より自分の都合を優先する自己中人間だ。たとえデザイナーに自己中人間がいたとしても、プログラマーにも自己中人間がいないわけではないのだ。デザイナーがつねに敵だと思うと火傷をする。デザイナーの全員が敵ではないし、プログラマーの全員が味方とも限らない。

The Adventures of GOODMAN + BADMAN with Dobin + Glamour in Zero-Sum City

Episode 5

ETagで確実な更新を

グラマーちゃん たいへんです。クラウドのデータベースでは数字をカウントできないっていってる人がいましたよ。まさか数字すら数えられないとは欠陥品ですか？

ド ビ ン データベースというのは、すべての要求を満たすことはできないから、どのデータベースも何かを犠牲にしている。クラウドで使われるKey-Valueストアは、性能をアップするための完全性を犠牲にしているわけだ。だから、高性能ではあるが、整合性が保証されない場合がある。たとえばカウントアップ処理が2つ並行して走ってしまった場合、本来は2が足されるはずだが、1を足した値にもう1回1を足した値を書き込んでしまい、1しか足されない場合がある。

グラマーちゃん へー。いろいろ面倒なんですね。

ラ ウ ド君 ちちち。ドビン君、それはちょっと違うなあ。**確実なカウント処理は可能**なんだよ。

ド ビ ン えっ？

グラマーちゃん どうやるんですか？

ラ ウ ド君 ETagを使うのさ。

ETagって何だろう？

ラ ウ ド君 昔はなかったんだけどね。いまのAzureのストレージのテーブルを見てごらん。［ETag］って項目があるだろう？ （☛次ページ図1）

グラマーちゃん ありますね。

ラ ウ ド君 これがポイントさ。

ド ビ ン ETagの機能とは何ですか？

ラ ウ ド君 テーブルを操作するとき、`PartitionKey`や`RowKey`や`Timestamp`と同じように、ETagというものがある。テーブルを操作するときに、ワイル

図1：[ETag] の項目

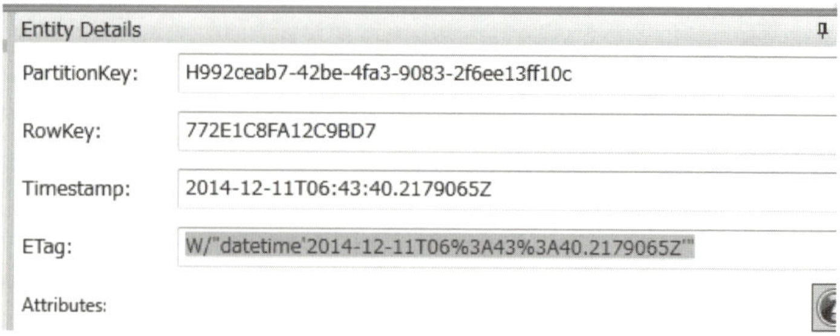

Entity Details

PartitionKey:	H992ceab7-42be-4fa3-9083-2f6ee13ff10c
RowKey:	772E1C8FA12C9BD7
Timestamp:	2014-12-11T06:43:40.2179065Z
ETag:	W/"datetime'2014-12-11T06%3A43%3A40.2179065Z'"
Attributes:	

ドカード文字（*）を指定しておくと別に何もしない。どんな要求も通ってしまう。でも、**明確な値を指定すると機能が変わる**んだよ。

グラマーちゃん どこが変化するのですか？

ラウド君 **ETagが一致しないと書き込みが失敗する**んだ。

ドビン 失敗しちゃダメじゃないですか？

ラウド君 だからさ。まずレコードを取得するだろう？ ETagの値が入っているだろ？ そのまま書き戻すとETagの値は一致して書き込める。ところが、**ETagの値は書き込まれるごとにユニークになることが保証される**。だからね、取得した後で他の誰かが変更してしまうと書き込みは失敗するのさ。

グラマーちゃん あの。それって、単に重複書き込みを禁止しているだけで、カウント

図2：ETagを使った書き込み

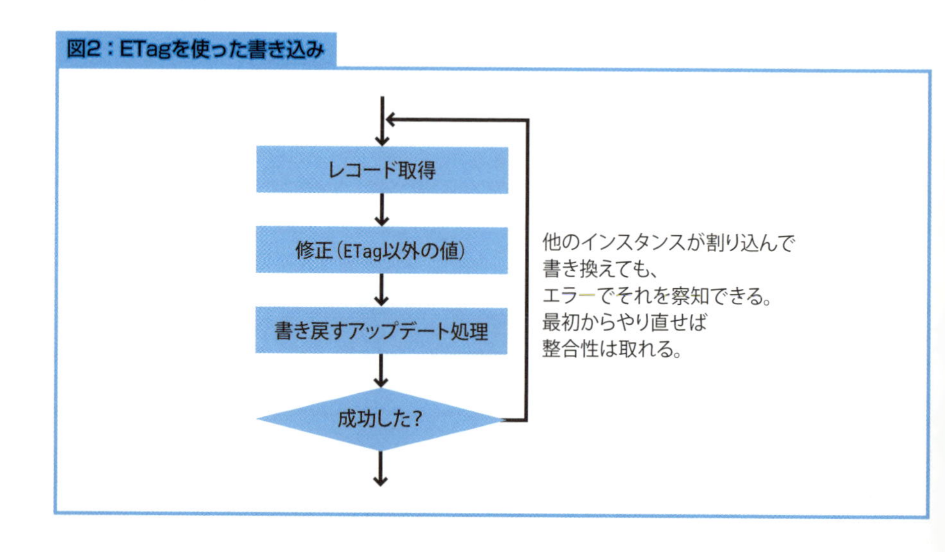

アップがうまく動くわけではないですよね？

ラウド君 失敗したら最初からリトライすればいいのさ。

ドビン つまりこういうこと（前ページ図2）ですね？

ラウド君 そのとおり！

グラマーちゃん でも、そうするとリトライが発生するごとにクエリ回数がどんどん増えていきますね？ クエリ回数は減らすべきではなかったのですか？

ラウド君 そうさ。減らすべきさ。でも、**データの整合性が重要なら、たまに衝突したときぐらいクエリ回数が増えても許してあげるべき**だよ。なにしろ、**あらゆる要求はすべて両立できない世界**なんだからね。

問題

怪人バグールからの挑戦状だ。

怪人バグールはETagの値がたまたま同じになり区別できない場合は、競合を検出できないと主張している。つまり、誤動作を起こし、バグールが暗躍できるのだ。

はたして、バグールの主張は正しいだろうか？

グッドマン、バッドマンに成り代わり、君が答えを探してくれたまえ。

The SPECIAL ››› バグはそもそも出さない！

最強のデバッグ方法は何だろうか？

それはもう、最初からバグを出さないことに尽きる。バグさえ出さなければ、デバッグという見積もりのやりにくい作業をカットできるのだ。

そのためには、できるだけ単純ミスを早期に発見できる技術が好ましい。

つまり、C#ならdynamicキーワードを使うのではなく、型を明示的に指定するほうが好ましい。間違った使い方がコンパイルエラーになる確率が高いからだ。コンパイル段階で直してしまえばデバッグは必要ない。

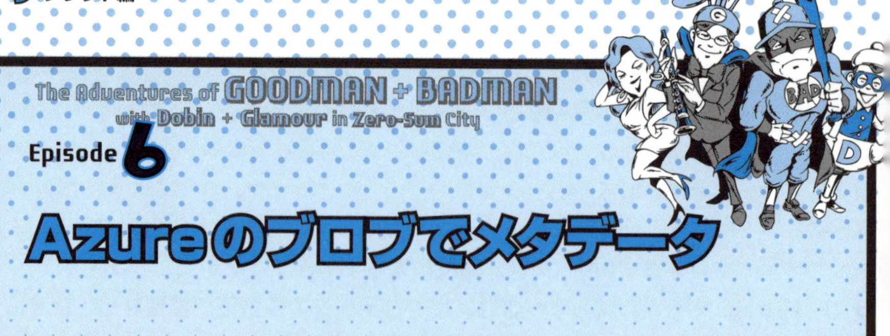

Episode 6

Azureのブロブでメタデータ

グラマーちゃん ブロブに入っている巨大データの中に名前や性別の情報があるのよ。ブロブの一覧を出したときに、名前や性別の情報もリストしたいのだけど、ブロブの内容を全部ダウンロードしないとダメかしら。でも、すべてのブロブのファイルをダウンロードしていたらすごい時間を必要として耐えがたいわ。

ドビン そうだ。ラウド君がいっていたじゃないか？　こういうときは**いかにうまくキャッシュを設計するかが鍵**だって。

グラマーちゃん ブロブの一覧を出すためだけのキャッシュのテーブルを追加するの？面倒だわ。

ドビン でも、性能は上がるよ。

ラウド君 僕を呼んだかい？

グラマーちゃん かくかくしかじか。

ラウド君 そういうことなら、**ブロブのメタデータを使うといい**よ。わざわざ専用のテーブルなんて作りたくないだろう？

グラマーちゃん メタデータ？

メタデータとは何か？

ドビン **メタデータ**とは何ですか？

ラウド君 **ブロブは 1 つのバイナリーのデータを格納する**。これは知っているね？

ドビン テキストでもいいのですよね？

ラウド君 テキストはバイナリーの特殊な場合さ。もちろんオッケーだよ。

ドビン ならば、メタデータとは何ですか？

ラウド君 実は、ブロブには若干のデータを追加できるんだ。たとえば、タイムスタンプや ETag などだね。

ドビン　それがメタデータですか？

ラウド君　いや、これは**プロパティ。メタデータは同じように追加可能だが、ユーザー定義可能な追加データ。**

ドビン　じゃあ、名前や性別をあらかじめメタデータに入れておけば……。

ラウド君　Fetchメソッド1つで本体をダウンロードすることなくプロパティやメタデータだけ取得することが可能だよ。リストするときはまとめて取得することもできるよ。

グラマーちゃん　ということは、ブロブ本体の巨大データをダウンロードしなくても名前や性別を取得できるようにできるのですね？

ラウド君　そうさ。余計なテーブルなんか作らなくてもオッケーさ。

プロパティとメタデータは何が違うか？

ドビン　結局、プロパティとメタデータは何が違うのですか？　両方ともブロブへの付加情報に思えますけど。

ラウド君　答えは簡単さ。**プロパティはシステム定義で勝手に変更することはできないリードオンリーの存在**さ。でも、**メタデータはユーザー定義でユーザーの判断1つで変更できちゃうリード/ライト可能な存在**さ。

グラマーちゃん　わかったわ。誰が使っても同じタイムスタンプはプロパティになるけれど、人によって違う情報はメタデータで扱うわけね？

ラウド君　そういうことさ。

メタデータでやれないこと

ドビン　そんなに便利なら、メタデータになんでも入れたらよくありませんか？

ラウド君　そのアイデアはNGさ。

ドビン　なぜですか？

ラウド君　メタデータはヘッダに埋め込まれて送受信されるから、あまり大きなデータは扱えないのさ。人の名前ならせいぜい十数バイトか数十バイト程度のサイズだろうから、おそらく問題なく入ると思うよ。酔狂で長すぎる名前を付けないかぎりはね。

ドビン　**寿限無 寿限無 五劫の擦り切れ 海砂利水魚の水行末 雲来末 風来末 食う寝る処に住む処 藪ら柑子の藪柑子 パイポパイポ パイポのシューリンガン シューリンガンのグーリンダイ グーリンダイのポンポコピーのポンポ**

コナーの長久命の長助はダメかもしれないってことですね。

ラウド君　普通の人はそこまで長い名前を付けないから平気だと思うよ。

グラマーちゃん　では、大きなデータを使いたいときはどうすればいいんですか？

ラウド君　**ブロブを使う**のさ。そのためのブロブだろう？

ドビン　なるほど。ブロブとは *Binary Large OBject* の略だから、確かに大きなデータを格納できそうだ。

ラウド君　しかし、必要とされる補助データはたいてい小さいから、メタデータに入れるだけで解決する場合も多いと思うよ。

問題

怪人バグールからの挑戦状だ。

メタデータはHTTPのヘッダに記録される関係上、ヘッダに記述できる文字しか使用できない。つまり、あらゆる情報は記述できず、名前によってはメタデータにセットできない。そうバグールは主張している。

はたして、バグールの主張は正しいだろうか？

グッドマン、バッドマンに成り代わり、君が答えを探してくれたまえ。

The Adventures of GOODMAN + BADMAN with Dobin + Glamour in Zero-Sum City

Episode 7

Workerロールは本当にいるのか？

グラマーちゃん ときどき、データのまとめ処理が走るので、Web ロール 1 つ、Worker ロール 1 つの計ロール 2 つのプロジェクトを作成したのだけど、1 日に何回も走らない一瞬で終わる処理を用意するために Worker ロールを用意するのはなんか釈然としないわ。

ドビン まあまあ。ASP.NET のプロセスは利用されないとリサイクルされて消えちゃうんだ。常駐させたければ何か追加の工夫が必要なんだ。

ラウド君 おっと。君たち何か重要なものを見落としていないかい？

本当は3つのプロセスがある

グラマーちゃん 重要なもの？

ラウド君 そのシステムにプロセスはいくつあると思う？

ドビン こうかな？

- [プロセス 1] Web ロール：使われないとプロセスがリサイクルされて消える
- [プロセス 2] Worker ロール：プロセスが常駐する

グラマーちゃん 答えは 2 つね？

ラウド君 残念。3 つだよ。

ドビン どこに 3 つ目が？

ラウド君 実はこの 3 つのプロセスがあるんだ。

- [プロセス 1] Web ロールの ASP.NET：使われないとプロセスがリサイクルされて消える
- [プロセス 2] Web ロールの本体：プロセスが常駐する
- [プロセス 3] Worker ロール：プロセスが常駐する

グラマーちゃん プロセス 2 はどこにあるんですか？

ラウド君 WebロールのプロジェクトをE作成したらWebRole.csというファイルを探してごらん。それがそうさ。

ドビン これですね？

```
WebRole.cs
using System;
using System.Collections.Generic;
using System.Linq;
using Microsoft.WindowsAzure;
using Microsoft.WindowsAzure.Diagnostics;
using Microsoft.WindowsAzure.ServiceRuntime;

namespace WebRole1
{
    public class WebRole : RoleEntryPoint
    {
        public override bool OnStart()
        {
            // For information on handling configuration changes
            // see the MSDN topic at
                                ➡http://go.microsoft.com/fwlink/?LinkId=166357.

            return base.OnStart();
        }
    }
}
```

グラマーちゃん でも、OnStartって開始時に走るものですよね？　ほかには何もないですよね？

ラウド君 Runメソッドもオーバーライドしちゃえばいいのさ。ついでに止まるときに呼ばれるOnStopメソッドもオーバーライドしちゃおうか？

```
        public override void Run()
        {
            base.Run();
        }
        public override void OnStop()
        {
            base.OnStop();
```

```
        }
```

グラマーちゃん え?
ラウド君 本当に一瞬で終わってしまい他者の迷惑にならない処理なら、WebRole.csでやらせてしまえば、実はWorkerロールはいらないのさ。

問題

怪人バグールからの挑戦状だ。

WebRole.csで変数に書き込んだはずの値が、ASP.NETのコントローラから読み出せないという。読み出そうとしても、書き込んだ値ではなく初期値が返ってくるという。こんなバグがありうるのだろうか? バグールが遭遇したと主張する欠陥は実在するのだろうか?

はたして、バグールの主張は正しいだろうか?

グッドマン、バッドマンに成り代わり、君が答えを探してくれたまえ。

The SPECiAL »»» 休憩デバッグ、トイレデバッグ、風呂場デバッグ、睡眠デバッグ

最強のデバッグ手法は、どのような技術でもなく、リラックスすることだろう。

そういう意味で、休憩することでバグに気づく、トイレでバグに気づく、風呂場でバグに気づく、睡眠して目覚めた後でバグに気づく、といったことも起きる。

ついつい技術に頼りがちな人も多いだろうが、プログラミングは人が行う行為そのものだ。中心にあるのは機械ではなく心だ。人間次第でどちらにも転ぶ。

その点に気をつけていこう。

The Adventures of GOODMAN + BADMAN with Dobin + Glamour in Zero-Sum City

Episode 8

わたしは何番目のインスタンス?

グラマーちゃん クラウドって簡単にスケールアウトできるんですよね?

ラウド君 そうさ。それがクラウドの使命さ。

グラマーちゃん スケールアウトって実行する仮想マシンが増えるんですよね?

ラウド君 そうさ。最初はサーバー1台だけど、人気が出たらサーバー8台とかね。CPUのパワーアップもできるよ。

グラマーちゃん あのね。整合性を取るために、集計処理だけは複数の仮想マシンで走ってほしくないのよ。

ラウド君 よくある話だね。

グラマーちゃん でも。そんなことできるの?

ラウド君 要するに**自分が何番目のインスタンスかわかればいい**のだろう?

グラマーちゃん そうね。代表の1人だけ走ればいいのだから、番号さえわかればいいわ。

わたしは何番目?

ラウド君 実は難しくないのさ。

ドビン でも、自分が何番目のインスタンスかを取得するAPIは探してもありませんでしたよ。

ラウド君 そうさ、そのAPIはAzureに存在しないよ。

ドビン でも簡単だって……。

ラウド君 実は**インスタンスの番号が埋め込まれたIDなら取得できる**のさ。

グラマーちゃん うそ。

ラウド君 `RoleEnvironment.CurrentRoleInstance.Id;` で取得すればオッケーさ。ここから番号だけ抜き出せばグラマーちゃんが望んだ**わたしは何番目?**という情報が手に入るのさ。

```
public static int GetRoleInstanceId()
```

```
{
    string instanceId = RoleEnvironment.CurrentRoleInstance.Id;
    int instanceIndex = 0;
    if (int.TryParse(instanceId.Substring(instanceId.LastIndexOf(".") + 1),
                                            ➥out instanceIndex)) // On cloud.
    {
        int.TryParse(instanceId.Substring(instanceId.LastIndexOf("_") + 1),
                                    ➥out instanceIndex); // On compute emulator.
    }
    // instanceIndex is begin from 0. The instanceIndex of the first instance
                                                                        ➥is 0.
    return instanceIndex;
}
```

グラマーちゃん 何番目のインスタンスに仕事を割り振ったらいいと思いますか？

ラウド君 仮想マシンの数は増減する場合があるけれど、0番は最低でもつねにあるだろうから、0番のインスタンスにやらせるといいだろうね。でも、動作にインパクトがあるような重い処理はNGだよ。そういうときはWorkerロールを1つだけ用意してやらせたほうがいいね。

問題

怪人バグールからの挑戦状だ。

複数のクラウドサービスを契約して1つのストレージにアクセスするように構成したら、複数の0番インスタンスが発生してしまい、**たった1つのインスタンスでだけ実行する**という機能が実行できなくなってしまうとバグールは主張している。そうなれば、システムは正常に動作できないかもしれない。

はたして、バグールの主張は正しいだろうか？

グッドマン、バッドマンに成り代わり、君が答えを探してくれたまえ。

The Adventures of GOODMAN + BADMAN with Dobin + Glamour in Zero-Sum City

Episode 9

WebSitesでスケールアウトする方法

グラマーちゃん ねえ見て見て。大発見。Azure の **WebSites** って機能を使うと、普通の ASP.NET アプリケーションがそのまま動くのよ！ 面倒なクラウドサービスのうだうだはもうサヨナラよ！ うれしいわ！

ドビン ちょっと待ってくれ。既存の ASP.NET アプリケーションがそのまま動くのはいいけれど、それってスケールアウトに対応できないだろう？ 利用者が増えてサービスが重くなったらどうするんだよ。

グラマーちゃん そうね。そのときは困るわね。

ラウド君 困らないように組もうよ。すでに組んだソフトは修正しようよ。

グラマーちゃん ラウド君！ 困る困らないってどういうこと？

ラウド君 **困る作り方と困らない作り方**があるのさ。

困る作り方

ドビン 困る作り方はどういう作り方ですか？

ラウド君 典型的なのはこれ（☛図3）。**アプリケーションとデータベースが1対1で密接につながっているモデル**さ。

図3：スケールアウトできない構造

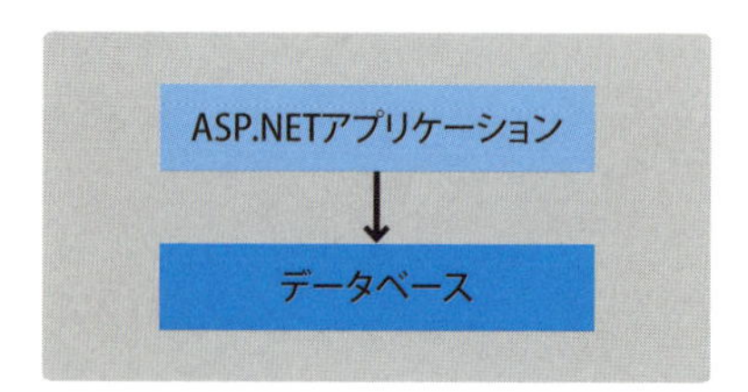

グラマーちゃん 強引にスケールアウトするとどうなりますか？

ラウド君 インスタンス数の数だけデータベースが増えていくわけさ。でもロードバランサーがどのインスタンスにアクセスを割り当てるかわからないから、昨日書き込んだデータが見当たらないという事態も起きる。悲惨さマックスさ。

困らない作り方

ドビン 困らない作り方はどういう作り方ですか？

ラウド君 典型的なのはこれ(☛図4)。**データベースは、外部にあって1つきり。**昔あったいわゆるクラサバと同じだね。

図4：スケールアウトできる構造

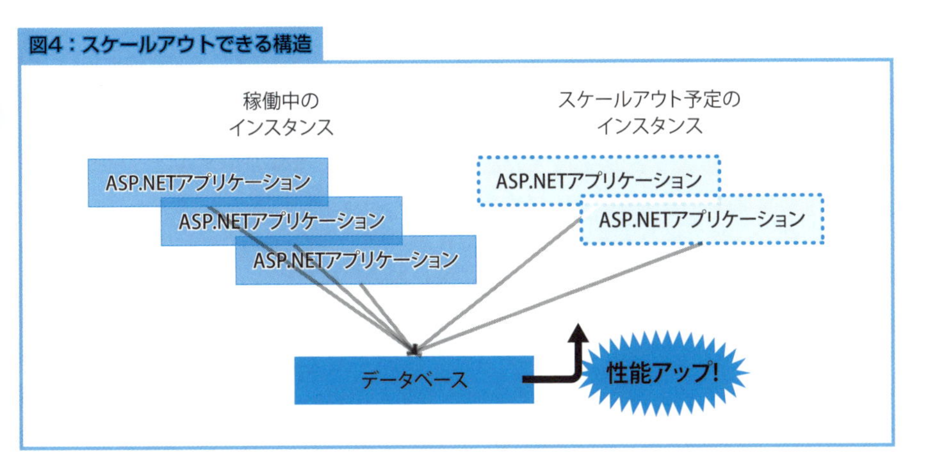

グラマーちゃん クラサバはクライアントサーバーの略称ですね。

ラウド君 そうそう。**1つのデータベースに全員で接続するようにしていれば、別のサーバーに接続するとデータが見えないということはない**よ。どのマシンから見てもデータは同じだからね。逆にいえば、ローカルマシンに情報を保存するのはNGだ。すぐに利用者が気づいてクレームを入れてくる。

どっちを使う？

グラマーちゃん **クラウドサービス**と **WebSites**、どっちを使うか悩むわ。

ラウド君 両者には一長一短があるから同じではないんだ。冷静に比較すればいいと思うよ（☛次ページ表1）。

表1：WebSitesとクラウドサービス

	WebSites	クラウドサービス
常駐するプロセスの有無	無	有
標準のデータストア	SQL Server	Azure のストレージ
デバッグ	普通に	専用エミュレータ環境でデバッグ実行
配置先	どこでも	Azure オンリー

グラマーちゃん これを見ると単純にWebSitesを使えばいいという話でもないですね。
ラウド君 そうさ。**要は使い分け**さ。

問題

怪人バグールからの挑戦状だ。

より強力なSQL Serverが使えれば、貧弱なストレージの出番はもうないよ。クラウドサービスからSQL Serverを使用できるが、標準でそれを使用するWebSitesのほうがよりパワフルだ。バグールはそう主張している。

はたして、バグールの主張は正しいだろうか？

グッドマン、バッドマンに成り代わり、君が答えを探してくれたまえ。

Part 6 コード例で真相に切り込む編

【バグの真相】直りました。理由はわかりません

グラマーちゃん ふう。バグが直りました。バグール退治完了です。
ドビン バグの原因は何だったんだい？
グラマーちゃん さあ。
ドビン さあって、原因がわからないのに直ったのかい？
グラマーちゃん そうよ。
ドビン ソースを見せてごらん。

バグのあるコード

```
using System;

class Program
{
    private static int calc(int n)
    {
        return n / 2;
    }

    static void Main(string[] args)
    {
        for (int i = 2; i < 5; i++)
        {
            Console.WriteLine(calc(i));
        }
    }
}
```

意図した結果

```
1
```

```
2
2
```

実際の実行結果

```
1
1
2
```

グラマーちゃん　つまり、i が 3 のときの結果が期待どおりではないわけね。
ドビン　確かにそうだね。
グラマーちゃん　本来なら 2 がほしいのに 1 になっているの。違いはそれだけ。

グラマーちゃんの修正

```
using System;

class Program
{
    private static int calc(int n)
    {
        if (n == 3) return 2;
        return n / 2;
    }

    static void Main(string[] args)
    {
        for (int i = 2; i < 5; i++)
        {
            Console.WriteLine(calc(i));
        }
    }
}
```

実行結果

```
1
2
2
```

グラマーちゃん 違いは1つだけなので、calc メソッドに if (n == 3) return 2; という1行を追加したの。これでリクエストどおりの結果になったわ。

ドビン バグの原因は？

グラマーちゃん そんなの知らないわよ。リクエストどおりの答えになったのだからいいでしょ？

ドビン いいのかなあ？

クレーム再発

グラマーちゃん なによこれ。バグは取ったはずなのにまたクレームよ。今度は i が 7 のとき 4 になってほしいのに 3 になるですって。そんなの聞いてないわよ。そもそも i は 2 から数えて 5 より小さい範囲でしょ？　7 なんて想定してないわよ。

ドビン まあまあ。どこかでバグールが暗躍している気配がするぞ。バッドマンを呼ぼう。

グッドマン ♪♪♩～ その必要はないぞ。

ドビン あなたはいつも呼んでないのに出てくるグッドマン！

グッドマン このソースコード、**本来求められた意図とバグの原因を考えれば、直し方が違うことが推理できる**ぞ。

グラマーちゃん わたしの直し方が違うのですか？

グッドマン そうだ。グラマーちゃんはバグの原因を考察せず、こう理解した。

- calc メソッドは int 型で n/2 を計算する
- ただし、入力が 3 の場合のみ結果は 2 になる

グラマーちゃん 違うのですか？

グッドマン 実際は注文主の意図は違ったのだろう。int 型の割り算は小数点以下を切り捨てるが、この場合は四捨五入してほしかったのだろう。つまり、割り算の結果が 3.5 のときは、3 ではなく 4 として扱ってほしかったに違いない。

グラマーちゃん えっ？

グッドマン 3 は四捨五入がうまくいっているかどうかをチェックするための指標として入れたもので、本来ほしい数字は 3 だけではなかったのかもしれない。

ドビン ならば、グッドマンならどう直しますか？

グッドマン これでいいのではないかな。

```
private static int calc(int n)
{
    return (int)Math.Round(n / 2.0, 0, MidpointRounding.AwayFromZero);
}
```

ドビン Math.Round とは何ですか？
グッドマン 丸め処理を行うメソッドだよ。２つ目のパラメータは小数点以下何桁で丸めるか。３つ目の引数は中間値をどちらの方向に丸めるかを決める。四捨五入なら MidpointRounding.AwayFromZero を指定する。
グラマーちゃん 割り算は "/" を使えばいい……ではダメだったのですね。
バッドマン ちょっと待った！
ドビン あ、遅刻魔が来た。

本当に四捨五入でよいのか？

バッドマン グラマーちゃん。もう一度君に渡された**仕様書をチェックしたまえ**。どこかに**数値の丸め方に関する注意事項は書いていないか**ね？
グラマーちゃん 見当たりませんけど。
バッドマン そのメソッドだけではなく全般に影響するから、どこかにまとめて書いてあるはずだ。そのページだけ見てもダメだ。
グラマーちゃん あ、ありました。最後のページ。数値に端数が出た場合は Math.Ceiling で整数に切り上げると書いてありました。
バッドマン そうだろう。常識的に端数の処理は脂っこい問題を誘発するので、まともな依頼主なら何かを指定しているはずだ。山勘で四捨五入だろうと想像してはいけない。
グッドマン （ぐさっ！）
ドビン バッドマンの答えは？
バッドマン Math.Ceiling だと指定されているので、これでいいだろう。

```
private static int calc(int n)
{
    return (int)Math.Ceiling(n / 2.0);
}
```

バッドマン 今回のバグの本当の原因は、仕様書の丸め処理の記述を見ないでコードを書いてしまったことにある。しかし、グラマーちゃんはそう理解しなかった。具体例の数値が1つ間違っていただけだと理解してしまった。バグの真の原因を考察することなく、対症療法的にバグを取った気になり、再クレームを受けてしまった。

ドビン どうすればよかったのですか？

バッドマン **バグの原因をきちんと考える**ことだ。原因はわからないが対症療法的に傷をふさごうとすると、別の傷口が開いてしまい、いつまでも怪人バグールの暗躍が止まらなくなるのだ。

グラマーちゃん 今回はバグ取りに手を抜いたことを反省します。

問題

怪人バグールがまたバグを仕込んできたぞ。

```
using System;

class Program
{
    private static double calc(double x, double y)
    {
        return x / y;
    }

    static void Main(string[] args)
    {
        Console.WriteLine(calc(0.0, 0.0));
    }
}
```

意図した結果

（0除算例外）

実際の実行結果

NaN（非数値）

ズボラ君とキンベン君は次の答えを出した。

ズボラ君の答え（yが0なら例外を発生する）

```
    private static double calc(double x, double y)
    {
        if (y == 0.0) throw new DivideByZeroException();
        return x / y;
    }
```

キンベン君の答え（double型をint型に置き換える）

```
using System;

class Program
{
    private static int calc(int x, int y)
    {
        return x / y;
    }

    static void Main(string[] args)
    {
        Console.WriteLine(calc(0, 0));
    }
}
```

はたして、正しい修正を行ったのはどちらだろうか？

Episode 2 活用できない冴えたアドバイスは有害？

グラマーちゃん とあるバグを退治していたのよ。その日のうちに取らないといけないのだけど、原因がわからなくて真っ青になってソースコードを見ていたの。単純化してしまうと、こういうコード。Hello! を出力してほしいのに間違った代入が挟まっていて Good Bye! が出力されていたの。

```
using System;

class Program
{
    static void Main(string[] args)
    {
        var a = "Hello!";
        // 長い長い処理
        a = "Good Bye!";
        // 長い長い処理
        Console.WriteLine(a);
    }
}
```

ドビン それは災難だったね。まさか君自身が**こんなバグ５分で取ってみせます**なんて見得を切っていないよね？

グラマーちゃん （ギクッ！）

ドビン 見得を切ったのか……それは自業自得だよ。

グラマーちゃん でね。そのとき同僚が画面を見てボソッといったのよ。関数型言語を使えば、原理的にこういうバグは起こりえないって。

ドビン 彼にはバグがわかったんだ。

グラマーちゃん そうらしいわ。でも教えてくれないの。その代わり、関数型言語のすばらしさを２時間ぐらい聞かされたわ。

ドビン それも災難だったね。
グラマーちゃん ねえ。わたしは関数型言語を学ぶべきだったの？ C# やったのは間違いなの？
ドビン ちょっと待って。そんなことは僕にもわからないよ。そうだ、バッドマンを呼ぼう。

冴えたアイデアは冴えている

グッドマン ♪♪～ なんだそんなこと、5秒で解決してあげる。
グラマーちゃん 出た、いつも素早いグッドマン。
グッドマン 関数型言語はいいものだ。知っているとメリットは多い。特に変数を書き換えるような処理はないことになっている。変数の書き換えにまつわるバグはグッと減る。
グラマーちゃん うそ～。
グッドマン 嘘ではない！ これが関数型言語の F# で書き直した例だ。

```
[<EntryPoint>]
let main argv =
    let a = "Hello!"
    //let a = "Good Bye"
    printfn "%A" a
    0
```

グラマーちゃん これがどうしたんですか？
グッドマン let a = "Good Bye" という部分はコメントにしてあるが、この行を有効にするとコンパイルエラーになる。つまり、許可されていない。
グラマーちゃん それでプログラムが書けるんですか？
グッドマン 書けるようにするのが関数型言語というものだ。関数型言語は偉いぞ強いぞ美しいぞ。
ドビン つまり、すべての変数は readonly ですか？
グッドマン 勉強不足だな、ドビン君。関数型の世界には変数などという無粋なものは存在しないのだよ。
ドビン はぁ。
グッドマン あ、関数型ではない言語で関数と呼んでいるのは、本物の関数じゃないからね。そこは気をつけてね。C 言語の関数とか、あのへんは関数型の関数ではないから。

グラマーちゃん C 言語って知らないから関係ないです。

グッドマン そ、そうか……。

グラマーちゃん 話はそれだけですか？

グッドマン そうだ。以上だ。

グラマーちゃん では、C# を勉強したのは間違いですか？

グッドマン そんなことはないぞ。世の中には膨大な数の C# で書かれたサンプルソースがあるし、技術情報も豊富だ。勉強する価値がある。

グラマーちゃん じゃあどっちを勉強すればよかったんですか！

グッドマン 両方だな。（THUD!（ドサッ！））

ドビン あ、グラマーちゃんが死んだ。C# だけでも苦労したのに、最近は JavaScript もやらされて、さらにもう 1 つ勉強しろって要求は酷だったらしい。

冴えすぎたアイデアは迷惑でもある

バッドマン ちょっと待った。その答えに異議あり。

ドビン 遅刻魔がやっと来ましたか。

バッドマン 草野球でバットを振ったら場外大ホームランでね。隣の家のガラスを割ってしまってずっと謝っていたんだ。

ドビン 誰も理由を聞いてませんよ。それより何が間違っているのですか？関数型言語はダメなんですか？

バッドマン そういうことをいっているのではない。

ドビン では、何ですか？

バッドマン グラマーちゃんは、その日のうちに修正すべきバグを抱えていた。つまり、問題を解決するために持っていた時間は 1 日未満だ。一方で、まったく別の考え方を要求する新言語を習得しようと思ったら、とても 1 日では足りない。知るだけでも数日。使いこなすには数カ月を要するかもしれない。さらに既存の言語をまったく別の発想で書き直すと数年の時間が必要かもしれない。

ドビン つまり、簡単にいうと何ですか？

バッドマン グラマーちゃんには、この問題を解決するために関数型言語を使える可能性が 1 ミリも存在しなかったのだ。冴えたアイデアは有効なアドバイスになるが、冴えすぎたアイデアは逆に邪魔になるだけだ。

ドビン では、間違った意見と正しい意見を分類してみましょう。

正しい意見

- 今日中にバグを取る必要がある
- 関数型言語を学ぶ時間はない

間違った意見

- すばらしい冴えた関数型言語を今日から使おう
- こんなバグは再発しない

バッドマン 「間違った意見」が間違っている理由を説明しよう。**すばらしい冴えた関数型言語を今日から使おう**という意見は、今日抱えたバグへの対処としては無力だ。今日中に関数型言語を習得してソースコードを書き直す時間はないからね。次に、**こんなバグは再発しない**だ。確かに再発はしないかもしれないが、いまそこにあるバグがなくなるわけではない。

ドビン 未来への展望と目の前の現実がごちゃごちゃになっているわけですね。

バッドマン そうだ。関数型言語の勉強は、ゆとりがあって新しい何かを勉強したいときまで横に置いたほうがいい。バグを目の前に切羽詰まったときに勉強することではない。

問題

.NET Framework の string クラスは**不変のクラス**、つまり一度作成したら中身を変えられないクラスだといわれている。だが次のプログラムは実行できる。**不変のクラス**というのは間違いだろうか？

```
using System;

public class Program
{
    static void Main(string[] args)
    {
        string s = "ABC";
        s = "DEF";
        Console.WriteLine(s);
    }
}
```

Episode 3 1文字でも書き換えるとテストは最初からやり直し?

グラマーちゃん　昨日ね、"school¥tango" ってタンゴスクールがタンゴだけではやっていけないっていうので、ダンス全般を扱うことにして改名したのよ。"school¥dance" って。で、ソースコード上の識別ID文字列を書き換えたの。

ドビン　出力用の名前ではなくて?

グラマーちゃん　そっちはカタカナで別途登録してあるの。

"school¥tango" ➡ "school¥dance"

ドビン　それでどうしたんだい?

グラマーちゃん　たった1文字だし、文字列定数の内側でコンパイルエラーとも関係なさそうだし、テストしないでいいやと思ってすぐチェックインしたら、ビルドが通らないってビルダーの人に呼び出されて怒られちゃった。てへ。

ドビン　でも、tango を dance に書き換えただけでビルドが通らなくなるって変だよね?

グッドマン　変ではないぞ。

1文字の修正をなめたらあかん

グッドマン　**一般的に1文字でも書き直したらテストはやり直し。**これが基本。どこにどんな影響が出るかわからないからだ。

ドビン　でも、今回は tango を dance に書き換えただけでですよ。

グッドマン　そこがすでに甘い。

ドビン　えっ?

グッドマン　内部識別用の ID で、出力しない用途だから気づかなかったのかもしれないが、これは school¥tango という文字列ではなかったのだぞ。

グラマーちゃん　どういう意味ですか?

グッドマン　¥t は制御文字のタブ文字だ。タブ位置までカーソルを進める機能を持つ特殊な制御文字だ。だから、この文字列は実際には school¥tango ではなく、school[タブ文字]ango という文字列だったのだ。

グラマーちゃん えっ？

ドビン それは気づかなかった。

グッドマン そして、dance への書き換えを行うと ¥t が ¥d に変化するが、¥d というエスケープ表記の制御文字は存在しないからコンパイルエラーになる。

グラマーちゃん まさか！ それがビルドできないって怒られた原因ですか！

グッドマン そのとおり！

対策を考えよう

バッドマン 遅刻の理由？ 野球が延長戦になってさ。

ドビン バッドマンはただの野次馬でしょ？ 選手じゃないでしょ？

バッドマン いやその……。

ドビン 遅刻の罰ゲームです。正しい修正方法を教えてください。

バッドマン とりあえず、2つの案を見せよう。

```
"school¥tango" ➡ @"school¥dance"
"school¥tango" ➡ "school¥¥dance"
```

バッドマン だが、こんな書き換えはバグのネタさえわかっていればグラマーちゃんにも5秒でわかるだろう？

グラマーちゃん はい！ 3秒で思い付きました！

バッドマン 問題はそれに気づくことができるかどうかだ。

ドビン どこに問題があるんですか？

バッドマン 今回のバグはわりと軽傷だ。コンパイルすればコンパイルできないことがすぐわかる。実行してやっと判明するバグよりもずっとわかりやすい。だがグラマーちゃんはコンパイルしなかった。

ドビン ビルドメニューの**ビルドを1回でも実行していれば、間違いの存在に気づけた**わけですね。

バッドマン だがそれだけではない。実はエラーになる部分は Visual Studio が**下線を引いてくれていた**のだ。それをちゃんと見ていればバグに気づいた可能性もある。

ドビン つまり何ですか？

バッドマン グラマーちゃんの慢心が問題の根源にある。たった1文字ぐらいならテストせずに書き換えても大丈夫というのが、慢心そのものだ。

グラマーちゃん （グサッ！）

バッドマン 繰り返すがこれは軽傷。実行しないとわからないバグも発生する場合があるし、めったに実行されないコードに影響が出た場合、なかなかバグが発覚しないこともある。非常に難しい。

ド ビ ン では、どうすればいいのですか？

バッドマン 慢心せず、**1文字でも書き換えたらテストは最初からやり直し**。この精神でいくしかない。もっともそれだけのテスト工数が確保できるのかは別問題だけれどね。できるだけテストは行ったほうがいいよ。

問題

怪人バグールからの挑戦状だ。

ファイルに書き込むプログラムのファイル名を1文字修正したら、コンパイルエラーは起こさないのに例外を起こすようになってしまったと主張している。ただし、円記号（逆スラッシュ記号）は使用していない。

はたしてバグールの主張は正しいだろうか？　本当にそんなことが起こりうるのだろうか？

グッドマン、バッドマンに成り代わり、君が答えを探してくれたまえ。

The SPECIAL テスターこそが真のプロ

ネットには技術に詳しいと自称するマニアは多いが、それらのマニアが最も見落としがちなのはテストという作業の重要性だ。テストとはともかくつまらない仕事だ。同じ単純作業を延々と繰り返し、コードが1文字でも修正されればテストはやり直しだ。それでいて、高度な専門性が要求される。素人が100万時間やっても、プロの1日分の仕事に太刀打ちできないだろう。プロが立てた緻密なテスト計画はあらゆる機能を網羅するが、素人が行き当たりばったりにソフトを使うだけなら、無意識的に使われない機能がテストされずに残ってしまうものだ。

だから、これはよいリトマス紙になる。テストの重要性を質問して、**誰がやってもよいつまらない仕事**と答えたら相手は**優秀さを気取っただけの素人**だ。本物のプロなら優秀なテスターへの敬意は忘れないものだ。

Episode 4

「動いたぞ！」は単なるマイルストーン

グラマーちゃん なんでこうなるのよ！
ドビン どうしたんだい？
グラマーちゃん 昔、ビギナーの頃に書いたプログラムにいまごろバグ騒ぎよ。
ドビン どういうことだい？
グラマーちゃん upper は小文字を大文字に直すメソッドよ。

```
using System;

class Program
{
    private static char upper(char c)
    {
        if (c >= 'a' && c < 'z') c -= (char)0x20;
        return c;
    }

    static void Main(string[] args)
    {
        Console.WriteLine(upper('a'));
    }
}
```

ドビン そんな処理、クラスライブラリで一発じゃないか？
グラマーちゃん 昔は知らなかったのよ！
ドビン それで？
グラマーちゃん 書き上げたときは、**動いた！**って有頂天で、まわりのみんなも動いてる動いてるといって誉めてくれたわよ。あのとき、動作がおかしいという人は誰もいなかったわ。

ドビン でも、バグあったの？

グラマーちゃん そう。ある業務ソフトの一部として使ったらレポートが来たの。いまごろ。どうして？ みんなできたっていってくれたのよ！

グッドマン ♪♪～ その答え、教えてあげよう。

「動いた」は「完成した」にあらず

グッドマン **動いたというのは、完成したを意味しない。**

グラマーちゃん どういう意味ですか？

グッドマン このコードはバグっている。実は小文字の z の場合のときだけ大文字の Z に直さないのだ。境界の判定が間違っている。本当なら `c < 'z'` は `c <= 'z'` と書くべきだったのだ。

グラマーちゃん うそ。見落としていたわ。

ドビン でも、みんな動いているといっていたのでしょう？

グッドマン そうだ。そこだ。

ドビン なぜです？

グッドマン みんな思い思いのアルファベットを渡して大文字になることを確認したと思う。

グラマーちゃん みんなそうでした。

グッドマン しかし、たいて最初のほうの文字を数文字試すだけだ。26 種類の文字を全部試す人はまずいない。

グラマーちゃん 確かに。

グッドマン そうすると、z のようなあまり使われない文字は誰も試さなかった可能性が高い。

グラマーちゃん つまり、a を渡して A が返ってくれば**動いた動いた**と思うけれど、それは要求された機能が実現している証明にはなっていないわけですね。

グッドマン そのとおり！

再発防止策はあるか？

バッドマン 部屋で素振りしてたらバットが壁にめり込んじゃってさ。大家さんに謝ってたら出遅れた。

ドビン 危ないからバットは外で振ってください！

バッドマン 悪い悪い。雨が降りそうでつい。

ドビン 雨が降りそうでもダメ！ 遅刻の罰ゲームです。再発防止策を教えてください。

バッドマン そうだな。**作る**という問題と、**品質を保証する**という問題は別物だ。

グラマーちゃん どういう意味ですか？

バッドマン 小文字を大文字に直すメソッドを作る場合、ともかく小文字を突っ込んで大文字が出てくればオッケーと考える。しかし、品質を保証するという観点から見ると話が変わってくる。この場合は**仕様を満たしているかが最重要の問題**となる。仕様として、小文字は大文字にするが、その他の文字は変更しないと書かれていれば、変更しないことも保証しなければならない。

ドビン 当然、すべての小文字をチェックすべきなのですね？

バッドマン いや、それではさすがに煩雑なので、最小値、代表値、最大値だけ試してお茶を濁すことも多い。

ドビン この場合、最小値は a、最大値は z ですね。

バッドマン そうだ。だから z でテストを行うべきであった。行っていればバグはすぐに見つかっていた。

グラマーちゃん つまり、何ですか？

バッドマン うん。だからね、コードを書く人もある程度テストについての知識を持っていて、自分の書くコードの品質にある程度の自信を持てれば、バグレポートとともに自分のコードが戻って来る可能性を減らすことができると思うよ。

ドビン 戻って来る可能性を減らせれば、残業も減らせそうですね。

問題

怪人バグールからの挑戦状だ。

誰もが正常に動作しているといい、テストチームも太鼓判を押したシステムが今日にかぎって稼働しないと主張している。ちなみに、日付や時刻に依存するコードは含まれていない。

はたして、バグールの主張は正しいだろうか？

本当にそんなことが起こりうるのだろうか？　怪人バグールが引き起こす怪事件なのだろうか？

グッドマン、バッドマンに成り代わり、君が答えを探してくれたまえ。

The Adventures of GOODMAN + BADMAN with Dobin + Glamour in Zero-Sum City

Episode 5 フェイルセーフの考え方

グラマーちゃん　わたしの書いたコードと先輩の書いたコード、どこが違うのかしら？
ドビン　なぜそう思うんだい？
グラマーちゃん　わたしには違いがわからないけれど、先輩には違うっていわれたの。
ドビン　ソースコードを見せてごらん。

グラマーちゃんのソースコード

```
using System;

enum Sex { Male, Female }

class Program
{
    private static string sub(Sex sex)
    {
        string name = null;
        if (sex == Sex.Male) name = "otoko";
        if (sex == Sex.Female) name = "onna";
        return name;
    }

    static void Main(string[] args)
    {
        Console.WriteLine(sub(Sex.Male).ToUpper());
        Console.WriteLine(sub(Sex.Female).ToUpper());
    }
}
```

実行結果

```
OTOKO
ONNA
```

先輩のソースコード

```
using System;

enum Sex { Male, Female }

class Program
{
    private static string sub(Sex sex)
    {
        string name;
        if (sex == Sex.Male) name = "otoko";
        else name = "onna";
        return name;
    }

    static void Main(string[] args)
    {
        Console.WriteLine(sub(Sex.Male).ToUpper());
        Console.WriteLine(sub(Sex.Female).ToUpper());
    }
}
```

実行結果

```
OTOKO
ONNA
```

ドビン 実行結果は同じだね。

グラマーちゃん 何が違うのか全然わからないわ。

ドビン バッドマンに見破ってもらおう。

グッドマン ♪♪♪～　その必要はないぞ。わたしが見破ろう。外道昇進霊波光線！
汝の正体見たり！　怪人バグール！

バグール ばれたかぁ。

グラマーちゃん あ、怪人バグールが隠れていた！

潜在的なリスクの問題

ドビン　どういうことですか？　説明してください。
グッドマン　うむ。実はグラマーちゃんが書いたsubメソッドにはnullを返す可能性があり、結果を**nullチェック抜きで使っているので、null参照例外のリスクがある。**その点で、先輩君のソースコードには、そのリスクがない。
グラマーちゃん　嘘です。このメソッドはnullなんて返しません。入力値はMaleかFemaleしかありえないですが、どちらの場合もnullを返しません。
グッドマン　はたしてそうだろうか？　こんなコードも記述可能だぞ。

```
Console.WriteLine(sub((Sex)2).ToUpper());
```

グラマーちゃん　えっ？　まさか？
グッドマン　バグやシステムの誤動作で意図しない値が渡される場合があるが、そこで例外を投げて止まってしまったらそれっきりだ。ユーザーデータは救えない。**誤動作しても動作を続け、未保存データを保存するチャンスを与えるのはよい心がけだ。**そのためには、異常値でも例外でプログラムを止めない配慮が重要だ。
ドビン　では、先輩のプログラムはどうなっているのですか？
グッドマン　Sex.Male以外の値に対してはonnaを返す。Sex.Femaleでもonnaを返すが、そうではない値にもonnaを返す。これはおかしい。おかしいが、nullを返して例外を発生させるよりはマシと考えたうえで書かれている。正常に動いているかぎり実行されない選択肢だからね。

不吉なnullに気をつける

バッドマン　面白そうな話をしているじゃないか。
ドビン　また遅刻ですよ。
バッドマン　まあまあ。実はこの場合、グラマーちゃんのソースコードには不吉な予兆がある。
ドビン　予兆……ですか？
バッドマン　そう。2人のソースコードは変数nameの宣言の際に次のような違いがある。この違いが重要。

グラマーちゃん

```
string name = null;
```

先輩

```
string name;
```

グラマーちゃん そんなに重要とは思えませんが。
バッドマン なぜ = null が付いているんだい？
グラマーちゃん 未初期化変数を使ったという警告が出るからです。
バッドマン でも、先輩の書いたソースでは出ないよ。
グラマーちゃん えーと……。
バッドマン 未初期化変数の利用という警告は、確実に値を書き込んでいれば出ない。出るということは、**どこかに隙がある**。たまに、隙はないのにコンパイラがそれを検出できない誤動作はありえるけれどね。でも、潜在的なバグを報告していることも多い貴重な警告だ。
グラマーちゃん どうすればよかったんですか？
バッドマン = null を書き足すのではなく、未初期化のまま進行するフローを突き止めて**根絶すべき**だったね。でも、やらないから隙が残った。
ドビン 一般論として、**問題が発生しても、より安全な側に倒しておくほうが好ましい**わけですね。
バッドマン そうだ。これが**フェイルセーフ**の考え方だ。
グラマーちゃん null のほかに注意することがありますか？
バッドマン 誤動作を起こす値や処理の流れは全般的に注意を要するが、**割り算で使う 0 なども要注意**だね。

問題

怪人バグールからの挑戦状だ。

起こるはずのない条件で安全に動作する配慮など無駄だ。時間はもっと有効に使おう。フェイルセーフなど無駄だ。そうバグールは主張している。

はたして、バグールの主張は正しいだろうか？

グッドマン、バッドマンに成り代わり、君が答えを探してくれたまえ。

The Adventures of GOODMAN + BADMAN
with Dobin + Glamour in Zero-Sum City

Episode 6 テストは部分で行うか？全体で行うか？

グラマーちゃん ドビン、助けて！
ドビン どうしたんだい？
グラマーちゃん テスト駆動開発っていうのを試したのよ。
ドビン 先に単体テストのメソッドを作成して後からメソッド本体を書く手法だね。
グラマーちゃん そうよ。すべてのメソッドには単体テストが付いていて、すべてのメソッドが完璧であることは保証されているの。
ドビン ならいいじゃないか。
グラマーちゃん ダメなのよ。仕様書に書かれた結果が出ないの。
ドビン えっ？　どこかにバグールが……。
グラマーちゃん 単体テストを作成してバグールは追い払ったはずなのよ。
ドビン どんな仕様か見せてごらん。

- 1から10個の数値（整数）を持つ配列を作成する
- 配列の平均値を計算する
- 結果は5となる

ドビン 君が書いたソースは？
グラマーちゃん 単体テストと本体はこうよ。

単体テスト

```
using System;
using Microsoft.VisualStudio.TestTools.UnitTesting;

namespace UnitTest
{
    [TestClass]
    public class UnitTest1
```

```
    {
        [TestMethod]
        public void TestMethodGen()
        {
            var ar = Program.Gen();
            for (int i = 0; i < ar.Length; i++)
            {
                Assert.AreEqual(i+1, ar[i]);
            }
        }
        [TestMethod]
        public void TestMethodAve()
        {
            int[] ar = { 2, 4 };
            var ave = Program.Ave(ar);
            Assert.AreEqual(3, ave);
        }
    }
}
```

本体

```
using System;
using System.Linq;

class Program
{
    private static int[] gen()
    {
        return Enumerable.Range(1, 10).ToArray();
    }

    private static double ave(int[] ar)
    {
        return ar.Average();
    }


    static void Main(string[] args)
    {
        Console.WriteLine(ave(gen()));
```

```
    }
}
```

意図した結果

```
5
```

実際の実行結果

```
5.5
```

合成の誤謬

グッドマン ♪♪～　さあクラリネットを吹きながら君のグッドマンがやってきたよ。この問題、わたしが解決してあげよう。どう感激した？

グラマーちゃん ぜんぜん……。

グッドマン がくっ。では気を取り直して説明しよう。**合成の誤謬**って知っているかい？

グラマーちゃん 知らないわ。

ドビン どこかで聞いたことがあるような……。

グッドマン **正しいことを合成しても、合成した結果が正しいとはかぎらない**ということだ。

グラマーちゃん 具体例を教えてください。

グッドマン たとえばこういう前提があったとしよう。

- **一**はしばしば**壱**と書かれるが意味は等価である
- 表記が違っても同じ文字なら同一人物と見なされる（例:国江さんと國江さん）

グラマーちゃん どちらも間違ってませんよね。

グッドマン では、この２つの主張を合成してみよう。

- 一岐さんと壱岐さんは同一人物である

グラマーちゃん あれ。ちょっと変ですよ。たぶん、別人です。

グッドマン そうだ。國と国は、同じ文字を簡略化した関係にあって、違う文字というわけではない。しかし､一と壱は同じ意味を持っているというだけで、通常同じ文字とは見なされない。

グラマーちゃん 確かに。
グッドマン 実はプログラムでも同じことがいえる。**すべての構成要素が健全で正しく動作しているからといって、全体が意図したとおりに動くという保証は何もない。**
ドビン まさか！
グッドマン そのまさかだ。
グラマーちゃん では、単体テストに意味はないのですか？
グッドマン そんなことはない。個別の要素が正しく動いているほうが全体的にバグは減らせるのだ。でも、100パーセントは保証されない。この差は重要だ。テストに出るぞ。
ドビン ぼくら学生ではありませんよ。
グッドマン おほん。ともかくだ。単体テストに過剰な期待をしてはダメだぞ。
グラマーちゃん 具体的にどこが間違っているのか教えてください。
グッドマン おや。次の事件がわたしを呼んでいる。さらばだ！　あとのことは遅刻してくる濁点付きバット男（バッドマン）に聞きたまえ。
ドビン めんどくさくなって逃げたな。

バグールを探せ！

バッドマン なんだ。やっと来てみればあいつは帰るところか。
ドビン どもかくバグを見つけてください。
バッドマン 簡単なバグだな。
グラマーちゃん うそ！　すぐわかるの!?　何回ソースを見てもわからないのに！
バッドマン ソースを見たってわからないよ。
グラマーちゃん えっ？
バッドマン 仕様書が間違っているんだから。
ドビン まさか！
バッドマン 仕様書のとおりにコードを書けばプログラムが完成するなどと思ってはいないよね。**実際の仕様書は、まずバグを含んでいる可能性が高い。**
ドビン これもバグ入りだと？
バッドマン そうだ。手動で計算してみよう。

- 1から10個の数値（整数）を持つ配列を作成する
  ➡ {1,2,3,4,5,6,7,8,9,10}
- 配列の平均値を計算する

➡ (1+2+3+4+5+6+7+8+9+10)/10=5.5

- 結果は 5 となる

➡ 実際は 5.5 になった

グラマーちゃん 手動で計算した結果はわたしが書いたプログラムと同じ……。

バッドマン つまり、仕様書の手順のどおりに計算すると、仕様書に書かれた値にならない。怪人バグールが隠れていたのは仕様書なのだ。ソースコードをいくら見ても居場所がわかるはずがない。

ドビン なんてこった！

バッドマン ここで最も正しい対処は仕様書を直すことだ。

グラマーちゃん 5 を 5.5 に直せばいいわけですね？

バッドマン いや。もっとシンプルな修正で直す方法を探そう。もっと単純なミスがあったはずなのだ。

ドビン どこでしょう？

バッドマン おそらくここが臭い。

- 1 から 10 個の数値を持つ配列を作成する

ドビン 何か問題でも？

バッドマン ここは **10 個**ではなく、**10 未満**だった可能性が高そうだ。

- 1 から 10 未満の数値（整数）を持つ配列を作成する

➡ {1,2,3,4,5,6,7,8,9}

- 配列の平均値を計算する

➡ (1+2+3+4+5+6+7+8+9)/9=5

- 結果は 5 となる

➡ 実際に 5 になった。一致！

グラマーちゃん あ、一致しました。

バッドマン そういうことだから、ここは**仕様書の誤記ではありませんか？**と問い合わせるのが望ましい対処だ。仕様書を書いた人にしても、書かれた言葉どおりに動くことよりも、意図どおりに動くほうが好ましいはずだ。誤記までそのとおりに実装されてもうれしくないだろう。

ドビン なるほど。

グラマーちゃん じゃあ、具体的にどう直せばいいのですか？

バッドマン 次の行の 10 を 9 に直せばいいだろうね。

```
        return Enumerable.Range(1, 10).ToArray();
```

ドビン　結局、今回の教訓は何ですか？

バッドマン　うむ。**テストは全体でやらないと意味がない。部分だけのテストは、品質アップには有効だが決定打ではない。**利用者はメソッドが正しく動いていることになど興味はない。そのプログラムが意図したとおりに動くかどうかだけが価値なのだ。しかし、それを実現する手段として、部分のテストは意義がある。

ドビン　つまり、テストは部分で行うか、全体で行うかという判断ですね。全体のテストは回避できないが、部分のテストは必須ではないわけですね。

バッドマン　必須ではないが、バグールを追い出すには作っておいたほうがいいぞ。

問題

怪人バグールからの挑戦状だ。

単体テストは通らないのに正常動作しているプログラムがあり、怪人バグールの休憩所になっているという。

はたして、バグールの主張は正しいだろうか？

本当にそんなプログラムがありうるのだろうか？

グッドマン、バッドマンに成り代わり、君が答えを探してくれたまえ。

Episode 7 Webシステムとテストの問題

グラマーちゃん Webアプリケーションで単体テストをやろうとして、はたと手が止まったのよね。

ドビン なぜだい？　HTTPでリクエストを送って戻って来たページをチェックすればオッケーではないの？

グラマーちゃん だって、複雑なアクセス条件が付くから、単にリクエストを送ってもエラーページしか返ってこないのよ。ああ憂鬱だわ。

ドビン そうだ。いつも暇そうなグッドマンに聞いてみよう。

グラマーちゃん あの、昼間から遊んでいるっぽいグッドマンね。

ドビン そうそう。その証拠にいつもすぐ来る。(♪♪～)

グッドマン こら、失敬な。わたしは正義のヒーローだぞ。

グラマーちゃん 本当に来た！

ASP.NET MVCを使おう

グッドマン 確かに**Webシステムのテスト**は面倒だ。だが、やり方はある。

グラマーちゃん どうすればいいんですか？

グッドマン とりあえず、まずは**ASP.NET MVC**を使おう。

グラマーちゃん ASP.NET MVCとは何ですか？

グッドマン **MVC**、つまり、**モデル**(M)、**ビュー**(V)、**コントローラ**(C)に分割された構造で**Webアプリケーションを作成するフレームワーク**さ。モデルはデータそのもの。ビューは見栄え。コントローラはそれらの制御を司る。

グラマーちゃん 理由は何ですか？

グッドマン **テストが格段にやりやすくなる**のだ。

ドビン 本当ですか？

グッドマン そうだ。**テストが面倒な要素はみんなビューにある**。コントローラは単なるクラスなので、new でインスタンス化するだけですぐ呼び出してテスト実行できる。楽ちんだ。モデルも同様。ビューを分離して横に置くとコントローラもモデルも簡単にテスト可能になる。

ドビン 実例を見せてくださいよ。

ビュー

```
@{
    ViewBag.Title = "Home Page";
}

<p>@ViewBag.Message;</p>
```

コントローラ

```
        public ActionResult Index()
        {
            ViewBag.Message = "Hello!";
            return View();
        }
```

モデル

（この場合、固定値を返すだけなのでモデルはない）

グッドマン これをテストするとしよう。

ドビン はい。

グッドマン ビューをテストするのは面倒すぎるのだが、実はコントローラは簡単にテストできる。

```
    [TestClass]
    public class HomeControllerTest
    {
        [TestMethod]
        public void Index()
        {
            // Arrange
            HomeController controller = new HomeController();
```

```
            // Act
            ViewResult result = controller.Index() as ViewResult;

            // Assert
            Assert.IsNotNull(result);
            Assert.AreEqual("Hello!", result.ViewBag.Message);
        }
    }
```

グラマーちゃん コントローラをテストするために、HomeController controller = new HomeController(); なんて書いてしまっていいのですね。

グッドマン そうそう。そうやってインスタンスを作り出して呼び出してやればオッケーさ。

ドビン いつものテストと同じAssert.AreEqualメソッドで決着ですね。

グッドマン 込み入ったアクセス制御が付いていても、直接newしてしまえば全部スキップして機能性のテストに専念できるぞ。では。

クライアントサイドは?

ドビン あ、眠い目のバッドマンが来た。寝坊で遅刻ですか?

バッドマン 寝てなんかいないぞ。

グラマーちゃん 眠そうな顔。ゲームで夜更かしですか?

バッドマン そうなんだよ。ハイスコアが出そうで粘っちゃったんだよ……ってそんなことはないぞ。断じて寝坊などしてないぞ。

ドビン はいはい。ところで、グッドマンがサーバー側のテストの方法を説明して去って行きましたが。**クライアント側**はどうすればいいですか?

バッドマン **JavaScriptにもテスト用のフレームワークがいろいろある**から、試してみたらいいんじゃない?

ドビン それは投げやりな態度ですよ、バッドマン。

グラマーちゃん あの……。テスト用のフレームワークって、JavaScript用にもあるんですか?

バッドマン あるよ、いろいろ。JsUnitとかUnit.jsとかQUnitとか。

ドビン 詳しく説明してください。

バッドマン やだ。めんどくさい。

ドビン なぜですか?!

バッドマン だって、これはC#の本だから、JavaScriptに深入りするのは本末転倒じゃない？
グラマーちゃん 一応、筋が通ってますね。
ドビン バッドマンは怠けてますが。

問題

怪人バグールからの挑戦状だ。
バグールは、ビューが狙い目だといっている。つまり、バグを入れるなら、テストの対象になっていないビューだというのだ。
はたして、バグールの主張は正しいだろうか？
バグールによるビューへの侵入は阻止できないのだろうか？
グッドマン、バッドマンに成り代わり、君が答えを探してくれたまえ。

The SPECIAL …… 大学教授より准教授、准教授より助教

実は、大学教授より准教授、准教授より助教のほうが詳しいという説がある。
なぜなら、ITの世界は革新のサイクルが速く、より年長の者たちが主に活躍した時代の技術は早急に陳腐化してしまうからだ。だから、その時点で主流の技術に関しては、より若い者が詳しいのは必然だ。
しかし、若さはよいことばかりを連れて来るわけではない。
彼らは本当に役立つ技術、要求されている技術を扱うとはかぎらない。
それよりも、より彼らの信じる理想に近いものを選ぼうとするかもしれない。
その結果として、若いほうがより詳しいが浮き世離れしたことしかいえない……という状況が起こるかもしれない。
もちろん全員がそうだというわけではないし、そもそも1つの**説**に関する話にすぎない。

The Adventures of GOODMAN + BADMAN with Dobin + Glamour in Zero-Sum City

Episode 8

GUIとテストの問題

グラマーちゃん　ああ、困ったわ。
ドビン　Web開発からは外れたんだろう？
グラマーちゃん　今度はデスクトップのGUIアプリで自動テストの方法がわからないのよ！
ドビン　どこが難しいんだい？
グラマーちゃん　環境次第でウィンドウが出る位置が一定しないし、しかも、ウィンドウ内のコントロールの配列はウィンドウサイズで変化するのよ。でも、実行する環境次第で結果が変化してしまうと結果が意図どおりか自動テストで判定できないわ。
ドビン　それは厳しいね。正しい位置をクリックできない。
グラマーちゃん　表示結果も取得できないわ。
ドビン　あ、あそこで出番を待っているグッドマンが。
グラマーちゃん　そろそろクラリネット吹いていいですよ。
グッドマン　別に出番を待ってたわけではないぞ。♪♪～
ドビン　でも、クラリネット吹いた。

テストの鬼門――GUIの世界

グッドマン　GUIの自動テストは**鬼門**だな。
ドビン　そこまでいいますか？
グッドマン　昔のWindowsには、マクロレコーダといってマウス操作を記録してプレイバックするツールが付いていたこともある。でもすぐに消えた。なぜだかわかるかい？
グラマーちゃん　あまり実用的ではないからでしょう？
グッドマン　そうだ。それからマイクロソフトは昔、MS Testという名前の商品を販売していたことがある。GUIアプリをリモート制御して支配できた。

超高速でマインスイーパーを自動クリアするデモなどを見たことがある。でも、いまはもう売っていない。

ドビン やはり、GUIの世界は自動テストと合性が悪いのですね。

グッドマン そうだな。それはもうそういうものだと納得するしかない。

グラマーちゃん じゃあ、自動テストは諦めたほうがいいのですか？

グッドマン いやいや。GUIアプリはテストと合性が悪いが、単なるクラスはテストできる。

グラマーちゃん は？

グッドマン プログラムに含める単なるクラスの割合を増やしてしまえばいいのだよ。これでテスト可能なコードが増える。

ドビン 例を見せてください。

テストがやりにくいパターン

XAMLファイル（抜粋）

```
<Button Click="Button_Click">Calc It</Button>
```

C#ファイル（抜粋）

```
private void Button_Click(object sender, RoutedEventArgs e)
{
    var n = 1 + 2;
    MessageBox.Show(n.ToString());
}
```

テストがやりやすいパターン

C#ファイル（抜粋）

```
private void Button_Click(object sender, RoutedEventArgs e)
{
    var n = Class1.Calc();
    MessageBox.Show(n.ToString());
}
```

C#ファイル（抜粋）

```
class Class1
{
    public static int Calc()
    {
        return 1 + 2;
    }
}
```

グラマーちゃん　あ、Class1 ならテスト書けます。結果が 3 か判定するだけでいいんだ。
ドビン　それが、テストがやりやすいという意味なのですね。
グッドマン　そうだ。**GUI のテストが難しいなら、GUI のテストの割合を減らしてしまえばいい。**それで**テスト可能な項目はいくらでも増やせる。**
グラマーちゃん　でも、100 パーセントにはできませんよね。GUI そのものが残りますよね。それはどうテストすればいいのですか？
グッドマン　**引きはがせるものは何もかも引きはがした後の GUI そのものは、単に見たらわかる**から、それほど重要ではないんだよ。

GUIテストの別の考え方

バッドマン　みんな、何もかも終わった顔だが。
ドビン　来るのが遅いから、話が終わっちゃいましたよ。
バッドマン　じゃあ別の考え方を。
グラマーちゃん　ほかにどんなやり方があるというのですか？
バッドマン　**UI を 1 つのクラスに押し込んで仮想化してしまう**のだ。こんな感じで必要な機能を並べる。

```
abstract class UI
{
    public abstract int InputNumber();

    public abstract void OutputString( string message );
        ：（このままさまざまな機能が続く）
}
```

グラマーちゃん　そんな手間を使かけて何かいいことがあるのですか？
バッドマン　うむ。そうすると、**GUI 用のオブジェクトと、テスト用の UI エミュ**

レーションレイヤを用意するのが容易になる。

グラマーちゃん　テスト用のUIエミュレーションレイヤって何をするものですか？

バッドマン　指定値が入力されたと見なすのだよ。入力されたふりをする。

ドビン　それってMockオブジェクトとどう違うのですか？

バッドマン　あれは、どちらかといえば強制的にオブジェクトのふりをさせる機能だ。少し強引だ。しかし、最初からUIレイヤを差し替え可能に設計しておけば、テストに際して無理が少なくなる。

グラマーちゃん　わかった！　オフの時間にデートを楽しみたいなら、最初からテストを意識した設計にしておけってことですね？

バッドマン　そうだ。**テストとはバグが出てから考えるものではない。最初から意識しておくだけで、全体の効率が上がる**ぞ。そうすれば残業も減らして、アフターファイブは遊び放題だ。

ドビン　結局、グッドマン方式とバッドマン方式、どっちがいいのでしょう？

バッドマン　それはアプリの機能にも依存するから一概にはいえない。

グラマーちゃん　でも、**テストを意識した設計が重要**という点は同じですね！

バッドマン　そうだ。**テストはやってあたりまえ**。けして、デバッグの都合で実施するものではない。バグはなくても実施する。

ドビン　なぜ、バグがないときもテストするのですか？

バッドマン　バグがないことを保証するためさ。

問題

怪人バグールからの挑戦状だ。

GUIの世界はさまざまなイベントが非同期に発生するから、イベントの発生順序はあらかじめ想定できない。つまり、何かを予測してテストを書くということができないとバグールはいっている。

はたして、バグールの主張は正しいだろうか？

グッドマン、バッドマンに成り代わり、君が答えを探してくれたまえ。

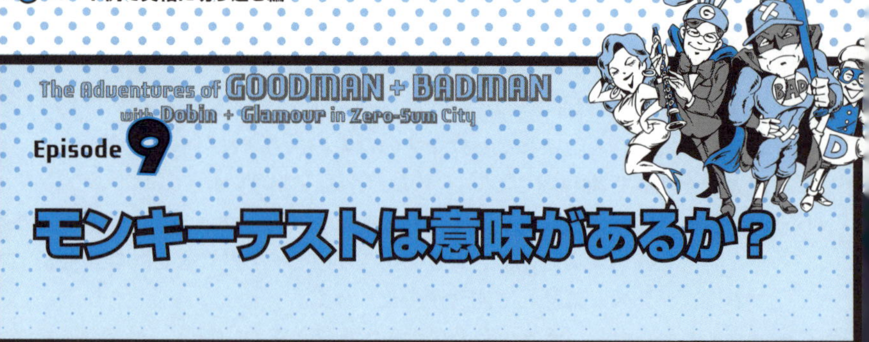

Episode 9

モンキーテストは意味があるか？

猿　うきき。おいらは猿だ。おまえのプログラムを壊しに来たぞ。うきき。

グラマーちゃん　あらかわいいお猿さん。

猿　おいらは怖いんだぞ！　それキーボードをデタラメに叩いてやれ。カチャカチャ。

グラマーちゃん　やめてー、そんなに激しくデタラメに叩いたら、キーボードが壊れちゃう！

ドビン　意外とこの猿は悪くないかも。

グラマーちゃん　なんでよ。

ドビン　**モンキーテスト**を実施してくれているから。

グラマーちゃん　モンキーテストって何よ。

ドビン　猿のように**デタラメに激しくキーを叩くテスト**さ。

グラマーちゃん　デタラメに叩くだけで意味があるの？

ドビン　ある……と思うよ。

グラマーちゃん　具体的に教えてよ！

ドビン　バッドマン！　助けて！

グラマーちゃん　ダメよ。それをいうとグッドマンが来ちゃうわ。

ドビン　（♪♪♩〜）あ、クラリネットの音が。

おいらは壊し屋モンキーテストは得意だゾ"

意外と役に立つかも…

え？

猿の勝利

グッドマン　呼ばれてなくても参上でい。

ドビン　グッドマンにモンキーテストの効能がわかりますか？

グッドマン　わかるとも、意外とデタラメにキーを押すだけで破綻する事例は多いものだよ。

ドビン　まさか？

グッドマン　このプログラムを実行して 1 文字ずつ a、b、c を打ってみたまえ。
グラマーちゃん　入力できました。

```
using System;
using System.Threading.Tasks;

public class Program
{
    static void Main(string[] args)
    {
        string s = "";
        for (; ; )
        {
            var t = Console.ReadKey().KeyChar.ToString();
            Console.Write(s.ToUpper());
            s = t;
            Task.Run(() =>
            {
                s = null;
                Task.Delay(100).Wait();
                s = "DONE";
            });
        }
    }
}
```

グッドマン　では猿君の登場だ。思いっきりデタラメに叩いてくれ。
猿　うきー！　お安い御用だ！
ドビン　あ。例外で落ちた！
猿　うきき！　おいらバグを見つけちゃった！
グッドマン　と、まあこんな具合だ。入力のスピードが速くなりすぎると、いろいろな問題が起きやすくなる。処理が終わる前に次の文字が来ると問題を起こすコードはありうるだろう？
グラマーちゃん　でも、いまどきのスマホやタブレットはタッチですよ。
ドビン　その前はマウスです。
グッドマン　わかってないな。キーボードはあくまで一例。どんなデバイスでもデタラメにやってみると思わぬバグが見つかる場合があるのだ。
猿　うっきー！　おいら天才！

グッドマン　頭使って見つけたバグではないけれどな。
猿　しょぼーん。

猿はシェイクスピアの夢を見るか？

バッドマン　参った参った。バッドモービルは故障だし、電車も止まって遅刻したよ。
ドビン　もっとマシな言い訳を考えてください。
バッドマン　嘘じゃない嘘じゃない。猿が線路に入ったって。
猿　うききー！　おいらのことだ！
バッドマン　この猿が！
グラマーちゃん　質問です。
バッドマン　何かね？
グラマーちゃん　特定の順番でボタンを押したときだけおかしくなるが、その順番がまだわかっていないバグはモンキーテストであぶり出せますか？
バッドマン　いい質問だ。ボタンが２つぐらいで特定の順番で押した場合ならもしかしたら可能かもしれない。しかし一般論としては期待しないほうがいいぞ。
猿　バカにするな！　無限の猿を集めて全員でモンキータイプすれば、無限の時間さえあれば、いつかシェイクスピアの作品だって書けるんだぞ！
バッドマン　無限の猿と無限の時間があればな。
グラマーちゃん　わたしには納期があるし、猿はこの１匹しかいません。
ドビン　じゃあダメなんだ。
バッドマン　そうさ。猿がシェイクスピアの作品を書く日は来ないし、バグを発生させる特定のシーケンスを発見もしない。
ドビン　では、なぜモンキーテストは有効なのですか？
バッドマン　**通常より速い速度で操作するという行動そのものが、想定外の動作を発生させることが多い**からさ。
グラマーちゃん　でも、特定のバグの再現手段としては使えないわけですね。
バッドマン　使えるさ。無限の猿と無限の時間さえあればね。
猿　しょぼーん。

問題

猿からの提案だ。

ソフトウェアの開発チームはモンキーテスト用に猿を必ず飼うべきだ。その場合のおやつはバナナ1本で手を打とう。

はたして、猿の主張は正しいだろうか？

グッドマン、バッドマンに成り代わり、君が答えを探してくれたまえ。

The SPECIAL …… 実はトンデモが巣くう大学

通常、学会、大学という場や学者という人種は、トンデモに対する防波堤になる（しかし、中にはトンデモにかぶれた人もいて、学会などではそういう人たちが発表を行う場合もあるという）。

しかし、ITの世界では少し風向きが違う。アカデミックな世界でも、トンデモにかぶれやすいのだ。

なぜそうなのだろうか？

高年齢層は最新技術の実態に詳しくないので、うまくいいくるめられやすい。

若い層は技術に詳しいが、社会経験が少ないから、口当たりのよい理想論にかぶれやすいのだ。

その結果、どちらの層もトンデモ対する耐性が不足し、全体的に迷走してしまいがちだ。

もちろん全員がそうだというわけではない。

しかし、突っ込みどころ満載の思想を無条件に肯定したり、実はよく調べると根拠があるのかないのかよくわからない特定企業叩きに加担する人たちも多い。本人は正義をなしているつもりだが、横から見ている第三者からはけっこう危うく見えてしまう。

では、そういった怪しげなトンデモに対抗する手段はあるのだろうか？

それはある。

要するに「コードで語ろうぜ」といえばよいのだ。

口当たりのよい理想論は、実際に動くコードに置き換えてしまうと、いうだけの成果をまず出せない。

Episode 10

モックを使って意味があるのか？

グラマーちゃん モックを使ったテストって十分なのかしら？

ドビン でも、致命的な変更を含む機能は、モックに置き換えないとテストできないよ。

グラマーちゃん 実は問題が１つ起きたのよ。単純化したソースで説明するわね。

ドビン どんな問題だい？

グラマーちゃん 最初、こういうソースがあったのよ。

```
public class Target
{
    public string Read()
    {
        return File.ReadAllText("filename");
    }
}
```

ドビン ふむふむ。

グラマーちゃん でも、実際のファイルを読ませると何があるかわからないからモックに置き換えようっていうので、こういうコードに置き換えてテストを実行させたのよ。

```
public class Mock
{
    public string Read()
    {
        return "Dummy File Body";
    }
}
```

ドビン　ファイルを読み込む代わりに文字列を直接返したのか？
グラマーちゃん　これはうまくいったのよ。
ドビン　なら問題ないよね？
グラマーちゃん　問題が出たのはバージョンアップのときよ。新規の追加テストはパスしているのに、実際に稼動させるとエラーで落ちてしまったのよ。
ドビン　理由はわかっているのかい？
グラマーちゃん　もうわかっているわ。3日間の徹夜の代償としてね。
ドビン　原因は？
グラマーちゃん　Target.Readメソッドはファイルがなければ例外を投げるが、Mock.Readは投げないという違いがあったのよ。
ドビン　それだけ？
グラマーちゃん　それだけでもわたしは3日間も徹夜したのよ!!
ドビン　グラマーちゃん怖い。助けてバッドマン！

モックの限界

グッドマン　♪♪～　クラリネットを吹きながらグッドマン参上。
グラマーちゃん　また、呼んでない人が来たわ。
ドビン　吹きなら自分で参上といえるとは、どんな吹き方をしているんですか？
グッドマン　それはさておき。これは典型的な**モックの限界**を示しているね。
ドビン　モックの限界とは？
グッドマン　**モックは対象オブジェクトの動作を模倣するのだが、完全な模倣は不可能**だ。どこかで妥協しなければならない。通常は、テストに必要にして十分な機能を提供した時点で、それ以上の精度で模倣することは要求されなくなる。
グラマーちゃん　でも、今回は十分ではなかったんです。
グッドマン　そうだ。そこだ。**ここまで模倣すれば十分という判断と、ここまでは模倣してくれるだろうという期待がすれ違ってしまうと、そこに空白領域ができてしまう。**
ドビン　グッドマンの解決策は何ですか？
グッドマン　**できるだけモックは使わないほうがいい。**ファイルの読み書き程度なら、専用のテンポラ領域を用意してそこに読み書きさせればテストは成立するだろう。ちょっと遅くなるかもしれないがな。
グラマーちゃん　確かに問題が起きにくくなるなら、多少回りくどくなってもモックは使わないほうがいいかもしれませんね。

モックの限界突破

バッドマン　ちょっと待った！
ドビン　また遅刻。
グラマーちゃん　遅刻はバッドマナーですよ。
バッドマン　わたしはバッドマンだからバッドマナーは味方なのだ。
ドビン　バッドマンには他の意見があるのですか？
バッドマン　そうだ。モックというのは、限定的な模倣しかできない。当然だ。**ならどう活用すればいい？**
ドビン　模倣できる範囲で使えばいいのですか？
バッドマン　違う。**テストを作成するごとに、そのテストで必要な機能だけを模倣するオブジェクトを作り出す**のだ。
グラマーちゃん　手間がすごそうですね。
バッドマン　そうでもない。なにせ、たった1つのテストが要求する機能を書くだけだからね。
グラマーちゃん　なるほど……。
バッドマン　つまり、テストを追加するときは既存のモックは使い回さない。どこで、どんな非互換性があるかわからないからね。

問題

怪人バグールからの挑戦状だ。

このEpisode 10の`Mock.Read`メソッドは、当初正常に動いていたが、何も修正していないのにテストを追加したらバグ持ちと見なされるようになった。怪人バグールは、指一本も動かさずにバグを発生させたと豪語している。

はたして、バグールの主張は正しいだろうか？

グッドマン、バッドマンに成り代わり、君が答えを探してくれたまえ。

Episode 11 テストを前提とした設計技法

グラマーちゃん　聞いてよドビン。ライバルのスレンダーちゃんの書いたソースコードが採用されたの。くやしーっ！

ドビン　まあまあ。どこが違っていたんだい？

グラマーちゃん　簡単にいえば、ファイルの内容を引数で渡すかメソッド内で読むかの違いだけね。

グラマーちゃん版

```
using System;
using System.IO;

class A
{
    public void OutMessages()
    {
        string[] ar = File.ReadAllLines(@"c:¥delme¥delme.txt");
        foreach (var s in ar)
        {
            Console.WriteLine(s);
        }
    }
}

public class Program
{
    static void Main(string[] args)
    {
        var a = new A();
        a.OutMessages();
```

```
    }
}
```

スレンダーちゃん版

```
using System;
using System.IO;

class A
{
    public void OutMessages(string[] ar)
    {
        foreach (var s in ar)
        {
            Console.WriteLine(s);
        }
    }
}

public class Program
{
    static void Main(string[] args)
    {
        string[] s = File.ReadAllLines(@"c:¥delme¥delme.txt");
        var a = new A();
        a.OutMessages(s);
    }
}
```

ドビン ほとんど同じに見えるけど。ここはバッドマンに聞いてみよう。
グッドマン さっきから物陰で待機しているんだから、わたしに聞けよ。
グラマーちゃん また出た！
グッドマン では、お約束のクラリネットを一曲。
グラマーちゃん いりません！

使い勝手の幅広さを配慮せよ

グッドマン グラマーちゃん版の OutMessages メソッドは単機能だ。指定されたファイルを読む機能しかない。しかし、スレンダーちゃん版は引数で任意の文字列配列を渡すことができ、さまざまな用途に使用できる。この差は大きい。

ドビン　汎用性が高いってことですね。

グラマーちゃん　でも、仕様書にはそんな汎用性に配慮せよなんて一言も書いてませんでしたよ。

グッドマン　えっ？

グラマーちゃん　それでもダメなの？

グッドマン　えーと。たぶん書いてない汎用性を意識したからスレンダーちゃんが勝ったんだよ。

グラマーちゃん　納得いかないわ！

テストの都合を配慮せよ

バッドマン　おほん。さっきから物陰で待機しているんだから、わたしにも聞けよ。

ドビン　嘘だ。遅刻していま来たところだ。

バッドマン　おまえ、パートナーなのにわたしを疑うのか？

グラマーちゃん　それより、バッドマンが出てきたってことは、別の解釈があるってことですか？

バッドマン　うむ。これは汎用性を追求したコードではなく、テストのやりやすさを配慮したコードだと思う。

グラマーちゃん　どういう意味ですか？

バッドマン　グラマーちゃん版OutMessagesは読み込むべきファイルを用意しないかぎり正常に動作しない。ところが、スレンダーちゃん版OutMessagesはファイルの有無に関係なくテストを実行できるのだ。

グラマーちゃん　ああ、なるほど。テストの都合ではスレンダーちゃん版のほうが確かに楽よね。

バッドマン　そうだ。よくある話だが、**異常ケースへの配慮、エラー発生時のリカバリ、テストの都合などでソースコードが変質する場合がある**。だが、それはドンくさいから回りくどいコードを書いているわけではない。あくまで、**テストなどの都合を配慮に入れると、なくてもいいように見える引数などが増える場合もある**のだ。覚えておくといいだろう。

グラマーちゃん　はい！　全部を見ないとソースコードの健全性は判断できないわけですね！

問題

スレンダーちゃんからの挑戦状よ。

テストの都合で挿入したソースコードが無駄だと批難されたの。実際に実行する際は何も有益な効果を発揮しないから。はたして、偉い人のいいなりになってこのコードは削除すべきかしら？

グッドマン、バッドマンの代わりに、あなたが答えを探してね。

The SPECIAL ･･･ テストにまつわる真の困難さとは何か？

テストは難しい。特に難しいのは、テストの意味を理解していない人が非常に多いことだ。彼らは自分がわかっていないというそのこと自体をわかっていない。それでも、バグを探すという作業の意味は辛うじて通じる。問題は、正常に動作しているプログラムに対して、正常に動作しているという保証を行うことの意味だ。これがわかっていないとどのように振る舞うか？　事例を２つ紹介しよう。

第１の事例は、手順の最適化だ。

この操作をやってもやらなくても結果は同じだから、手順書に書いてあるがやらずに飛ばす。頭を使って作業の効率化を達成したからほめて。

では、彼／彼女をほめるべきだろうか？

ほめるべきではない。叱責するべきなのだ。操作しても結果が変わらない操作が手順として書いてあるなら、手抜きやミスではないかぎり、**結果が変わらないことを確認してほしい**という要望が書いてあるのだ。それを飛ばすのは、仕事を完遂しなかったのと同じだ。

もう１つの事例は、テスト失敗とエラーの混同だ。

API を呼び出してエラーを返さないことを確認しました。API は正常です！

これもダメだ。なぜならテストとは、**正常に動作しているときは通常リターンを、エラーが起きる条件ではエラーリターンを行う**ことを確認するために行うのだ。つまり、エラーを出す条件でエラーリターンしなかったら、それはテスト失敗を意味する。

Episode 12 ピリオドとカンマの見間違い

グラマーちゃん ドビン助けて。

ドビン どうしたんだい、グラマーちゃん。

グラマーちゃん 新人研修の講師に任命されて調子に乗って格好つけたら、これ以上ないぐらい簡単なソースが動かないの。

ドビン どれどれ。みせてごらん。

```
using System;

public class Program
{
    static void Main(string[] args)
    {
        Console.WriteLine("{0}", 1,5);
    }
}
```

意図した結果

```
1.5
```

実際の実行結果

```
1
```

ドビン あれ、いつもならグッドマンが出てくるところなのに来ないよ。

グラマーちゃん 電話してよ。

ドビン 他の事件で忙しいって。なんでもバグールが出たとか。

グラマーちゃん じゃあ、バッドマンを呼んで。

ドビン バッドマンもバグール退治で忙しいって。
グラマーちゃん ドビンだけが頼りね！
バグール 俺が教えてやるよ。こんなのバグのうちにも入らないバグだからな。
ドビン なんでおまえがここにいる！
バグール 時分割処理をやってるんだ。一瞬ごとに移動することで、複数の場所にいるように見せかけているのさ。
グラマーちゃん ずいぶん無駄なところにエネルギー使ってるのね。
バグール ほっとけ！

バグの真相

バグール おほん。こいつは1,5って書いてある。本当は1.5と書きたかったんだろ？
ドビン 違いが見えないよ。
バグール よく見ろ。1カンマ5って書いてあるだろ？　本当は1テン5と書きたかったんだろ？
グラマーちゃん あ……。
バグール この場合、Console.WriteLineは可変長引数だから引数が多くても少なくてもエラーにならない。Console.WriteLineは実行時に引数が足りない分には文句をいうが、多すぎるときには文句をいわない。だから、本当は1.5という引数を1つだけ渡したつもりなのに、実際は1と5という2つの引数を渡していて、2つ目の5は無視されていたのだ。
グラマーちゃん なんで親切に説明してくるの？
バグール 決まっているさ。5秒でわかるバグなんてつまらないからさ。グラマーちゃんが5日ぐらい徹夜するような大物バグを仕込んでいじめてあげよう。
グラマーちゃん いやーん。

問題

怪人バグールからの挑戦状だ。

グッドマンもバッドマンもピリオドとカンマを間違えた経験があるとバグールはいっている。大ベテランのグッドマン、バッドマンにそんなことがあるだろうか？

はたして、バグールの主張は正しいだろうか？

グッドマン、バッドマンに成り代わり、君が答えを探してくれたまえ。

バッドマン 追い詰めたぞ怪人バグール。
バグール おまえはバッドマン！　だがいいのか？　この隙に部下の猿が暴れているぞ。
バッドマン ははは。我々は並列処理という新しい技を手に入れたのだ。いまごろグッドマンが猿を追い詰めている頃だ。
バグール なにーっ!?
バッドマン ゼロサムシティの平和は我らが守る！
ドビン さすがです。バッドマン。
バッドマン えっへん。
ドビン （♪♪♪〜）あれ。クラリネットの音が。
グッドマン グッドマン参上。おいしいところを独り占めとは許せないぞバッドマン。
バッドマン おいおい打ち合わせと違うぞ。猿はどうした。
グッドマン 知らん。
猿 うききー！　バグール様、いまのうちです！
バグール ははは。さらばだ。
グラマーちゃん あ、ラウド君、いいところに。バグールを捕まえて！
ラウド君 僕はつかまえどころのない雲。誰かをつかまえるのは無理さ。
ドビン あ、逃げられた。
グラマーちゃん ダメだこりゃ。

物事には2面性があり、何事にも良いことと悪いことがある。
だが、たいてい両者を足すとゼロになる。
これぞゼロサムシティ。
今日もまた怪人バグールが君のプログラムにバグを仕込むかもしれない。猿が誰かに化けて、あることないこと君の上司に吹き込むかもしれない。

だが、負けるな君たち。

口論ばかりして役に立たないグッドマン、バッドマンに成り代わり、バグを退治してくれたまえ！

ドビンとグラマーちゃんと筆者は君を応援しているぞ。

The End

問題の解答

Part 1

Episode 1　正解

（以下は正解の例。条件さえ満たしていればどれでもよい。）

名前を書き間違ったときにコンパイルエラーになるケースは**ローカル変数名**。

ならないケースは **ASP.NET MVC の ViewBag のメンバー名**。

Episode 2　正解

次の行の計算式の最後の 1 文字が小文字のエル（l）になっているが本当は数字の 1 である。

```
Console.WriteLine(p.Ll + p.Li + p.Ll);
```

このとおり、名前が紛らわしいと、対象の明確化という機能性を発揮しないことに注意。

Episode 3　正解

次のように Wait メソッド呼び出しを追加。

```
Task.Delay(1000).ContinueWith((dummy) =>
{
    Console.WriteLine("Hello!");
}).Wait();
```

この Wait メソッドがないと一瞬でメインタスクは実行を終了し、ContinueWith で指定された 1000 ミリ秒後の継続タスクは永遠に実行されるチャンスがない。しかし、ここに Wait メソッドがあれば、継続タスクが終了するまで動作を待ってくれる。

Episode 4　正解

次は一例。

```
using System;
```

```
using System.Threading.Tasks;

class Program
{
    static void Main(string[] args)
    {
        int count = 0;
        var obj = new object();
        Parallel.For(0, 10, (n) =>
        {
            lock (obj)
            {
                Console.Write(count++);
            }
        });
    }
}
```

Parallel.For メソッドは、指定個数のメソッドを同時並行で走らせてくれるが、同時並行なのでどれが先にゴールするのかはわからない。つまり、この場合、n が 0 から 9 までの 10 種類の実行は保証されるが、どの番号が先かはわからない。そのため、順番に繰り返す数値は Parallel.For メソッドとは別に自前で用意した。lock 文で出力と 1 を足す作業だけ他の Task からガードすれば正しい順番に数値が並ぶ。

ちなみに、Parallel.For にこだわらず、パラレル LINQ を使うのならこう書くこともできる。

```
using System;
using System.Linq;

class Program
{
    static void Main(string[] args)
    {
        int count = 0;
        var obj = new object();
        ParallelEnumerable.Repeat(0, 10).ForAll(c =>
        {
            lock (obj)
            {
                Console.Write(count++);
            }
        });
```

```
    }
}
```

Episode 5　正解

```
using System;
using System.Threading.Tasks;

class Program
{
    static void Main(string[] args)
    {
        Task<int> task = Task.Run(() =>
        {
            return 0;
        });
        Console.WriteLine(task.Result);
    }
}
```

この場合、非同期処理の結果が0と決まるのは`return 0`を実行したとき。その前に`task.Result`で結果を得ようとしても、結果が確定するのを永遠に待ち続けることになる。これではハングアップしてあたりまえだ。つまり、`Result`プロパティの参照は結果を出すためのタスクで行ってはダメ。メインタスクに移動させる。すると、`Wait`メソッドの呼び出しも削除できるのでコードも短くなる。非同期処理はハングアップしやすいので注意しよう。

Episode 6　正解

`Class2`の定義に1行を追加。

```
class Class2 : Class1, IDisposable
{
    public new void Dispose()
    {
        base.Dispose();
        Console.WriteLine("Good Bye2");
    }
}
```

継承関係があっても1つのクラスには1つのインターフェースしか実装できない。つまり、IDisposable インターフェースを実装したクラスを継承して IDisposable インターフェースを実装しても、2つの Dispose メソッドを持つことはできない。しかし、base.Dispose() は継承元クラスのメソッドを明示的に呼び出すことで、結果として2つの Dispose メソッドを両方実行させている。

Episode 7　正解

Parse を TryParse に置き換え、失敗の検出を try から if に変更する。

```
using System;

class Program
{
    static void Main(string[] args)
    {
        int a;
        if (!int.TryParse("bad number", out a)) a = 123;
        Console.WriteLine(a);
    }
}
```

この書き換えはファイルの存在チェックと違って危険性が少ないことに注意しよう。ファイルを勝手に変更するプログラムは多いが、変数を勝手に書き換えるプログラムはそれほど多くはない。

Episode 8　正解

このプログラムを書いた人は、変数 a の値は、非ゼロに違いないと思っていた。そのため、1 / a の割り算が失敗する可能性はないと考えた。しかし、何かの理由で意図しない値が変数に入った場合例外が起きる可能性があるので、**念のため**変数 a がゼロの場合は割り算を実行しないような予防策を入れておいた。ところが実際は変数 a がゼロなので、念のために入れたコードがつねに実行されていた。その行を除去すると当然動作が変化してしまう。

この種の**実態と乖離したコメント**は、たまたま意図した結果と同じ結果が得られているとき、見過ごされがちだ。

Part 2

Episode 1　正解

if (n > 2) break; の行を1行上に移動させる。

このように if と break を併用する場合、終了値の判定は、**数値の間違い**、**不等号の間違い**のほかに**終了判定を書き込む場所の間違い**という潜在的なリスクを含んでしまう。怪人バグールが潜む可能性のある場所は2つに限らないことに注意しよう。

Episode 2　正解

if 文の行を次のように修正。

```
if (next <= DateTime.Now)
```

DateTime 型の値は100ナノ秒単位まで表すことができるが、等価演算子で判定すると100ナノ秒まで一致したときにしか true にならない。だが、実際に実行しているとき、そこまで細かい時刻が一致する可能性は低い。そこで**指定時刻を過ぎていたら**という意図の不等号に置き換えている。これなら、どれほど処理に時間を取られてもその時刻を過ぎた事実を検出できる。

Episode 2　正解

++ は次の場所に移動させる。

```
if (++a > 9) break;
```

他の場所に移動させてもうまくいかない。なぜだろうか？　時間があれば、理由を考えてみよう。

Episode 3　正解

```
Console.WriteLine("{1}+{2}={3}", 1, 2, 3);
```

⇩

```
Console.WriteLine("{0}+{1}={2}", 1, 2, 3);
```

{1} は２番目の可変長引数を意味し、数字の 1 に対応しない。つまり 2 に対応する。その結果 {3} には対応する引数がなく、例外が起きる。コンパイルエラーは起きないが、実行時例外は起きる。

Episode 4　正解

if 文の行末の } を１つ else の手前に移動する。

波括弧は全体で開き括弧と閉じ括弧の個数が整合していればよいというものではない。１つのブロックを開いたら、そのブロックの終わりで閉じる必要がある。

Episode 5　正解

unchecked コンテキストと checked コンテキストは、波括弧内にのみに適用される。当然、他のメソッドには適用されない。つまり、加算処理はどちらもデフォルトの unchecked コンテキストで実行されるので時間に差は出ない。

対策は必要なコードを checked 文の波括弧内に移動させること。

Episode 5　正解

変数 a の型は int 型から double 型に変化した。int 型は checked コンテキストでは例外を起こす。しかし、double 型は、値が大きくなると無限大（*Infinity*）という値になるだけで、オーバーフロー例外は起きない。そうなるとまともな数値計算はできないが、double 型で扱うことができる範囲内ではある。そのため、無限大という状態になってしまうがオーバーフロー例外が起きない。ちなみに、実数を扱う型はすべてオーバーフロー例外を起こさないかといえばそうではなく、decimal 型は例外を起こす。無限大（*Infinity*）状態を扱えるのは double 型と float 型だけだ。

Episode 6　正解

プロジェクトのプロパティで［アンセーフコードの許可］にチェックを入れるか、コンパイラに /unsafe を指定すると、コンパイルが通り実行できる。ただし、これはコンソールアプリケーションだから動作するのであって、Silverlight などそもそも unsafe コードの実行を認めていない環境では、それ用にソースを書き換えても動作しない。安全重視なのでやむをえない。

Episode 7　正解

p += 150; が間違っている。配列の要素数は 100 なのに、ポインタを 150 も進めては配列の範囲外に出てしまう。そこに 1 を書き込むと配列外に書き込むことになる。その場所がたまたまもう１つの配列の中なら、合計 0 になるはずの配列が合計 1 になってしまう。た

だし、その結果は保証されたものではない。メモリをどこでどう使うかはシステムが適切に判断して再配置するからだ。この問題を解消するには、p += 150; の 150 を 100 より小さい値（0 以上）に変更する必要がある。たとえば p += 50; と書き換えれば意図したとおりの値になる。

しかし、最も適切な対処は unsafe コンテキストの利用を取りやめることである。普通の配列なら、範囲外アクセスはすぐに例外を発生させ、バグの存在に気づくことができる。

Episode 8　正解

case 1 以降を次のように書き換える。

```
            case 1:
                Console.WriteLine("a is 1!");
                goto case 3;
```

a = 3; と変数を書き換えたのだから、次は case 3 以降が実行されそうに思えるが、数値の判定は最初に 1 回しか行われないので goto case 2 で case 2 以降が実行される。そこには最後に goto case 1 があるので、また case 1 に戻って来る。永遠にこれが繰り返される。これを直すには、次の 2 手順を要する。

1. a = 3; は意味がないので取り去る
2. goto case 2; は、goto case 3; に手直しする。本当に行きたいのは case 2 ではなく case 3

Episode 9　正解

do や while などを使用する方法もある。次は一例。

```
using System;

class Program
{
    static void Main(string[] args)
    {
        for (; ; ) ;
    }
}
```

実は、無限ループぐらい goto 文を使わずとも簡単に書ける。

Episode 10　正解

ASP.NETのプログラムは、デフォルトの設定ではローカルからのアクセスで例外が起きると詳細情報を見ることができるが、別のマシンからは見えないようになっている。だから、設定を何も変更していなければ、遠隔地の利用者は例外が起きた事実だけしか知ることができず、詳細は知ることができない。そのため、いくら頑張っても詳細を伝えることはできない。そのことが、もしかしたら例外の詳細を伝えられない理由かもしれない。

その場合の直接的な対応は、例外の詳細情報を許可することだ。そのための方法は次のようにエラーメッセージに含まれる。

```
詳細: このエラー メッセージの詳細をリモート コンピューターで表示できるようにするには、現
在の Web アプリケーションのルート ディレクトリにある "web.config" 構成ファイル内に、<c
ustomErrors> タグを作成してください。その後で、この <customErrors> タグで "mode" 属性を
"off" に設定してください。

<!-- Web.Config 構成ファイル -->

<configuration>
    <system.web>
        <customErrors mode="Off"/>
    </system.web>
</configuration>
```

もちろん、問題が発生する原因はこれに限らない。どのような問題が発生しうるのか？　それへの対策は何か？　余裕があれば調べてみよう。

Episode 11　正解

次は書き換えの一例。

```
using System;

class Program
{
    static void Main(string[] args)
    {
        int a;
        var b = "fail to convert";
        if (int.TryParse(b, out a))
        {
            Console.WriteLine("変換成功");
```

```
        }
        else
        {
            Console.WriteLine("変換失敗");
            a = 123;
        }
        Console.WriteLine("a={0}", a);
    }
}
```

TryParse メソッドは変換の成功失敗に関係なく out 引数の値を書き換えてしまう。その前に初期値を用意しても上書きされてしまう。逆にいえば、out 引数の変数を初期化する必要はない。確実に TryParse メソッドが何かの値を書き込んでくれるからだ。

Episode 12　正解

```
using System;

class Program
{
    static void Main(string[] args)
    {
        int a = 256;
        try
        {
            checked
            {
                byte b = (byte)a;
                Console.WriteLine(b);
            }
        }
        catch (OverflowException)
        {
            Console.WriteLine("null");
        }
    }
}
```

as 演算子は通常の値型には使用できない。null 許容型にしてもダメだ。ここは他の手段を利用するしかない。おとなしくキャストを使って書いてみた。Convert.ToByte メソッドなども利用候補になるだろう。

Episode 13　正解

nullを() => { }に置き換える。

何も出力しないという意図は、nullではなく何も処理を行わないラムダ式で表現しなければならない。この場合、nullは例外を起こすからである。何もしないラムダ式は、NULLオブジェクトの変形亜種といえる。

Episode 14　正解

UnitTest1クラスに次の初期化メソッドを追加。

```
        [TestInitialize]
        public void TestInit()
        {
            TempValue.N = 0;
        }
```

テスト対象のクラス外にあって独立して更新される情報は単体テストの鬼門だ。そういう要素は単体テスト実行前に初期化メソッド内で一律に条件を揃えるようにすると、単体テストをどう実行しても同じ結果が得られる。しかし、本来はそのような情報に依存しないほうが好ましい。

Part 3

Episode 1　正解

不等号を<=から<に変更する。このプログラムは**文字列の文字数分だけループを回している**と思い込んで書かれているが、実際には1回多く回ってしまっている。その結果、取得できない文字が発生し、例外に直結してしまった。

注：文字数と表記している数値は、サロゲートペアの文字が入った場合は文字数と一致しない。

Episode 2　正解

```
using System;
using System.Linq;

class Program
{
    static void Main(string[] args)
```

```
    {
        var s = "Hello";
        int ch;
        try
        {
            ch = s.SingleOrDefault(c => c == 'l');
        }
        catch (InvalidOperationException)
        {
            ch = 0;
        }
        Console.WriteLine(ch);
    }
}
```

SingleOrDefault メソッドが型のデフォルト値を返すのは指定値が発見できなかったときだけで、対象が2つ以上あったときは例外を発生させる。つまり、SingleOrDefault メソッドを使ったとしても、例外は不可避である。

Episode 3　正解

```
using System;
using System.Collections.Generic;
using System.Linq;

class Program
{
    static void Main(string[] args)
    {
        List<int> ar = new List<int>() { 3, 1, 2 };
        var q = ar.OrderBy(c => c);
        ar.Add(0);
        foreach (var item in q) Console.Write(item);
    }
}
```

ソートの実行は要素の追加（Add）の後に実行すればよい。つまり、OrderBy で遅延実行させれば解決する。

Episode 4　正解

enumSample メソッドの1行だけ差し替え。

```
private static void enumSample(IEnumerable<int> e)
{
    var ar = e as int[];
    ar[0] = 123;
}
```

ToArrayメソッドは、データの配列に対して使用すると、配列の複製を作り出す機能を発揮してしまう。だから、複製をいくら書き換えても目的の配列の内容に変化は起きない。正しい結果がほしければ、一度IEnumerable<int>型にされてしまった配列を、as int[]で配列型に戻してやることだ。これなら複製は作成されない。もちろん実際のデータは一貫して配列だ。C#のソースコードから見えるデータ型を直すべきなのだ。ただし、この修正を行うと、enumSampleメソッドは配列しか受け付けない制約を持ってしまう。たとえば、System.Collection.Generic.Listクラスのインスタンスは渡せない。

Episode 5　正解

```
OrderByDescending(c=>c) ⇒ Reverse()
OrderBy(c=>c) ⇒ Reverse()
```

OrderByDescendingは逆順ソートだが、これは配列の順番を逆転する機能ではない。そこを誤解している。これをReverse()に置き換えれば意図どおりに動く。元の順番に戻すためのメソッドもOrderByではなくReverse。この問題の意図は、あくまで長い式の途中から狂っていく値を、いかにして的確に見つけ出すかにある。だからバグを発見することよりも、**ここから値が狂っている**という個所をデバッグ技術で突き止めるスキルを問いたい。だから、正解に達することは実は重要ではなく、どこが間違いなのかを調べ、それをきちんと説明できることが重要だ。

Episode 6　正解

(2)

ローカルではクエリを行っても一瞬で終わるからつい回数を多くしがちだが、リモートでは1回のクエリに要する時間が長い。それを繰り返すとスローダウンは避けられない。1回でも少ないクエリを実現するためにも、動的に式ツリーを構築するテクニックは有益だ。

Episode 7　正解

次のように書き換える。

```
object[] ar = null; ⇒ object[] ar = new object[0];
```

OfTypeは変換できないときは例外を発生させないのだが、入力のシーケンスが存在しない(nullのとき)は警告を出す。例外の発生理由は、変換できないからではなく、引数がnullになっているからだ。これを回避するには、中身の要素が存在しない配列を渡せばよい。

Episode 8　正解

Concatを含む行を次のように書き換える。

```
array1 = array1.Concat(array2).ToArray();
```

連結された配列が変数array1に得られるなら他の書き方でもよい。

ちなみに、AddRangeはコレクションに要素を追加するが、Concatは列挙値を合体させた別の列挙オブジェクトを作り出し、ソースとなったオブジェクトは変更しない。

Episode 9　正解

LengthをCountに書き換える。

```
for (int i = 0; i < x.Count; i++)
```

配列とListクラスは同じように扱える場合もあるが、違っている場合もある。ちなみに、要素数を得るためにLINQのCountメソッドを使用してしまえばここで例示した差は消えてしまう。ただし、using System.Linq;を追加しないかぎりは使用できない。ここで注意することは、要素数を得る方法が2つあることと、ListクラスのCountプロパティとCount()メソッドは同じ値を得られるが別物だという点だ。CountはListクラス固有のメンバーだが、Count()はLINQが提供する拡張メソッドで、using System.Linq;を追加してあるときにだけ有効になる。

Episode 10　正解

可能。

TableのRowKeyはつねに昇順にソートされる特徴があるので、より新しいデータほどより小さいRowKeyを与えるように設計すればよい。そうすると、Take(10)でつねに最新の10件のデータを取得できる。

Episode 11　正解

1回のクエリで発行可能なクエリの長さが決まっているから。

比較対象の値が増えると、この長さを突破してしまうので、分割してクエリを発行せざるをえない。ただし、値が極端に長い場合もクエリを発行できないが、そこまではチェックしていない。

Episode 12　正解

ToArray。

ToArray メソッドはインスタンス化を行い、その時点での値を確定させてしまう。つまり、時刻は変化しなくなる。除去すれば意図どおり遅延実行されるようになり、評価するごとに異なる現在時刻を報告してくれる。

Episode 13　正解

```
list.RemoveAt(item.i); ⇒ list.Remove(item.n);
```

修正前は RemoveAt を使用して位置を直接指定していたが、1つでも要素を削除すると、当然、削除していない列挙用オブジェクトのインデックス位置がずれていく。そのため、インデックス位置を指定した削除は2個目以降で正常に機能しない（意図したデータを削除しない）。

Part 4

Episode 1　正解

```
Console.WriteLine(a + b); ⇒ Console.WriteLine(a + int.Parse(b));
```

dynamic は型の扱いを曖昧化してくれるが、実体としてのオブジェクトは依然として型を持っていて厳密に扱われる。"1" はあくまで文字列であって、数値扱いはされない。だから、+ は文字列連結として機能するので結果は 11 になる。それが嫌なら、明示的に int.Parse メソッドなどを使用して int 型に変換してしまえばよい。

Episode 2　正解

プロのプログラマーを名乗ってよい。

公式は、自然科学でもビジネスでも非常に多く存在する。しかも、細分化された分野ごとに存在する。そのすべてを把握することは不可能といってよい。しかし、その式のプログラミングを依頼されることはある。式の意味が理解できなくても、望まれた値を算出できればそれでよい。依頼された値を出すまでがプログラマーの仕事。その値が正しいか否かはお客様の問題だ。

Episode 3　正解

```
using System;
using System.IO;

class Program
{
    static void Main(string[] args)
    {
        int count = 0;
        using (var file = File.OpenText(args[0]))
        {
            for (; ; )
            {
                var line = file.ReadLine();
                if (line == null) break;
                int p = 0;
                for (; ; )
                {
                    var found = line.IndexOf("クリス", p);
                    if (found < 0) break;
                    count++;
                    p = found + 1;
                }
            }
        }
        Console.WriteLine("出現回数は{0}です。", count);
    }
}
```

実行結果（コマンドライン引数に「クリスと一緒にクリスマス」という内容のテキストファイルのファイル名を指定した場合）

```
出現回数は2です。
```

Episode 4　正解

`if (c++ < 0)` の `++` が余計だ。これのおかげで変数の値が狂い、正しい判定が実行されていない。

しかし、この変数の値は絶対にマイナスにならない。符号無し整数型の `uint` 型を使用しているからマイナスの値は絶対に表現不可能だ。つまり、`Console.WriteLine("Red");` が実行されることは永遠にありえず、それを判定する `if (c++ < 0)` は100パーセントの無駄で

ある。無駄なのにバグの原因になっているのは二重の意味で無駄なことだ。無駄なコードを書かないことは横着ではない。バグが入り込む可能性を減らし、品質を向上させる手段の1つなのだ。

Episode 5　正解

実行しないほうがよい。変数名 pi は円周率 π を意図して選ばれた変数名だから、3.14……以外の値を入れてもソースコードがわかりにくくなるだけだ。また、2*pi*r は円周の長さを得る公式であり、ある程度の予備知識があれば何を計算しているのかがわかる。しかし、クルー君の簡潔な書き換えは公式から外れてしまい、意味が読み取りにくくなってしまう。この程度の書き換えはコンパイラの最適化機能が効率化してくれるので、ソースコードの読みやすさ優先でいこう。

Episode 6　正解

そのまま呼び出すべきではない。他の目的で用意されたメソッドなので、そのまま最後までその姿で残るとはかぎらないから。いきなりなくなる可能性もある。チームメンバー間で共有されるメソッドに昇格させれば、無断で変更されるリスクは減らせるが、断り無しに呼び出して利用するのは自滅願望そのもの。

Episode 7　正解

次は一例。

```
private static IEnumerable<int> filter(IEnumerable<int> en)
{
    return en.Where(c => c % 16 == 0);
}
```

16で割り切れるとは、16で割った余りが0になることを意味する。普通の演算子を普通に使っているだけなので、少なくとも演算子の意味と優先順位を知っていれば誰でも機能を理解できる。長すぎず、複雑でもないコード例だ。

Episode 8　正解

読みやすいソースコードはバグ退治を迅速化する。目的ではなく手段なのだ。だから、読みやすいソースコードをゴールと考えてはならない。完成までの通過点だと認識し、ペース配分を考えよう。十分に読みやすければそれでよい。極限まで読みやすく仕上げる必要はない。

Episode 9　正解

この選択は正しい。アブさんが負けた理由は、未知の未来の備えることは徒労に終わる可能性が高いからだ。しかしながら、すでに存在している3つのメソッドの扱いを抽象化して、呼び出し側と呼ばれる側の依存性を分離するためならインターフェースを導入するのは間違った選択ではない。ただし、単にメソッド1種類なら、インターフェースを使用しないでデリゲート型などを経由して依存性を分離する手段もある。

Episode 10　正解

int iCopy; を for ループの内側に移動させる。

0、1、2 にならない理由は、コピー先の変数 iCopy が1個しか作成されないから。必ず同じ値しか返ってこない。

3、3、3 にならず 2、2、2 になっていた理由は最後に変数 iCopy にコピーされる値が 2 だから。変数 i が 3 になった時点でループを抜けてしまうので、3 がコピーされることはない。

Episode 11　正解

```
using System;

class Program
{
    static void Main(string[] args)
    {
        const int size = 10000000;
        var array = new Action[size];
        for (int i = 0; i < array.Length; i++)
        {
            int[] n = new int[size];
            array[i] = () =>
            {
                n[0] = n[1];
            };
            array[i]();
            n = null;   // ←この行を追加した
        }
    }
}
```

構造的に変数がキャプチャされてしまうのは回避できないが、変数に null を入れることで確保した配列への参照は解放することができる。参照が解放された配列はガベージコレクタが解放することができ、新たな配列の確保に転用できる。

Episode 12　正解

internal を持ち出す必要がないぐらいコンパクトなら、バッドマンの言い分はあまり考える必要がない。逆に、配置方法として xcopy 配置を使用しないなら、グッドマンの言い分もあまり考えなくてよい。いずれにしても、それぞれが主張するメリットがあまり効果を持たないケースでは想定しなくても困ることは少ないだろう。

Episode 13　正解

ビルドの際に行われるコンパイルは、ビルドした時点で確定しているソースコードしか対象にされない。実行中に動的に作成式までをコンパイルしてくれることはない。だから、実行中に組み立てた式については実行中にコンパイルを実行する必要がある。

ただし、遠隔地に送信して処理する場合は、動的に組み立てられた式をコンパイルしないで利用する場合もあることを補足しておく。

Episode 14　正解

（ラムダ式を含む部分だけ抜粋）

```
sub(c =>
{
    message = "Evil!";
    return c == 0;
}, t);
```

条件を判定するラムダ式が、その処理に関係のない情報を書き換えて悪い理由はない。たとえ条件判断ラムダ式であっても、アクセスが許されたあらゆるデータを改竄（かいざん）できる。

Episode 15　正解

次の変数名 w と c を入れ替える。

```
compare w = (x, y) => x == y;
writeFile c = (filename, message) =>
```

確かに compare 型と writeFile 型の相互代入はエラーになるのだが、誤用してもエラーにならないケースも存在する。コンパイラはそれらの違いを違いとして認識できるケースと認識できないケースがあるからだ。

Part 5

Episode 1　正解

扱えない。理由は次の2つのデータを共存させることができないから。

```
PartitionKey=X001 RowKey=Y001 Message=Hello
PartitionKey=X001 RowKey=Y001 Message=World
```

一見、Message の値が違っているので別データとして書き込めるように見えるが、実は PartitionKey と RowKey の値が一致しているだけで1つしか存在できない。つまり、共存不可能。

Episode 2　正解

バグールの主張は間違い。最初の ToArray メソッドは確かにストレージに対してクエリを発行する。しかし、ここで ToArray メソッドは結果を配列に直してしまう。配列に対するクエリはもはやLINQ to Objectsのローカルマシンのメモリ内で解決されるクエリであり、ネットワークにクエリなど発行はしない。つまり、クエリが発行される回数は1回きり。

Episode 3　正解

正しくない。不等号は文字の番号を比較しているのであって、前方後方の向きとはまったく関係ない。簡単に後方一致判定を行う手段はストレージの Table には存在していない。

Episode 4　正解

バグールの主張は間違い。AND条件で総個数が少ないときは複数の Where を連結するとクエリ可能になる。ループ内で Where メソッドを1つ1つ連結して長いクエリを成立させるなら不定の個数に対処できるが、Where メソッドで絞り込み可能。たとえば次のような感じだ。

```
foreach (var item in ar)
{
    q = q.Where(c => 条件式);
}
```

Episode 5　正解

バグールは暗躍できない。ETagの値は通常、日付時刻で構成されるが、ストレージ自身が同じ日付時刻で2つ以上の要求を受け付けてしまうことはありえないので、ETagの値はつねにユニークになる。

Episode 6　正解

前半の主張は正しいが、後半の主張は正しくない。あらゆる文字を記録したければ記録可能な文字だけからなる書式にエンコードしてからメタデータにセットすればよい。多少長くなったとしても、文字として安全になる。

Episode 7　正解

バグールが主張する現象は確かに発生するが、それは欠陥ではない。ASP.NETが実行されるプロセスと、WebRole.csが実行されるプロセスは別物だ。そして通常の方法で別のプロセス内のデータを読み書きする手段は存在しない。安全のため、プロセスをまたいだアクセスはできないように制限されているのだ。だから**このプロセス内の変数a**と、**あのプロセス内の変数a**は別物なのだ。**このプロセス内の変数a**をいくら書き換えても、その値が**あのプロセス内の変数a**に反映されることはない。どうしても情報を送りたいならプロセス間通信で情報を伝える必要があるが、ストレージのキューなどを使用する手もある。

Episode 8　正解

この前提であれば、バグールの主張は正しい。しかし、このような破綻が発生するので、通常こういう使い方は行われない。もしインスタンス数を1つから2つに増やしたいならクラウドサービスの契約をもう1つするのではなく、契約内のインスタンス数を1からに増やそう。そうすれば、すべてのインスタンスが連番の識別番号を持つことができる。だから、通常は同じサービスを実行するために複数のクラウドサービスを契約はしない。通常ありえない前提で判断ミスを誘っているバグールの主張は、そのような意味では正しくない。

Episode 9　正解

正しくない。ただ単に大容量データの扱いや、安価さ、定義変更に対する柔軟性など点でストレージのほうが優れている部分もある。実は、用途によって使い分けたり、あるいは両方のいいとこ取りで同時に使う方法もあり、どちらか一方だけでよいという話はない。ただし、歴史が長く熟練者が多いので、SQL Serverだけでなんとかしてしまう事例も多い。当然それは歴史的経緯に起因する問題であって、ストレージ不要という話とは直結しない。繰り返すが、SQL Serverにも弱点はあるし、ストレージには長所もある。

Part 6

Episode 1　正解

キンベン君。なぜなら int 型は 0 で割って DivideByZeroException 例外を発生させるが、double 型は発生させないから。意図された結果を得るとすれば、int 型などの整数型での割り算が期待されていたと考えるべき。ただし、double 型の使用も要求されていた場合は微妙だ。double 型も 0 で割ると DivideByZeroException 例外になると思い込んで書かれた要求仕様だとすれば、それはそもそも実装できない可能性がある。それでも、そのとおりに動作する必要があるなら、ズボラ君の答えのとおりに書くしかないかもしれない。

Episode 2　正解

間違いではない。

この場合、作成したオブジェクトを書き換えているのではなく、同じ変数に別のオブジェクトを代入した……が正しい解釈。次のように書けば、同じオブジェクトが持つ文字列を変更したといえるが、使用しているのは string ではなく StringBuilder クラスになる。

```
using System;
using System.Text;
public class Program
{
    static void Main(string[] args)
    {
        StringBuilder s = new StringBuilder("ABC");
        s.Clear();
        s.Append("DEF");
        Console.WriteLine(s);
    }
}
```

Episode 3　正解

起こりうる。ファイル名には使用できない文字が存在するが、C# の文字列として書ける場合、コンパイルは通るが実行時に例外を起こすことになる。たとえば、"/" や "?" は C# の文字列としては問題なく書けるが、ファイル名には使用できない。たった 1 文字の書き換えが問題を起こす典型的な例だ。

Episode 4　正解

起こりうる。**利用している外部の Web サービスが今日は止まっている or ネット接続に**

障害が出ている、ディスクの残り容量が尽きた、実行する利用者の権限が変更された、使用している何らかの機能の利用期限が来て動作しなくなった等々、さまざまな理由でそれまで動いていたシステムが1文字もコードを修正していなくても、動かなくなる場合がある。これには、**不安要素はできるだけ減らす、何らかの変更はできるだけ早めに察知して対策する、システムの管理と監視は手を抜かない**などの対策がありうる。ともかく**今日動いた**は必ずしも**明日も動く**を保証しないことに留意しよう。

Episode 5　正解

無駄ではない。しかし、手間をかけすぎるとバグールの言い分にも説得力が生じる。たとえば、安全サイドと危険サイドのどちらにも倒せるとき、安全サイドに倒しておくのは有効だ。手間は別に増えたりはしない。しかし、想定されていない誤ったデータを修復するような凝ったコードを書けば、それは無駄な手間になるかもしれない。それは、重度の異常事態を除いて実行されることがありえないコードであり、しかも、データの壊れ方も事前に想定することはできない。

Episode 6　正解

ありうる。単体テストそのものがバグっていたり､2つの誤った動作が打ち消し合って結果として正常に動作してしまう場合がありうる。単体テストはそれ自身がプログラムなので、それがバグを持つこともあることに注意が必要だ。そういう意味でも、単体テストは品質を保証する決定打にはなれない。

Episode 7　正解

バグールの意見は正しい。ビューは基本的に拡張子cshtmlのRazorのコードで書くが、その中にいくらでも複雑なC#のコードを埋め込むことができる。その量が多いと、そこに致命傷になるバグが紛れ込む可能性も膨らむ。それゆえに、ビューにあまり複雑なコードを置くことはお勧めではない。できるだけ、モデルかコントローラにコードを移動させよう。モデルには該当しないな……と思ったコードはどんどんコントローラに移動させてしまおう。これで怪人バグールが暗躍できる場所を制限できる。

Episode 8　正解

バグールの主張は正しくない。もちろん、イベントの発生順序は予測できないが、事前に特定のイベントの発生を前提にしないコードを書くことはでき、前提がないことを保証するためのテストは作成できる。前提が何もないイベントハンドラのコードは、どのような順番で呼び出されようとも致命的な問題は引き起こさないはずだ。

Episode 9　正解

正しくない。モンキーテストを行うために猿は必須ではない。人間がキーボードを見ないで適当に叩くだけでよいからだ。むしろ、現実の猿はモンキーテストをやってくれないと思ったほうがよいだろう。彼らには、キーボードを叩く理由が存在しないから叩きはしないだろう。

Episode 10　正解

正しくない。この場合は、バグが発生したというよりも、目的外の用途にモックを誤用したと見なすべきだろう。どんなによくできたモックであろうとも、実際のオブジェクトとはどこか振る舞いが異なる部分が残る可能性がある。それを確認もせず**同じ**と見なして使うのはうかつすぎる。

Episode 11　正解

削除すべきではない。プログラムは動作してこそ選択の候補に挙がる。動作しないなら、どれほど高速であろうとも候補になれない。まずは性能より動作することが先決。性能は動作した後で考えればよい。まずはテストを作成してテストが動作可能であることが重要ポイント。

Episode 12　正解

バグールが正しい可能性は非常に高い。隣り合ったキーにあるピリオドとカンマを間違えることなど、どんな大ベテランでもないとは言い切れない。また、2つを見分けにくいフォントを使用していたら間違いを見過ごす可能性もある。

Index

A

B

C

D

E

F

G

I

J

K

L

M

N

O

P

R

S

T

U

W

X

Y

い

お

か

き

く

け

こ

さ

し

■著者略歴

川俣 晶（かわまた あきら）

1964年東京生まれ。東京農工大学工学部卒。ENIXにてドラゴンクエスト2のMSX/2移植、マイクロソフト株式会社にてWindows 2.1～3.0の日本語化に従事後、株式会社ピーデー社長に就任。代表著書『[完全版] 究極のC#プログラミング——新スタイルによる実践的コーディング』(技術評論社刊)。Visual C# MVP。
仕事を離れるとアマチュア郷土史研究家に変身して自転車で郷土を走り回り、Facebookのグループ『東京西部郷土史研究会(仮)』を主宰する。

カバーデザイン ❖ 花本浩一（麒麟三隻館）
カバー＆本文イラスト ❖ 田中　斉
編集 ❖ 高橋　陽
担当 ❖ 跡部和之

C#（シーシャープ）プログラミングの冒険（ぼうけん）[実践編（じっせんへん）]
——ただ書（か）けるだけじゃ物足（ものた）りない!!

2015年5月10日　初版　第1刷発行

著　者　川俣（かわまた）　晶（あきら）
発行者　片岡　巌
発行所　株式会社技術評論社
　　　　東京都新宿区市谷左内町21-13
　　　　電話　03-3513-6150　販売促進部
　　　　　　　03-3513-6166　書籍編集部
印刷／製本　株式会社加藤文明社

定価はカバーに表示してあります

ISBN978-4-7741-7246-0　C3055
Printed in Japan